大深度潜水器耐压结构强度计算方法

欧阳吕伟 叶 聪 李艳青 李文跃 王 琨 著

国防工业出版社

·北京·

内 容 简 介

本书介绍了潜水器耐压结构在大深度载荷下和中厚壳范围内及采用不同高强度材料（包括钢材和钛、铝合金）的强度计算方法。

全书内容共分 10 章，重点论述了球壳、圆柱壳、圆锥壳、锥柱结合壳及开孔加强等结构的静强度、稳定性（屈曲）和外压极限强度计算的理论方法及相应的强度校验等内容；同时还介绍了载荷安全系数的确定和可靠性分析、潜水器内压容器的设计计算、高强度材料的应用、壳体加工初始缺陷分析等。

本书的主要内容是作者多年来在中国船舶科学研究中心所获得研究成果的总结，部分内容也反映了国内外其他研究单位的成果。本书可供相关专业技术人员使用，也可作为高等院校相关专业教师和研究生的参考书。

图书在版编目（CIP）数据

大深度潜水器耐压结构强度计算方法/欧阳吕伟等著. —北京：国防工业出版社，2022.12
ISBN 978-7-118-12765-2

Ⅰ. ①大… Ⅱ. ①欧… Ⅲ. ①潜水器—耐压强度—计算方法 Ⅳ. ①P754.3

中国版本图书馆 CIP 数据核字（2022）第 242986 号

※

国防工业出版社出版发行

（北京市海淀区紫竹院南路 23 号　邮政编码 100048）
北京虎彩文化传播有限公司印刷
新华书店经售

*

开本 710×1000　1/16　印张 20¾　字数 366 千字
2022 年 12 月第 1 版第 1 次印刷　印数 1—1500 册　定价 189.00 元

（本书如有印装错误，我社负责调换）

国防书店：（010）88540777　　书店传真：（010）88540776
发行业务：（010）88540717　　发行传真：（010）88540762

前 言

21世纪是海洋开发的世纪,也是我国建设海洋强国的大发展时期。潜水器(包括载人和无人的)等深海装备作为深海资源勘测、开发、利用及科学研究的主要运载工具和使用平台将发挥重要作用,这也极大地促进了潜水器和各类深海装备的开发、研制和应用。到目前为止,已有200多艘载人潜水器和大量深海装备及水下工程装置活跃于深海之中。

在潜水器和各类深海装备的开发、研制中所碰到最为关键的技术问题是:由于海水的密度比空气大800倍左右,深海所产生的巨大海水外压力和长期使用的恶劣环境给潜水器和深海装备耐压结构的安全性带来严重影响;特别是对于大深度和特殊使用要求的潜水器,为了达到大潜深和低容重比的要求,必然增厚壳体和采用高强度、低密度材料。由于这种深海高外压恶劣环境和采用高强度材料的种种缺陷,使得耐压壳体静强度、稳定性(屈曲)、极限强度及破坏模式面临着许多新问题。另外,耐压结构疲劳强度及蠕变变形问题也相对突出,又影响了长期使用的安全性。

潜水器耐压结构是整个潜水器系统水下安全的基础。为保障其安全性,包括"一次性"承载和长期疲劳承载及特殊使用中的安全性,必须建立可靠的结构强度理论计算方法和以此为依据的产品设计方法及相应的结构规范标准,使之全面、合理、可靠地指导产品设计和制造。20世纪80年代我国制订了潜水器结构规范,即《潜水系统和潜水器入级规范》中的第4章(也包括第6章和第7章的相关内容),它为我国各类潜水器的结构设计发挥了重要作用。但由于当时制订潜水器结构规范的条件和水平的限制,且大部分内容是从潜艇薄壳结构规范及相应的理论方法移植过来的,因而难以完全满足当前大深度潜水器研制和发展的需要,存在许多不完备和不适应之处。

为有利于我国潜水器,特别是大深度潜水器的研制和各类耐压结构的设计计算及潜水器结构规范的修订,同时也有利于深海装备技术和深海结构力学理论的发展,本书作者在总结潜水器、潜艇结构多年来的理论和试验研究成果及经验的基础上,特别是近年来在总结"蛟龙"号、"深海勇士"号、"奋斗者"号等大深度载人潜水器产品研制成果和大量模型试验结果的基础上,通过理论计算分析并吸收国内外有关研究成果,撰著了《大深度潜水器耐压结构强度计算方法》一书。全书共分 10 章，包括以下内容。

第 1 章 概述。论述潜水器耐压结构形式和它们所受的外载环境对结构的影响及大深度潜水器和深海装备耐压结构特点；同时从计算方法系统性、配套性要求出发，对计算方法所涉及的总则，包括安全系数、计算压力、强度控制及对材料性能和壳体制造基本要求等进行了概述和说明。

第 2 章 大深度耐压壳体材料及应用分析。主要针对大深度潜水器和深海装备常用的高强度材料提出一般要求及应用说明；同时进行高强度钛合金、铝合金材料物理非线性修正方法的计算分析，建立了综合拟合公式。另外，还进行了钛合金蠕变特性及高强度材料安全系数的分析等。

第 3 章 载荷安全系数的确定与可靠性计算分析。在对结构安全性和安全系数基本确定方法及安全系数各随机因素特征值分析的基础上，演示了安全系数的综合数理确定方法；同时进行了安全系数和环肋圆柱壳结构的可靠性计算及安全系数概率特性分析。

第 4 章 大深度球壳结构。应用厚球壳的基本理论和有关公式，首次推导出了中厚壳的强度计算简化公式，提出了大深度载荷下中面应力关系及强度校验方法，建立了同时适用于高强度钢和钛合金材料的大深度载荷下的屈曲计算公式。另外，还对球壳极限强度进行论述和分析，提出计算极限强度失效压力的有限元拟合公式，并通过全海深载荷下整球壳模型试验结果分析了极限强度失效过程和机理。

第 5 章 圆柱壳强度及初挠度影响分析。在对环肋圆柱壳强度基本理论和应力计算方法进行分析的基础上，针对高强度钛合金、铝合金材料是否适用于圆柱壳强度简化公式计算进行了实例计算分析；同时在介绍环肋圆柱壳肋骨内、外配置强度计算"精确解"的基础上，通过对比分析提出了工程计算的简化方法。另外，还进行了圆柱壳与各种封头连接处的应力计算分析和初挠度对不同材料壳体强度的影响及许用标准分析。

第 6 章 圆柱壳承载能力及优化计算。在介绍各种形式环肋圆柱壳稳定性理论方程的基础上，针对潜水器不同尺度圆柱壳结构的设计计算，提出单跨圆柱壳的短、中、长壳稳定性计算简化公式及其判断依据；同时进行了大深度圆柱壳极限强度失效的计算分析和引入俄罗斯学者考虑内、外肋骨配置的稳定性计算方法。为有利于环肋圆柱壳结构优化设计，还介绍提高总体稳定性的措施和结构优化计算方法。

第 7 章 圆锥壳和锥柱结合壳结构。在分析圆锥壳强度和稳定性的等价圆柱壳计算力学模型的基础上，介绍正圆锥壳体强度、稳定性计算方法和考虑外肋骨影响的总体稳定计算公式；同时对中厚锥柱结合壳进行了应力计算公式的适用性分析和塑性极限压力公式简化、失效机理分析及模型试验验证。另外，还完善了带凸锥和凹锥结合壳的舱段总体稳定性的简化计算方法。

第 8 章 耐压结构开口加强。在介绍圆柱壳开孔围壁加强、嵌入厚板组合加强应力集中系数和开口区域极限破坏压力计算方法的基础上，进行圆柱壳大开孔应力集中系数的分析和完善球壳开口组合加强应力集中系数的计算方法。首次建立了球壳开孔区域的破坏压力计算公式和对大深度球壳开孔锥台形加强强度、承载能力进行了近似计算，并与实尺度载人球壳耐压试验结果进行了应力检测比较分析。

第 9 章 铝合金材料的耐压结构。通过钢制和铝制压力容器规范的外压容器计算方法的比较及压力容器与潜水器设计计算方法的对比分析，确定了潜水器耐压结构采用高强度铝合金材料的载荷安全下降系数和相应的许用应力标准，建立了与钢制柱壳、球壳屈曲计算方法相配套的铝制耐压结构设计计算方法。

第 10 章 潜水器内压容器强度设计计算。在分析现有压力容器规范理论方法和计算公式的基础上，进行了潜水器可移动式内压容器计算载荷的确定和现有压力容器规范设计计算方法的应用说明及外压壳体的极限强度失效模式分析。

本书在参考《潜水器结构强度》《现代潜艇结构强度的理论与试验》等著作和大量文献的基础上，通过基本理论方法的引用和创新、复杂计算公式的简化、不同规范标准的对比、安全系数的可靠性分析、标准体系的完善及模型试验的验证等，分别建立和提出了在大深度载荷下，采用高强度钢、钛合金及铝合金的各类潜水器典型结构的强度计算方法或简化公式，包括大深度载荷下的球壳和圆柱壳屈曲计算公式、考虑环肋圆柱壳肋骨偏心修正和球壳开口承载能力的计算方法等，进一步完善了薄壳船舶结构力学以屈曲破坏模式为主的理论计算方法在潜水器强度计算中的应用。

同时，在模型试验的基础上，参考和引用俄罗斯潜水器、美国 ABS 规范的相关成果，对大深度壳体极限强度的失效模式进行了分析：随着深度增加，壳体增厚，壳体的主要失效模式会由"屈曲"而逐渐过渡到以"极限强度"失效在先的破坏模式；而这种转变又与结构形式、材料性能及初始缺陷等因素有关。据此，导出了中厚球壳的强度计算简化公式和全海深载荷下的中面应力关系，建立和完善了从球壳、柱壳到锥壳及锥柱结合壳的极限强度承载能力计算及其简化公式。这不仅有利于大深度潜水器各类结构的极限强度失效（破坏）分析和产品的设计计算，而且具有学科启示意义，即有利于中厚壳深海结构力学的探讨和发展。

本书内容不仅涉及各类结构强度计算的理论方法及简化公式，而且还进行了非线性修正方法、强度校验方法及许用标准的论述和介绍。因而，能紧密结合大深度潜水器产品研制的实际，相互支撑和促进；产品模型试验结果不仅是验证计算方法可靠性的主要依据，而且还促进了理论方法的深入分析和适用范围的扩展；

同时，本书所建立的强度计算方法又为各类大深度潜水器（包括全海深载人潜水器）的耐压结构设计提供了技术支撑，形成相应的产品设计计算指导性文件和规则。这说明本书的计算方法具有较实际的工程应用价值。

本书内容丰富，不仅原创性内容较多，而且系统性、实用性较强。它的出版，必将对从事各类潜水器，包括水下工程和深海装备产品研制的广大工程技术人员有较大的启迪，特别对直接从事潜水器和深海装备耐压结构强度设计和修订潜水器结构规范的专业人员有较大的帮助，从而为进一步推动潜水器结构技术的发展和产品的研制及人才培养发挥应有的作用。本书也可作为潜艇结构专业人员和高等院校相关专业研究生的参考用书。

全书10章和前言由欧阳吕伟负责编写；叶聪负责与书稿内容相关的产品成果总结及审核，并参与了第1章的编写；李艳青负责模型试验并参与第8章的编写；李文跃负责第8章公式推导及第4章、6章、7章、8章的计算校验和图文编辑；王琨负责全书的制图、汇总整理、计算校验等及第1章、2章、4章、5章、6章、9章、10章的图文编辑。

在本书撰写过程中，姜旭胤提供了材料物理非线性修正模量计算结果，陈鹏进行了球壳开孔加强有限元强度计算，余俊负责环肋圆柱壳优化计算，邱昌贤提供了内、外肋骨应力计算和双模量修正曲线计算结果，王雷进行了钛合金材料的蠕变特性分析。对于他们的大力支持和帮助深表感谢。

本书由朱邦俊进行技术和文字校对，颜开组织专家技术审查，冯光参与有关章节文句校对，侯德永参与书稿的有关审核，在此一并表示衷心感谢。

限于著者水平有限，书中难免有错误和不妥之处，敬请读者批评指正。

著者

2022.6

目 录

第1章 概述 ... 1
1.1 潜水器耐压结构形式及基本特点 ... 1
1.1.1 潜水器耐压壳体外形 ... 1
1.1.2 潜水器耐压结构形式 ... 3
1.1.3 大深度潜水器耐压结构的基本特点 ... 6
1.2 海洋环境对结构的影响及作用在耐压结构上的载荷 ... 7
1.2.1 海洋环境主要物理特性及对结构的影响 ... 7
1.2.2 作用在耐压结构上的载荷及其特征 ... 9
1.3 强度计算方法的一般要求及说明 ... 14
1.3.1 强度计算方法适用范围及其说明 ... 14
1.3.2 载荷安全系数的定义与取值 ... 15
1.3.3 结构设计外载和计算压力的确定 ... 16
1.3.4 强度控制要求 ... 18
1.3.5 耐压壳体加工制造的基本要求 ... 18
1.3.6 耐压试验及试验压力的确定 ... 19
参考文献 ... 21

第2章 大深度耐压壳体材料及应用分析 ... 22
2.1 高强度耐压结构材料及一般要求 ... 22
2.1.1 潜水器耐压壳体的主要用材分析 ... 22
2.1.2 耐压壳体材料的一般要求 ... 24
2.2 高强度材料的物理非线性修正系数 C_s 曲线 ... 25
2.2.1 高强度材料拉伸试验曲线的三参数方程 ... 26
2.2.2 基于三参数方程和模量理论的 C_s 曲线 ... 28
2.2.3 基于弹塑性理论计算的 C_s 曲线 ... 30
2.2.4 C_s 曲线拟合公式的建立及应用说明 ... 33
2.3 高强度材料安全系数 ... 36
2.3.1 材料屈服强度安全系数的取值及影响因素 ... 36
2.3.2 材料抗拉强度安全系数的取值及分析 ... 37
2.4 钛合金材料的蠕变特性分析 ... 38

    2.4.1 蠕变压缩试验曲线 … 38
    2.4.2 初始蠕变阶段的蠕变本构关系 … 40
    2.4.3 稳态蠕变阶段的蠕变本构关系 … 41
  参考文献 … 43
第3章 载荷安全系数的确定与可靠性计算分析 … 45
  3.1 结构安全性和安全系数确定方法 … 45
    3.1.1 结构安全性的基本要求 … 45
    3.1.2 结构安全性的可靠性保障 … 47
    3.1.3 安全系数确定方法及数学表达 … 48
  3.2 安全系数诸因素分析及数理统计确定 … 50
    3.2.1 安全系数主要因素分析及随机数值特征 … 50
    3.2.2 安全系数的数理统计确定 … 54
    3.2.3 载荷安全系数及其因素与下潜深度的关系分析 … 56
  3.3 可靠性安全系数的计算分析 … 59
    3.3.1 安全系数的可靠性分析 … 59
    3.3.2 按应力强度进行可靠性安全系数计算 … 61
    3.3.3 按实际临界压力进行可靠性安全系数计算 … 63
  3.4 结构安全性的可靠性计算及安全系数的概率特性分析 … 66
    3.4.1 环肋圆柱壳的失效模式和状态方程 … 66
    3.4.2 可靠性指标和失效概率计算 … 69
    3.4.3 可靠性安全系数的概率特性分析 … 70
  参考文献 … 71
第4章 大深度球壳结构 … 73
  4.1 厚球壳的基本方程和强度计算简化公式 … 73
    4.1.1 球坐标下的基本方程和应力计算公式 … 73
    4.1.2 厚球壳强度计算公式的适用性分析 … 77
    4.1.3 建立适用于中厚壳应力计算的简化公式 … 79
  4.2 大深度球壳承载的屈曲计算 … 81
    4.2.1 球壳弹性失稳理论公式和应用 … 82
    4.2.2 大深度耐压球壳屈曲公式的建立 … 84
  4.3 球壳极限强度失效与有限元拟合公式分析及比较 … 90
    4.3.1 球壳极限强度分析及应用 … 90
    4.3.2 基于屈服强度的有限元拟合方程 … 93
    4.3.3 基于抗拉强度的有限元拟合方程 … 95
    4.3.4 球壳承载能力理论计算公式的比较 … 96

4.4 大深度耐压球壳的中面应力关系及应用 ……………………………… 99
    4.4.1 大深度载荷下的中面应力关系 …………………………………… 99
    4.4.2 应用关系曲线进行大深度耐压球壳的初步设计计算 ………… 102
4.5 整球壳模型超高外压下极限强度失效模式检测分析 ………………… 103
    4.5.1 应力-应变测试及应变片压力效应的消除 ……………………… 105
    4.5.2 极限强度压力下球壳变形测试结果分析 ………………………… 106
    4.5.3 球壳极限强度失效模式分析 …………………………………… 108
参考文献 ……………………………………………………………………… 109

第5章 圆柱壳强度及初挠度影响分析 ……………………………………… 110
5.1 环肋圆柱壳强度计算及钛、铝材料中厚壳适用性分析 ……………… 110
    5.1.1 圆柱壳弯曲微分方程及其解 …………………………………… 110
    5.1.2 关键部位位移和应力及中面力的计算 ………………………… 113
    5.1.3 钛材和铝材中厚壳应力近似计算的适用性分析 ……………… 117
5.2 考虑内、外肋骨配置的环肋圆柱壳强度计算及其简化方法 ………… 121
    5.2.1 考虑内、外肋骨配置的计算力学模型及求解 ………………… 121
    5.2.2 内、外肋骨和壳板应力计算 …………………………………… 125
    5.2.3 "精确解"与现行规范计算方法比较 ………………………… 126
    5.2.4 内、外肋骨翼板应力计算简化公式与比较 …………………… 128
5.3 圆柱壳与舱壁（封头）连接边缘强度计算 …………………………… 131
    5.3.1 圆柱壳与球形封头连接部位应力分析及设计说明 …………… 131
    5.3.2 圆柱壳与刚性平封头连接处壳体应力分析及改善措施 ……… 133
    5.3.3 圆柱壳与舱壁或框架强肋骨连接处壳板应力计算分析 ……… 136
5.4 初始缺陷对圆柱壳强度的影响及超差加强分析 ……………………… 139
    5.4.1 初挠度壳板应力近似计算与强度许用标准关系 ……………… 139
    5.4.2 初挠度壳板应力计算及与结构和材料参数的关系 …………… 141
    5.4.3 肋骨初挠度对强度和承载能力的影响分析 …………………… 145
    5.4.4 不同材料壳体初挠度许用标准及超差加强分析 ……………… 147
参考文献 ……………………………………………………………………… 151

第6章 圆柱壳承载能力及优化计算 ………………………………………… 152
6.1 环肋圆柱壳稳定性理论方程 …………………………………………… 152
    6.1.1 环肋圆柱壳的失稳模态 ………………………………………… 152
    6.1.2 环肋圆柱壳稳定性理论方程分析及应用 ……………………… 153
6.2 单跨圆柱壳屈曲承载能力计算方法 …………………………………… 156
    6.2.1 短、中、长壳体理论临界压力计算简化公式 ………………… 156
    6.2.2 圆柱壳体实际临界压力计算及几何非线性修正分析 ………… 160

  6.2.3 单跨圆柱壳屈曲计算方法比较及长壳模型试验验证 ………… 162
 6.3 考虑内、外肋骨配置的总体稳定性计算方法 …………………………… 165
  6.3.1 考虑内、外肋骨配置的稳定性计算方程和简化公式 ………… 165
  6.3.2 总体稳定性实际临界压力计算校验和模型试验比较 ………… 172
 6.4 圆柱壳极限强度承载能力计算分析 …………………………………… 174
  6.4.1 环肋圆柱壳极限强度计算及简化公式 ………………………… 174
  6.4.2 单跨圆柱壳极限强度失效与判别分析 ………………………… 179
  6.4.3 美国 ABS 规范中的圆柱壳极限强度计算方法分析 …………… 181
 6.5 提高总体稳定性的方法和环肋圆柱壳优化计算 ……………………… 182
  6.5.1 提高总体稳定性（承载能力）的方法 ………………………… 182
  6.5.2 环肋圆柱壳的优化计算 ………………………………………… 187
 参考文献 ……………………………………………………………………………… 192

第 7 章 圆锥壳和锥柱结合壳结构 ………………………………………………… 193
 7.1 圆锥壳和锥柱结合壳的应力计算 ……………………………………… 193
  7.1.1 环肋圆锥壳的应力计算校验 …………………………………… 193
  7.1.2 锥柱结合壳的应力计算校验 …………………………………… 194
 7.2 圆锥壳稳定性计算 ……………………………………………………… 198
  7.2.1 考虑内、外肋骨影响的舱段总体稳定性公式 ………………… 198
  7.2.2 单跨圆锥壳体局部稳定性计算公式 …………………………… 199
 7.3 锥柱结合壳塑性极限压力分析及其简化公式 ………………………… 201
  7.3.1 凸锥柱结合壳极限压力计算简化公式 ………………………… 201
  7.3.2 凹锥柱结合壳极限压力计算简化公式 ………………………… 208
 7.4 带锥柱结合壳舱段总体稳定性的近似计算方法 ……………………… 215
  7.4.1 带凸锥柱结合壳总体稳定性的近似计算方法 ………………… 215
  7.4.2 凹锥柱结合壳舱段总体稳定性的近似计算方法 ……………… 216
  7.4.3 凹锥柱结合壳总体稳定性孤立肋骨锥环简化计算方法 ……… 218
 参考文献 ……………………………………………………………………………… 219

第 8 章 耐压结构开口加强 ………………………………………………………… 220
 8.1 圆柱壳开孔加强应力集中系数计算方法 ……………………………… 220
  8.1.1 圆柱壳正交开孔微分方程及其近似解 ………………………… 220
  8.1.2 圆柱壳开孔围壁加强应力集中系数计算方法 ………………… 223
  8.1.3 围壁和厚板组合加强应力集中系数近似计算 ………………… 228
  8.1.4 圆柱壳大开孔应力集中系数的计算及强度分析 ……………… 231
 8.2 球壳开孔加强应力集中系数计算及方法完善 ………………………… 235
  8.2.1 球壳开孔围壁加强应力集中系数计算方法 …………………… 235

  8.2.2 围壁和厚板组合加强应力集中系数计算方法的完善 238
  8.2.3 球壳开孔加强区域的应力计算及说明 242
 8.3 圆柱壳和球壳开孔加强承载能力近似计算方法 244
  8.3.1 圆柱壳开孔区承载能力的近似计算方法 244
  8.3.2 球壳开孔区承载能力近似计算公式的建立 247
 8.4 球壳开孔锥台形加强应力和承载能力近似计算及有限元分析 250
  8.4.1 锥台形加强围壁截面的等面积几何变换 250
  8.4.2 球壳开孔应力和承载能力近似计算及试验应力检测分析 252
  8.4.3 球壳开孔强度和承载能力的有限元分析 255
 参考文献 257

第9章 铝合金材料的耐压结构 258
 9.1 钢制和铝制规范中的外压容器计算方法比较 259
  9.1.1 两规范内力计算曲线图的比较 259
  9.1.2 针对不同材料非线性修正的外压力计算曲线图 261
  9.1.3 铝制和钢制规范压力计算值的比较分析 263
 9.2 压力容器与潜水器规范稳定性计算方法对比分析 265
  9.2.1 圆柱壳失稳理论临界压力计算公式比较 265
  9.2.2 正圆形圆柱壳实际临界压力计算比较 266
 9.3 潜水器耐压结构采用铝合金材料的设计计算方法 268
  9.3.1 铝材结构稳定性计算非线性修正系数的确定 268
  9.3.2 潜水器铝合金耐压结构的稳定性计算方法 269
  9.3.3 壳体强度计算许用应力的匹配分析 270
 9.4 铝制圆柱壳结构的设计计算和模型试验验证 271
  9.4.1 铝制结构的设计计算 271
  9.4.2 计算方法的模型试验验证和应用说明 272
  9.4.3 铝合金长圆柱壳的环肋加强 274
 参考文献 275

第10章 潜水器内压容器强度设计计算 276
 10.1 压力容器的设计准则和失效模式分析 276
  10.1.1 压力容器失效的不同阶段及设计观点 276
  10.1.2 各失效准则分析及其基本理论公式 278
  10.1.3 强度失效模式及应力分类控制 284
  10.1.4 应用准则公式分析外压壳体极限强度和压力估算 287
 10.2 潜水器内压容器载荷系数分析 289
  10.2.1 潜水器海上吊放环境中内压容器的载荷系数 289

  10.2.2 盛装压缩气体的内压容器的载荷系数 ·· 290
 10.3 潜水器内压容器强度设计计算公式及设计说明 ··· 293
  10.3.1 球、柱壳结构强度计算公式分析 ·· 293
  10.3.2 各类封头强度计算公式分析及开孔补强 ·· 294
  10.3.3 潜水器内压容器强度设计计算说明和建议 ·· 297
参考文献 ·· 300
附录 A 潜水器壳体加工容差检测参考值 ·· 301
附录 B 结构可靠性计算方法简介 ··· 303
附录 C 环肋圆柱壳采用钛合金、铝合金的强度简化计算比较算例 ··························· 306
附录 D 考虑初挠度影响的环肋圆柱壳应力和极限承载能力计算分析 ······················ 310

第 1 章 概述

1.1 潜水器耐压结构形式及基本特点

1.1.1 潜水器耐压壳体外形

潜水器及水下工程、深海装备耐压结构是整个水下装置（平台）的主体和基础，其构形设计不仅直接关系到整个潜水器系统及水下装置（平台）的水下安全性，而且涉及它们的总体性能和使用性能。耐压结构构形的基本要求如下。

（1）构形必须首先适宜于深海外载环境；

（2）构形必须满足使用要求；

（3）构形应有良好的水动力外形；

（4）构形应尽量采用低体积密度的结构。

潜水器常用的壳体外形形状有圆柱形、球形、圆锥形、半球形及它们的组合形式。目前，国际上对于 800m 以浅水深的耐压壳体，根据上述要求一般选用圆柱形及其组合形体，以充分利用环向受力均匀及平面布置的优势；而用于深海环境的大深度潜水器则采用在结构有效系数上具有明显优势的球形耐压结构，即与相同质量的其他复杂结构相比，球壳具有容重比（结构自身重量/排水量，即 W/D）小、承载能力强的特点，并且结构简单，整个外表面受力均匀，薄膜应力仅为圆柱形壳体的一半，已成为大深度载人潜水器耐压壳体的首选。

表 1.1 列出了当球形壳体直径为 2.4m 时，圆柱形、椭球形等各种壳体结构外形及其组合所具有的 W/D 值[1]。表中球形耐压壳体的 W/D 比圆柱壳体小，当工作深度增加时，圆柱壳厚度增加相对较多，这样就使重量增大，W/D 比值提高。

表 1.1 各种壳体结构外形及其 W/D 值

材料	形状		W/D
屈服强度为 800MPa 级高强度钢 HY-130（T）	球形		0.39
	椭球形		0.40

（续）

材料	形状		W/D
屈服强度为 800MPa 级高强度钢 HY-130（T）	球-柱形	2.3D	0.41
	藕节球形	2.4D	0.42
	短圆柱形	2D	0.43
	长圆柱形	3D	0.42

纵观美国、中国、日本、法国、俄罗斯等海洋发达国家的大深度载人潜水器，球形壳体已得到广泛应用，如俄罗斯的"领事"号，日本的"深海"号，法国的"鹦鹉螺"号，美国的"阿尔文"号，中国"蛟龙"号、"深海勇士"号、"奋斗者"号等潜水器。

这些大深度潜水器载人球壳所体现的尺度特性和体积特性[2]见表 1.2。

表 1.2 各国大深度潜水器载人球壳特性

名称	类别								
	尺度特性					体积特性			
	内径/m	工作深度/m	计算深度/m	加工精度/mm	设计厚度/mm	内部空间/m³	排水体积/m³	质量/t	体积密度/(kg/m³)
日本："深海 6500"	2.0	6500	10050	4.3	73.5	4.1888	5.182	4.916	0.95
法国："鹦鹉螺"号	2.1	6000	9000		62-73	4.8490	5.7598	4.551	0.79
美国："阿尔文"号	2.0	4500	5400		49	4.1888	4.8352	3.2	0.67
俄罗斯："领事"号	2.1	6000	9000	3.5	77	4.8490	5.93	4.87	0.83
中国："蛟龙"号	2.1	7000	10500	4.0	77	4.8490	5.93	4.87	0.83

对于大、中型潜水器及水下工程、深海装备耐压结构的外形，即使工作深度大于 800m，但由于其内部使用要求也大都采用长圆柱形体，使得类似于大型鱼雷、水雷或小型潜艇的外形，纵向由于尺度较长也可以有不同形状，一般有：

（1）直线形。在耐压壳体中部采用平行柱体，艏艉两端采用半球形封头，如图 1.1（a）所示；或截头圆锥形，如图 1.1（b）所示。

（2）直线局部扩大形。在某些情况下为了布置上的需要，在圆柱体的局部长度上采用扩大圆柱形；另外在艏艉端，还可能采用不同锥度的圆锥体组合形，如图 1.1（c）所示。

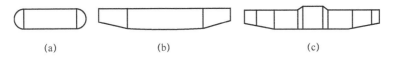

图 1.1 耐压壳体纵向形状图

汇总各类潜水器及深海装备所采用的耐压结构外形形状,如图 1.2 所示。

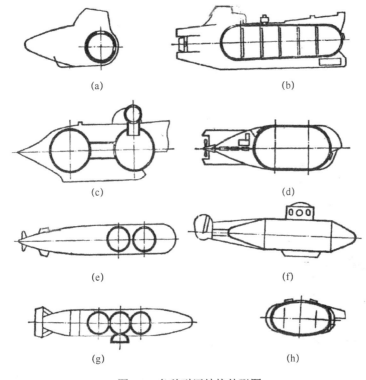

图 1.2 各种耐压结构外形图

1.1.2 潜水器耐压结构形式

潜水器耐压结构是浮力的主要提供者,但它同时又是整个潜水器重量所占比例最大的部分,它的重量约占整个潜水器重量的 1/5~1/3。因此,设计者在根据外载条件和使用要求确定潜水器耐压壳体外形的同时,还需要考虑采用什么样的耐压结构形式以保证结构强度和有利于减轻重量、扩大使用空间及便于选材、加工等。

对于球壳,有不同直径的球壳结构和各种开口加强结构形式,还有半球形封头结构形式,如图 1.3 和图 1.4 所示。

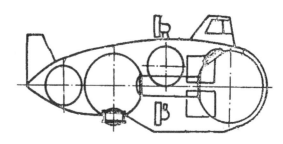

图 1.3　大深度潜水器多球体组合和不同开口的耐压结构

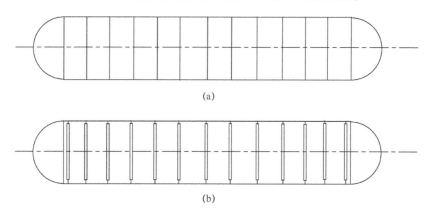

图 1.4　圆柱壳和半球形封头的耐压结构

对于柱壳、锥壳，除采用光壳结构形式外还可以采用环肋圆柱壳结构形式，包括长舱段内、外肋骨结构。另外，还有开口加强、锥柱结合壳等常见的局部结构形式，分别见图 1.5～图 1.7。

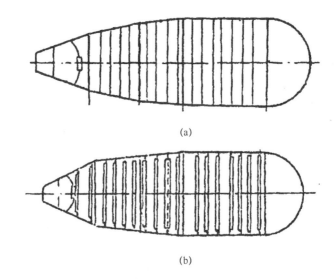

图 1.5　锥壳和锥柱结合壳的耐压结构

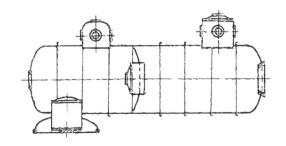

图 1.6 开口加强结构

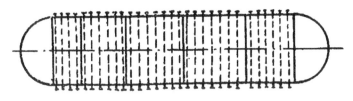

图 1.7 长舱段外肋骨结构

上述潜水器和深海装备所采用的各类结构形式,其主要作用和优缺点概述如表 1.3 所列。

表 1.3 各种耐压壳体结构形式的作用及优缺点

结构	优点和作用	缺点
球形结构	(1) 水下平台主要结构形式,采用最多。 (2) 具有最佳的容重比,应力分布均匀。 (3) 壳体和杯形管节容易加工和安装。	(1) 不便于内部布置。 (2) 流体运动阻力大。 (3) 不宜局部加强和返修。
圆柱形结构	(1) 水下平台主要结构形式,采用最多。 (2) 容易加工制造。 (3) 内部空间利用率高。	(1) 容重比不如球壳好。 (2) 周向应力比球壳大一倍。 (3) 封头边界局部应力大。
圆锥形结构	(1) 多用于艉部或艏部结构过渡。 (2) 改善纵向流体运动性能。	(1) 制造难度较大。 (2) 不便于内部布置。
锥柱结合壳	(1) 用于连接圆柱壳和锥壳的过渡结构。 (2) 用于连接不同直径圆柱壳的过渡结构。	(1) 结构复杂、连接处制造难度大。 (2) 局部复杂高应力。
开口加强结构	(1) 用于设备安装和人员进出。 (2) 开观察窗口便于作业和使用。	(1) 需开孔补强,制造难度大、结构复杂。 (2) 应力集中。 (3) 影响承载能力。
环肋圆柱壳结构	(1) 用于长舱段空间结构,使用面积大,有利于总体和设备布置。 (2) 提高结构横向刚度和总体稳定性。	(1) 结构复杂加工难度大。 (2) 应力分布不匀。 (3) 失效模式复杂。
椭球形(蛋形)结构	(1) 良好的流线型和水动力特性。 (2) 能较有效地利用内部空间。 (3) 整体无转折过渡,不产生局部峰值应力。	(1) 制造加工难度大、费用高。 (2) 横向稳定性差。

1.1.3 大深度潜水器耐压结构的基本特点

大深度潜水器,包括各种深海装备都为深海中可移动的水中设备,它们与潜艇相比虽然尺度较小,但因所承受的外载相同,其结构形式也基本与潜艇相同;不过大深度潜水器和深海装备潜深更大、甚至达到全海深范围及需要满足多种使用要求等,因而其耐压结构又有自身的如下特点。

(1) 为抵御大深度海水压力载荷,潜水器耐压壳体即使采用高屈服强度材料,其相对厚度也是比较大的;潜艇为薄壳结构,一般厚度半径比(t/R)在 0.01 以内;而潜水器壳体相对厚度随下潜深度加大而不断地增加,例如球壳 t/R 可达 0.10 左右,柱壳的 t/R 可达 0.20 左右,局部结构还可能更大。按照经典板壳理论的划分,大深度潜水器大都为中厚壳($t/R \geq 0.05$)。

(2) 为适应大深度潜水器和深海装备多样化的使用要求,其耐压结构类型多样性和尺度参数变化范围基本上同压力容器相当。对圆柱壳而言,耐压结构所需的尺度范围,包括壳体相对长度和结构综合参数 $u = \dfrac{\sqrt[4]{3(1-\mu^2)}}{2} \dfrac{l}{\sqrt{Rt}}$($l$ 为圆柱壳长度)都大大超出潜艇的范围。

(3) 对于图 1.4~图 1.7 中的环肋圆柱、锥柱及锥柱结合壳(包括内置和外置肋骨)结构,为抵御大深度载荷,不仅壳体厚度半径比 t/R 增大,而且肋骨高度半径比和惯性矩也会增加,因而肋骨的偏心矩对强度和稳定性影响也相对加大。

(4) 潜水器耐压结构对材料的需求也是多样化的,包括钛合金、铝合金、船用钢、马氏体镍钢、陶瓷及复合材料等。由于潜水器体积小,其容重比(W/D)比潜艇大,对于大深度潜水器甚至于超过 1.0、达 1.2 以上;为保障深海高外压载荷下结构的安全性和潜水器深水操纵、应急上浮等使用要求,耐压结构通常采用高强度、低密度的钛合金和铝合金材料;而潜艇一般都采用低合金的高强度钢。

(5) 针对采用高强度材料的中厚壳的潜水器耐压结构,在大深度载荷下随着深度增加和壳体增厚,壳体的主要失效模式不仅会出现高膜应力下的屈曲破坏,而且会出现"极限强度"失效在先的破坏模式,而潜艇薄壳则主要是屈曲(失稳)破坏模式。另外,在多次循环和长时间载荷作用下,由于潜水器耐压结构大都采用钛合金、铝合金材料,结构疲劳和蠕变失效模式也会相对突出。

以上这些结构基本特点和失效模式都应在大深度潜水器结构强度计算方法中得到体现和控制。

1.2 海洋环境对结构的影响及作用在耐压结构上的载荷

1.2.1 海洋环境主要物理特性及对结构的影响

1.2.1.1 海洋环境主要物理特性及分布规律

潜水器及深海装备所遭遇的海洋环境主要是从水面到深海直至海底的恶劣海洋环境及在水面吊放和回收时遇到的风、浪、流。海水是一种溶解了各种矿物、元素和盐类的复合液体，几乎所有已知稳定元素在海水中都存在，尽管其含量有时十分微小。水是氢和氧的化合物，两者都是最丰富的元素，但液态水也并非完全由个别的水分子构成，而是有着聚合的作用，其聚合的程度与温度的高、低有关。液态海水在海洋和气象环境中起着主要和独特的作用，其主要物理特性是海水压力、密度、温度及盐度。

（1）海水压力。海水压力与密度有关，典型的海水密度为 $1.025\times10^3 kg/m^3$，约为空气的 800 倍；因此，水深增加 1m，压力便增加约 10000Pa。海水压力是随深度线性变化的，下潜越深，压力越大，它是构成潜水器和深海装备外载的主要环境因素。

（2）海水密度。海水密度随深度的变化基本上是线性的，即随深度增加而加大，但其绝对值变化是微小的，故采用附加密度 σ 来度量，即 $\sigma = \rho - 1000$，其中 ρ 是以 kg/m^3 表示的密度值。海水密度与温度明显有关，水温增加，密度减小；另外，也会出现密度跃变层，即密度随海区、季度和海水深度不同而有所变化。

（3）海水温度。海水温度在水深 20~200m 的表面层由于风、浪、流的作用，其分布是杂乱无章的，无规律性可言，也称表面混合层，特别是浅海区。图 1.8 显示美国东海岸在 20~120m 不同站位上的温度断面情况，即表明有些海域温度梯度很大，而有些却变化不大，几乎为直线。我国南海在 250m 以浅海区的温度断面情况通过实测也类似图 1.8 中无规律的分布状态。

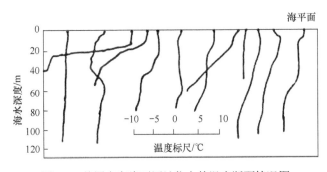

图 1.8 美国东海岸不同站位上的温度断面情况图

在混合层以下，500～1000m 为水温迅速下降层，称为温跃层。在低中纬度地带，在 200～2000m 之间的水深中始终有一个与众不同的温跃层。再往下，则是一个温度变化十分缓慢的深层冷水区，也称同温层，温度在 2～4℃之间变化。

（4）海水盐度。海水绝大部分溶解盐由氯化钠 NaCl（食盐）组成，氯化镁、氯化钙、氯化钾及碳酸盐也占有相当的比例，所以海水是多种不同盐类的混合体，其最显著的性质是海水的离子构成都是相同的，倘若附近没有大河流注入，无论何时何地它们所占的比例都是恒定的。

实际盐度是根据北大西洋标准海水在温度为 15℃和标准大气压[①]下得出的，通常称为（哥本哈根）标准海水，它的氯度为 $19.374×10^{-3}$，并认为是一个实际盐度值（精确值等于 $35×10^{-3}$）。

从上述情况看出，海水中的压力、密度、温度和盐度变化是各不相同的，但仍可用状态方程把它们联系起来，即采用海水中声速 C 的公式建立其关系式，虽不太精确，但比较简单实用。

$$C = 1449.2 + 4.6T - 0.055T^2 + 0.00029T^3 + (1.34 - 0.010T)(S - 35) + 0.016H$$

式中　C——声速（m/s）；
　　　T——温度（℃）；
　　　S——盐度（‰）；
　　　H——深度（m）。

海水中声速变化比较小，通常 C 值为 1450～1540m/s，参数 H 是与潜水器的深度直接相关的；因此，只要已知上公式中 C、T、S 三个量中的两个量就可以近似地推算出另一个量。

1.2.1.2　海洋环境对结构性能的影响

上述各种海洋物理特性及海面的风、浪、流的恶劣海洋环境都对在其中工作和使用的结构物带来严重的影响。特别是深海高压力环境，使结构物外表面承受巨大的压力；因而耐压结构的静强度、承载能力（稳定性和极限强度）、密封性乃至总体和系统操纵使用都面临严峻的挑战。同时，由于结构物使用过程中的下潜和上浮，受到这种随深度线性变化的压力作用，产生了交变的疲劳载荷，引起结构的疲劳损伤。还由于结构物的长时间水下作业的使用需要，有可能产生高应力下的结构蠕变响应及与疲劳损伤的耦合作用。如此等等。

另外，由于海水中含有 35‰左右的盐度值，又加之海水中还有各种富营养物质及溶解气体。这种恶劣的水中环境对各类金属材料都会产生相应的化学作用及电化学作用。长期处在这种环境中的结构物，必然出现这样或那样的腐蚀现象，一般可以分以下几类。

---

① 1 大气压=101.325kPa。

（1）一般腐蚀，即仅有轻度麻点和点坑腐蚀，它分布面积广，涉及绝大部分耐压壳体和外肋骨。

（2）一般腐蚀加明显的点状腐蚀或带状坑点腐蚀，主要分布于耐压壳板与轻外壳、接管搭接处或难以清污的夹缝中。

（3）严重腐蚀，即严重坑点腐蚀或片状剥蚀，并有大量浮锈。腐蚀严重部位主要在经常进出海水管口和内部舱、罐等处。

海水腐蚀随海区的盐度、温度及日光照射的不同，其腐蚀程度和腐蚀率也有不同。除此以外，结构物还存在高外压载荷下的应力腐蚀等。

总之，深海恶劣外部环境对结构物带来了十分严重的影响。为保证结构物使用的安全性，在强度计算方法及产品设计、加工制造中都应考虑这种外载和环境的影响；同时还应加强其使用过程中的防腐维修及耐压结构的智能安全监测。在结构物安全监测中，既要考虑深海压力环境对结构安全性的影响（包括高压力环境下的密封及监测应变片的压力效应等），也要考虑复杂变化（跃变）的海水温度、密度对结构物使用和操纵的影响。

1.2.2 作用在耐压结构上的载荷及其特征

作用在各类耐压结构上的载荷主要有以下三种形式：①深水静压力载荷；②多次潜浮的循环交变载荷；③潜水器吊放、回收、搬运时的附加载荷。

1.2.2.1 作用在耐压结构的静压力载荷及其特征

潜水器在水下潜浮和航行时，作用在耐压壳体上的外载荷主要是外部静水压力，它通常可分解成如图1.9所示的两部分：均布压力 p 和三角形分布压力 p_1。

均布压力 P 与潜水器的下潜深度有关，通常均布压力 p 可表示为

$$p = \rho g H \tag{1.2.1}$$

式中　ρ ——水（海水）的密度（kg/m^3）；

g ——重力加速度（$g=9.8m/s^2$）；

H ——潜水器的下潜深度（m，按耐压结构形心至水面距离计算）。

三角形分布压力 p_1 与潜水器耐压结构各点位置有关，其计算公式可表示为

$$p_1 = \rho g R \cos\alpha \tag{1.2.2}$$

式中　R ——潜水器耐压圆柱壳的半径（m）；

α ——与潜水器耐压壳体各点位置有关的角度（rad，见图1.9）。

均布压力 P 均匀地作用在耐压壳体上，因此它是自相平衡的，当耐压壳体是理想的圆形时均布压力 P 仅在潜水器耐压壳体上产生均匀的压应力，不产生弯曲应力。作用在潜水器耐压壳体上的三角形分布压力 p_1，在沿耐压壳体单位长度上形成了垂直向上的合力，这一合力即耐压壳体单位长度上的潜水器的浮力 F_1，即

$$F_1 = \int_0^{2\pi} p_1 R\cos\alpha \, d\alpha = \rho g \pi R^2 \tag{1.2.3}$$

由式（1.2.3）显然可见，潜水器耐压壳体单位长度上的浮力 F_1 等于潜水器耐压壳体单位长度上的排水量。

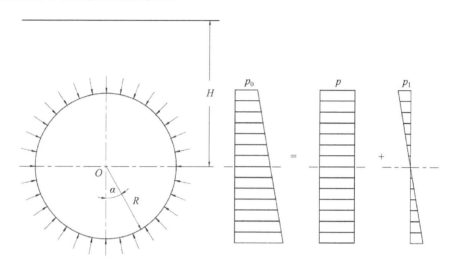

图 1.9 作用在潜水器耐压壳体上的外载荷

除了上述均布压力 P 和三角形分布压力 p_1 外，作用在潜水器耐压壳体上的外载荷还有潜水器耐压壳体与设备的重力 F_2。浮力 F_1 与重力 F_2 应与作用在单位长度耐压壳体两端剖面上的剪力差值 F_3 相平衡，即

$$F_3 = F_1 - F_2 \tag{1.2.4}$$

剪力差值 F_3 在耐压壳体剖面上产生剪应力 τ。剪应力 τ 沿耐压壳体剖面的分布规律与圆环剖面梁在剪力作用下的剖面剪应力分布规律相似，即

$$\tau = \frac{F_3 S}{2It} = \frac{F_3 \times 2\int_0^{\alpha} R\cos\alpha R t \, d\alpha}{2\pi R^3 t^2} = \frac{F_3 \sin\alpha}{\pi R t} \tag{1.2.5}$$

式中 S——0 到 α 部分的耐压壳体剖面相对于水平中和轴的静面矩；

I——耐压壳体剖面相当于水平中和轴的惯性矩；

t——潜水器耐压壳体的厚度。

潜水器耐压壳体在上述三种外载 F、F_1、F_2（F_3 仅是剪力差值）作用下，虽然均可产生壳体压缩力和结构变形，但量级是不完全相同的。由分析可知，浮力 F_1 和重力 F_2 引起的压缩力的量级与由均匀静水压力 p 引起的耐压壳体剖面压缩力的量级的比值约为

$$\rho g R^2 / \rho g H R = R/H \tag{1.2.6}$$

由于潜水器耐压结构半径一般不超过 2~3m，相对于下潜深度而言，这一比

值是很小的，不会大于 0.01。对于大深度潜水器，这一比值就更小了，因此浮力 F_1 与重力 F_2 的影响一般都可以略去不计。

基于上述分析，潜水器在水下正常潜浮及航行时作用在耐压壳体上的外载荷主要是均匀分布的外部静水压力 p，它是决定设计计算压力的主要载荷，随着潜水器下潜深度的加大而线性增加。

1.2.2.2 多次潜浮循环交变载荷

潜水器在整个服役期间按设计要求，通常要下潜 5000 次以上执行作业任务。从结构疲劳强度和使用寿命角度考虑，它每一次下潜都可以看成一个低循环周期的载荷循环，必然对耐压结构的疲劳寿命产生影响。

潜水器每次下潜作业的过程都可以大致分为下潜、在某一深度工作一段时间及上浮三个阶段，因此单次作业载荷历程是加载-保载-卸载。由于潜水器每次下潜任务要求的下潜深度不同，各个"循环"中保载的最大应力水平也就不相同，这种载荷历程的特点可以归纳为"常温下的变幅循环保载"载荷。

潜水器若干次下潜经历的载荷历程如图 1.10 所示，它表示潜水器在使用过程中的整个载荷谱作用历程；其疲劳寿命可以表示为 Life = $f(H_t, \sigma_t, T)$，是关于工作深度、保载应力水平以及保载时间的函数。

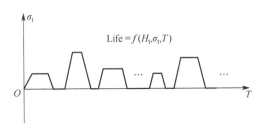

图 1.10 潜水器载荷历程

为了进行耐压结构低周期疲劳寿命分析，必须获得多次下潜的疲劳载荷谱，即各下潜深度段下的下潜次数谱。从目前可获得的各种载人潜水器的下潜数据资料来看，除"阿尔文"号载人潜水器具有详细的下潜数据外，其他载人潜水器的下潜数据均不完整。为此，仅以"阿尔文"号载人潜水器的下潜数据为例显示疲劳载荷的数理统计图谱[3]。

"阿尔文"号载人潜水器于 1964 年整体完工，同年开始下潜试验，到 1973 年初该载人潜水器已经下潜了 467 次，其中，最大下潜深度 2400m。"阿尔文"号曾于 1973 年将原载人潜水器安装的 HY-100 钢载人球壳更换成钛合金载人球壳，并将最大下潜深度从 2400m 提高到 4500m。到 2003 年 4 月 18 日为止，该载人潜水器已经下潜了 3394 次，合计 3861 次（表 1.4）。其中，最大下潜深度为 4500m，最小下潜深度为 1m（水池试验），总体平均下潜深度为 2080 m。

表 1.4　"阿尔文"号及其不同材质载人球壳下潜载荷谱数据

"阿尔文"号总体下潜数据			HY-100 钢载人球壳数据			钛合金载人球壳数据		
深度段/m	次数	比例/%	深度段/m	次数	比例/%	深度段/m	次数	比例/%
0～300	380	9.8	0～300	247	52.9	0～300	133	3.9
300～600	114	3.0	300～600	37	7.9	300～600	77	2.3
600～900	233	6.0	600～900	66	14.1	600～900	167	4.9
900～1200	124	3.2	900～1200	15	3.2	900～1200	109	3.2
1200～1500	210	5.4	1200～1500	25	5.4	1200～1500	185	5.5
1500～1800	165	4.3	1500～1800	37	7.9	1500～1800	128	3.8
1800～2100	345	8.9	1800～2100	39	8.4	1800～2100	306	9.0
2100～2400	462	12.0	2100～2400	1	0.2	2100～2400	461	13.6
2400～2700	996	25.8				2400～2700	996	29.3
2700～3000	177	4.6				2700～3000	177	5.2
3000～3300	144	3.7				3000～3300	144	4.2
3300～3600	119	3.1				3300～3600	119	3.5
3600～3900	254	6.6				3600～3900	254	7.5
3900～4200	116	3.0				3900～4200	116	3.4
4200～4500	22	0.6				4200～4500	22	0.6

按照每 300m 为一个下潜深度段,将表中"阿尔文"号在各下潜段的数据用直方图来表示,如图 1.11 所示。

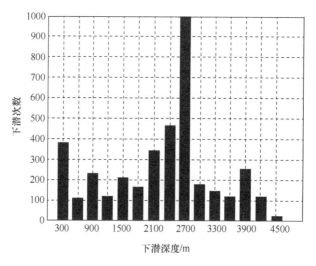

图 1.11　"阿尔文"号总体下潜载荷谱

根据"阿尔文"号更换成钛合金载人球壳后的下潜统计数据所得出的直方图如图 1.12 所示。

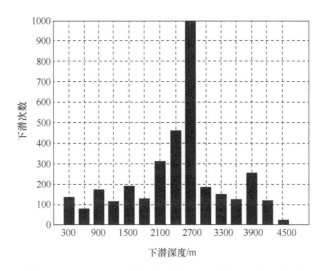

图 1.12　"阿尔文"号（钛合金载人球壳）下潜载荷谱

我国 7000m "蛟龙"号载人潜水器也已下潜 100 多次，也在逐步积累数据和建立统计载荷谱。在文献[3]中，基于"阿尔文"号的下潜统计数据的深入分析，提出了可以用耿贝尔（Gumbel）分布来描述"蛟龙"号载人潜水器的下潜载荷谱，见图 1.13。

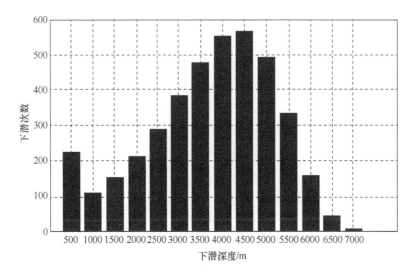

图 1.13　"蛟龙"号载人潜水器下潜载荷谱

潜水器各下潜深度段下的潜浮次数载荷谱的建立，不仅对结构疲劳强度计算分析和使用寿命评估有重要作用，而且还有利于结构应力控制和强度标准的可靠制订。

1.2.2.3 潜水器搬运和吊放回收时的附加载荷

潜水器及其系统从陆上搬运到母船上、从母船吊放到海水中和从水中回收到母船甲板上都会产生各种动载荷，包括质量载荷、运载作业载荷、安放时冲击载荷、穿过空气/水面的动力载荷、风载，及拖拽时的水动力载荷等。

根据我国潜水器规范（中国船级社 潜水系统和潜水器入级规范 2018，China Classification Society, Rules for Classification of Diving Systems and Submersibles 2018，以下简称"我国 CCS 规范"）吊放系统的设计要求，作业系数为 1.2、动载系数为 1.7。

安置船舶上的吊放系统，其承受船舶运动载荷加速度为±1g，这说明潜水器在搬运和吊放放置在甲板上的加速度载荷比陆地上压力容器设备受地震载荷（冲击加速度最大为 0.4 g）还大 1 倍多。

潜水器及其系统中的耐压结构主要是外压容器，但其中也有少量的内压容器，它们除了承受内压力载荷外，还承受上述在搬运和吊放时各种附加动载荷，属于移动式的压力容器。因此，在潜水器内压容器设计中还应考虑经常搬运、吊放、穿越水面及风、浪、流影响的附加载荷（详见 10.2 节）。

1.3 强度计算方法的一般要求及说明

作为指导实际结构强度设计的一种计算方法，不仅涉及理论方法的正确性、可靠性和合理性，而且还包括计算方法的通用性和系统匹配性，使之对各种不同的耐压结构和受压容器都能适用，并使整个结构的各受压元件都得到等强设计。同时，计算方法所涉及的强度标准体系还应与实际产品所采用的材料、加工制造及最终产品验收方法和标准相适应。为此，应对强度计算的适用范围、输入条件和参数，包括计算载荷、安全系数及对疲劳、蠕变的强度控制等提出统一的总则要求。

1.3.1 强度计算方法适用范围及其说明

理论计算方法的适用范围是产品设计计算的前提和依据。按照强度计算方法的通用性要求，其范围越宽松越适用，但它又受到理论计算方法的各种简化假定及使用条件的限制。对于潜水器和深海装备的结构设计计算方法，由于恶劣的海洋使用环境、材料非线性修正方法的影响及容重比等条件限制，适用范围不可能像放置在陆地上固定式压力容器规范那样宽松。

不过，由于理论计算方法本身是针对典型耐压结构形式、典型边界条件及典型破坏模式进行方法探讨，因此无论是潜水器，还是水下工程、深海装备的耐压结构，只要符合理论计算方法的相关假定和要求，其强度设计计算都是基本适用的。

理论计算方法的适用范围还涉及下潜深度（载荷）适用范围。对于大深度潜水器等各类耐压结构按理都应满足全海深的需要，但如果设计者或用户对耐压结构容重比条件有要求，则下潜深度范围就会有所限制。例如，如果要求容重比（W/D）$\leqslant 1.0$，则环肋圆柱壳和球壳结构的适用范围大致如下：

对环肋圆柱壳 $\begin{cases} \text{采用高强度钛合金（800MPa级），4500m。} \\ \text{采用高强度钢（800MPa级），2400m。} \\ \text{采用高强度铝合金（200MPa级），800m。} \end{cases}$

对球壳 $\begin{cases} \text{采用高强度钛合金，10000m。} \\ \text{采用高强度钢，5000m。} \end{cases}$

1.3.2 载荷安全系数的定义与取值

载荷安全系数是考虑实际潜水器耐压结构从设计计算、材料选用、加工检验到深海使用等方面不确定性因素影响的承载安全裕度。即在确定性计算方法中，相对耐压结构允许下潜最大深度而言，引入大于"1"的 K 值作为承载安全裕度，其定义为

$$K = \frac{p_j}{p_e} \tag{1.3.1}$$

式中　p_j——计算压力；

p_e——耐压结构允许最大下潜深度所对应的压力。

K 的具体取值，不仅与上述因素及外部载荷作用模式有关，而且与耐压结构内部状态及总体要求有关。K 越大，一般认为结构安全性会得到提高，但结构容重比就会增加，必然影响到结构的有效载荷，包括设备、人员的装艇和紧急上浮的储备浮力；即使采用大量的浮力材料可以弥补，但这又会影响到总体性能优化。总之，安全系数的选择涉及多个方面，它是潜水器结构设计中需要科学量化的一个重要参数，它的可靠和合理选取是确定结构设计计算载荷的前提和依据。

纵观各国潜水器规范，由于使用要求和材质及加工工艺水平的差异等情况，各国规范规定的安全系数也有所不同，例如：美国潜水器规范（美国航运局　水下航行器、系统和高压设施的建造和入级规范 2010，American Bureau of Shipping, Rules for Building and Classing of Underwater Vehicles, Systems and Hyperbaric Facilities 2010，以下简称"美国ABS规范"）规定计算压力为工作压

力的 1.5 倍，英国潜水器规范（劳氏船级社 潜水器和潜水系统建造和入级规范 2022，Lloyd's Register of Shipping, Rules and Regulations for the Construction and Classification of Submersibles and Diving Systems 2022，以下简称"英国 LR 劳氏规范"）要求计算压力取工作压力的 1.43 倍，挪威和德国潜水器规范（挪威 德国船级社 水下设备入级规范，DNV GL Classification Society, Rules for Classification: Underwater technology 2016，以下简称"DNV GL 规范"）要求安全系数随深度增加有所减少。对于耐压球壳，各国潜水器规范的安全系数取值介于 1.5~1.73[2]，见表 1.5。

表 1.5 各国潜水器规范耐压球壳安全系数

国家	美国 ABS	德国	日本	俄罗斯	美国军标
安全系数	1.5	1.73	1.55	1.5	1.5

对于大深度潜水器实际产品的设计，各国均选取 1.5 倍以上的安全系数，详见表 1.6。

表 1.6 大深度潜水器载人球壳的安全系数分析比较

名称	类别						
	设计参数				设计安全系数	极限承载能力	
	内径/m	工作深度/m	计算深度/m	设计厚度/m		破坏深度	实际安全裕度
日本"深海 6500"	2	6500	10050	73.5（实测 75）	1.55	10308	1.58
法国"鹦鹉螺"号	2.1	6000	9000	62	1.5	9129	1.52
美国"阿尔文"号	2	3600（4500）	5400（5720）	49	1.5	6750	1.52
日本"深海 2000"	2.2	2000	3300	28.5（实测 30）	1.65	3434	1.65
俄罗斯"领事"号	2.1	6000	9000	77	1.5	10518	1.75

我国 CCS 规范安全系数取值为 1.5，与大多数国家的潜水器规范安全系数的选取一致。中国"蛟龙"号、"深海勇士"号、"奋斗者"号载人潜水器耐压球壳的载荷安全系数也都是按 CCS 规范要求取 1.5。

1.3.3 结构设计外载和计算压力的确定

结构设计外载是确定强度计算载荷的依据，它与产品设计外部作用模式的输入及设计规定的等级有关。在实际结构设计中，应依据使用条件明确规定载荷类别和等级：

（1）工作下潜深度或者工作载荷，即在使用条件下最大可能多次达到的下潜深度；

（2）允许的超深深度或超深引起的附加载荷；

（3）试验载荷，指实际结构在建造之后耐压壳体或其他耐压容器试验的载荷；

（4）载荷重复次数（载荷频率），指具有从零到工作载荷的不同等级的相应频次；

（5）如果耐压结构所使用的材料有蠕变的特性，则应补充规定潜水器处于不同深度的时间及相应的应力水平。

计算压力是确定各受压元件进行强度计算的主要载荷，集中体现了安全系数对结构安全可靠性的保障作用，也是制订相互匹配的强度标准的主要依据。

计算压力 p_j 是根据安全系数的定义式（1.3.1）来确定，即

$$p_j = Kp_e \tag{1.3.2}$$

最大下潜深度压力 p_e 是由设计时确定下潜工作深度 H 加上的超深深度 ΔH 置换而得。对于超深 ΔH 的范围，可由设计者或用户要求确定，一般在 50～200m 范围选取。这样：

$$p_e = \rho g(H + \Delta H) \tag{1.3.3}$$

式中　ρ ——海水密度（kg/m³）；

　　　g ——重力加速度（g=9.8m/s²）。

应当明确，潜水器的实际最大工作深度应是所设计的工作深度 H，不是 p_e 所对应的最大下潜深度，它仅是在偶尔试验和检测需要或突然意外事故发生而进入的深度范围。对于大深度潜水器，在通常的设计使用条件下，超深深度应不大于 $0.10H$。

潜水器工作深度、超深深度、水压试验深度、计算深度与安全系数的关系如图 1.14 所示。

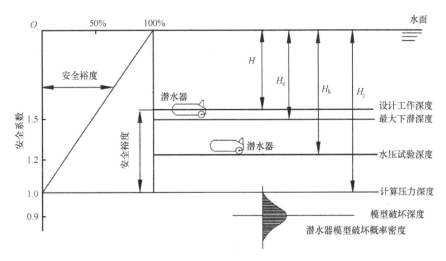

图 1.14　潜水器下潜深度与安全系数关系图

1.3.4 强度控制要求

结构的强度控制是通过相应的强度标准（强度储备）来实现的。强度标准是指结构破坏特征的确定、说明以及定量或定性指标的概述所形成的方法和衡准。它既要体现设计外载的各种作用模式，更应该体现结构内部的物理失效破坏模式（包括疲劳、蠕变等）和结构破坏之前的各种状态指标及许用要求。

一般来说，结构强度的评估和控制需利用多个强度标准，这与载荷组合和破坏性质有关或者取决于可能出现几个极限载荷的组合及可能发生不同形式的破坏（爆破、失稳、疲劳裂纹等），相对应地可以引入几个强度储备系数或强度标准。

对于受外部均匀压力作用的潜水器和深海装备结构，除了屈曲破坏模式所对应的载荷强度条件外，还应考虑由于深海恶劣环境、特殊使用要求、高强度材料不利因素及结构设计、加工所带来的有关强度破坏失效类型的强度控制，例如：

（1）在壳板（应力集中区域以外）和肋骨上达到能够产生不可逆塑性变形或蠕变变形的高应力区域；

（2）应力集中区域的壳板（壳板变断面、舱壁支撑边界等处）在局限范围内达到能够引起（仅在这些区域）塑性变形或者产生裂纹的局部高应力（峰值应力）；

（3）在个别区域由于拉应力达到某个临界值，超过这个临界值可能引起沿初始裂纹长度方向的微观扩展；

（4）在极限强度破坏模式下，壳体尚未屈曲破坏，整体膜应力已先达到材料的屈服强度，如此等等。

因此，为了保证潜水器的长期安全可靠地使用，必须在最大工作深度载荷下，对整体结构应力和局部应力强度进行控制，以主要结构不产生塑性变形为前提，提出强度控制的基本要求，例如：

① 总体中面膜应力控制在 $0.70\,R_{eH}$ 以内；

② 结构弯曲应力、表面应力、局部应力均控制在 $0.80\,R_{eH}$ 以内；

③ 局部峰值应力和拉应力及残余应力都应控制在一定允许标准范围内等。

1.3.5 耐压壳体加工制造的基本要求

在一般情况下，强度计算理论方法是针对理想的结构状态，而实际产品质量总是与结构理想状态有差异。为了将这种差异控制在计算方法修正系数、强度标准所允许的范围内，必须对产品所采用的材质、加工制造及检测验收提出相关要求。如果产品质量达不到相关要求，就会在实际的使用中出现各类结构强度问题。表 1.7 列出了一些超标缺陷对产品结构强度的影响。

表 1.7　超标缺陷对产品结构强度的影响

序号	缺陷类别	对产品结构强度的影响
1	材质及板厚不均匀、性能不合格	安全裕度下降，影响承载能力，易发生低应力下的脆裂
2	焊接接头无损探伤超标；对接焊缝错边大，外观检查不合格	影响接头处等强性，焊缝系数下降，易产生疲劳裂纹
3	各种焊缝残余应力大；装配约束应力大	影响疲劳使用寿命，易产生应力腐蚀疲劳
4	壳体不圆度、局部初挠度超标	影响结构承载能力和局部强度
5	环肋圆柱壳尺度和肋骨安装位置超差，开孔加强不符合设计要求	影响局部强度和承载能力

由表 1.7 中看出，在耐压结构加工的过程中，各类缺陷超标会对结构静强度、承载能力及疲劳寿命带来影响。

耐压结构水下安全性是整个潜水器和深海装备安全的基础，必须采用完全保障原则进行"全方位"和检测"全过程"的质量控制，其中最主要的体现是从材料选用、壳体加工到耐压试验验收的全过程进行全面质量检验；类似压力容器安全技术监察规程对压力容器制造的严格控制，采用一切可能的措施来消除使用过程中的结构损伤和破坏；特别是对影响结构承载能力的产品形状和尺寸公差，要达到与计算方法或设计图纸原则工艺相一致的容差要求（具体测量内容和容差标准参考值见附录 A）。对圆柱壳、圆锥壳及环肋圆柱壳，如初始形状超标，则应按 5.4 节进行超差加强分析和处理。

1.3.6　耐压试验及试验压力的确定

潜水器耐压结构压力试验的目的是对产品设计、加工质量，特别是对耐压结构强度和密封性的最终全面检验和验收；也是消除耐压结构因焊接和冷作装配所造成的残余应力的措施之一。此外，还对指导潜水器耐压结构设计的强度计算方法的可靠性和合理性进行检验。

耐压试验的内容包括试验压力的确定、产品耐压试验方法、加载程序及试验检测等，其中大部分内容都比较具体，可在试验大纲中明确；而最主要的是进行试验压力的确定，即明确 1.3.3 节设计外载中试验载荷的大小。试验压力过低，达不到产品耐压试验的目的，也不利于保障产品的安全使用；试验压力过高，又会对产品耐压结构本身带来损伤，还有可能造成安全事故。因此，试验压力的确定应依据设计要求、使用环境、现场条件等因素具体分析。

试验压力 p_T 的确定与多种因素有关，包括工作压力 p、计算压力 p_j、安全

系数 K、材料的屈服极限 R_{eH}、许用应力$[\sigma]$、焊缝系数 Φ 及设计温度 T 等都有关联。特别是工作压力和安全系数（计算压力）的大小直接关系到试验压力系数 η 的确定。因此，国内外潜水器规范对试验压力的规定也各有不同，见表1.8。

表1.8 国内外潜水器规范对试验压力规定情况

序号	国别	相关标准（潜水器）/研制（制定）时间	试验压力
1	中国	CCS 规范/2018	$H \leqslant 4000\text{m}$ $p_T=1.25p$ $4000\text{m} < H < 6000\text{m}$ 插值 $H \geqslant 6000\text{m}$ $p_T=1.15p$
2	美国	ABS 规范/2002	
3	美国	美国机械工程师协会 载人压力容器安全标准2019, The American Society of Mechanical Engineers, Safety Standard for Pressure Vessels for Human Occupancy 2019，以下简称"ASME PVHO"/2019	$p_T=1.25p$
4	德国	DNV GL 规范/2016	
5	韩国	韩国船级社 水下航行器入级规范 2005, Korean Register of Shipping, Rules for the Classification of the Underwater Vehicles 2005, 以下简称"韩国KR规范"/2005	$H < 300\text{m}$ $p_T = \left(1.1+\dfrac{0.3}{p}\right)p$ $H \geqslant 300\text{m}$ $p_T = 1.2p$
6	俄罗斯	俄罗斯海事船级社 载人潜水器、船舶潜水系统和客运潜水器入级和建造规范 2004, Russian maritime register of shipping, Rules for the classification and construction of manned submersibles, ship's diving systemsand passenger submersibles 2004, 以下简称"俄罗斯RS规范"/2004	$H \leqslant 300\text{m}$ $p_T=1.25p$ $300\text{m} < H < 1000\text{m}$ $p_T=\left(1.25-\dfrac{H-300}{7000}\right)p$ $H \geqslant 1000\text{m}$ $p_T=1.15p$
7	中国	"蛟龙"号载人潜水器/2013	$p_T=1.10p$
8	中国	"深海勇士"号载人潜水器/2017	$p_T=1.25p$

对于潜深大于 8000m 的潜水器，耐压试验压力已属于超高压范围。参照《超高压容器安全技术监察规程》第 4 节第 39 条规定：耐压试验压力应按照式（1.3.4）计算试验压力。

$$p_T = \eta p \frac{R_{eH}}{R'_{eH}} \qquad (1.3.4)$$

式中　p——工作压力；

　　　p_T——试验压力（对于在用超高压容器可取最高工作压力）；

　　　η——耐压试验压力系数，可取 $\eta=1.10\sim1.25$（设计压力高时取低值）；

　　　R_{eH}——试验温度下材料的屈服强度的下限；

R'_{eH} ——设计温度下材料的屈服强度的下限(在潜水器耐压试验中,不考虑温度影响,即 $R_{eH}/R'_{eH}=1.0$)。

综合上述分析及大深度潜水器实际产品的耐压试验经验,对式(1.3.4)中耐压试验压力系数 η 提出全海深下潜深度范围内的参考值,见表1.9。

表1.9 耐压试验压力系数参数表

下潜工作深度 H/m	$H \leqslant 1000$	$1000 < H \leqslant 4500$	$4500 < H \leqslant 8000$	$H > 8000$
η	1.25	1.20	1.15	1.10

压力系数确定后,就可按式(1.3.4)确定试验压力 p_T。

潜水器和深海装备耐压结构大多为单一的非标产品;有时为确保耐压试验检验的有效性,根据使用和检验的某种需要或用户要求,试验压力可大于上述最低试验压力值,这时则需要在耐压试验前,先进行试验压力下的总体膜应力校核。

例如:对于圆柱壳,可按照下式进行控制条件校核:

$$\sigma_T = \frac{p_T(D_i + t)}{2t} \leqslant 0.9 R_{eH} \tag{1.3.5}$$

式中 D_i ——圆柱壳内直径;
t ——圆柱壳有效厚度。

参考文献

[1] 施德培, 李长春. 潜水器结构强度[M]. 上海: 上海交通大学出版社, 1991.
[2] 刘涛. 深海载人潜水器耐压球壳设计特征分析[J]. 船舶力学, 2007, 11(2): 214-220.
[3] 李向阳, 刘涛, 黄小平, 等. 大深度载人潜水器耐压球壳的疲劳载荷谱分析[J]. 船舶力学, 2004, 8(1): 59-70.

第 2 章 大深度耐压壳体材料及应用分析

2.1 高强度耐压结构材料及一般要求

2.1.1 潜水器耐压壳体的主要用材分析

大深度潜水器及深海装备耐压结构一般都选用高强度材料，包括钛合金、低合金钢及铝合金等。对于载人的耐压壳体则主要是采用高强度钛合金，也有一些壳体采用高强度马氏体（Martens）镍钢；无人潜水器及 600m 以下深度的水下潜航器、水下工程耐压壳体，除了采用钛合金、船用钢外，也大量采用高强度铝合金；对于潜水器系统中的一般耐压结构和内压容器，根据实际情况也可以采用我国 CCS 规范、钢质海船入级规范（中国船级社 China Classification Society, Rules for Classification of Sea-going Steel Ships 2022）和压力容器规范（包括压力容器 Pressure vessels GB 150-2011、钛制焊接容器 Titanium welded vessels JB/T 4745-2002、铝制焊接容器 Aluminum welded vessels JB/T 4734-2002）中所标明的中、低屈服强度材料。

大深度潜水器耐压结构采用的高强度钛合金与其他材料相比有很明显的优势：低密度（密度一般为 $4.5 \times 10^3 \text{kg/m}^3$，不到钢的 60%）、高强度（屈服强度可达 800MPa 以上）、高熔点，并具有良好的抗腐蚀性和较好的抗疲劳断裂性能及低磁性等显著优点，因而被誉为"海洋金属"和"全能金属"。虽然钛合金延展性较低、屈强比高、易蠕变、焊接工艺复杂，且造价相对较高，但由于其明显的优势，仍是潜水器及深海装备耐压壳体的首选材料。从表 2.1 中可以看出，国内外大深度潜水器载人球壳大都选用钛合金材料。

表 2.1 国内外大深度潜水器载人球壳用材汇总表

国家	潜水器名称	潜深/m	建造时间	壳体材料
美国	"阿尔文"号	4500	1964 年	TC4ELI 钛合金
	Seaclifb	6000	1981 年	Ti-6Al-2Nb-1Ta-0.8-Mo 钛合金
	新"阿尔文"号	6500	1974 年	TC4ELI 钛合金

(续)

国家	潜水器名称	潜深/m	建造时间	壳体材料
日本	"深海2000"	2000	1981年	TC4ELI钛合金
	"深海6500"	6500	1989年	TC4ELI钛合金
法国	"鹦鹉螺"号	6000	1985年	TC4钛合金
俄罗斯	Mir-1型	6000	1988年	马氏体镍钢
	Mir-2型	6000	1988年	马氏体镍钢
	"领事"号	6000	2002年	BT6（TC4）钛合金
	"罗斯"号	6000	1992年	BT6（TC4）钛合金
中国	"蛟龙"号	7000	2007年	BT6钛合金
	"深海勇士"号	4500	2017年	TC4ELI钛合金
	"奋斗者"号	11000	2021年	钛合金

对于高强度铝合金，由于其重量轻（密度约为钢的1/3）、强度相对较高、低磁性、耐海水和化学腐蚀等优点；又加之铝的热膨胀系数为钢的2倍，对容器内部温度变化敏感、散热快、价格低等优点，使得铝合金也广泛应用于水下机器人、无人潜水器、潜航器等各种水下工程的耐压结构。虽然铝合金有可焊性差、蠕变大、应力腐蚀敏感以及表面坚固的氧化物易损伤等缺点，但只要采取相应措施就可以补救。

从以上分析可以看出，大深度潜水器及深海装备耐压结构大都采用高强度钛合金和铝合金材料。为有利于应用高强度材料进行潜水器耐压结构强度设计计算及安全系数的确定和可靠性分析，收集最常用的高强度钛合金和铝合金材料力学性能检测结果和它们的统计分布特征值是十分必要的。例如，根据文献[1]对国产常用的6061-T6铝合金的1092个拉伸试验数据汇总和统计分析，得出材料各力学性能的统计分布特征值和直方图，见表2.2和图2.1。

表2.2 国产6061-T6铝合金的力学性能统计值

序号	参数名称	参数符号	平均值μ	标准差σ	变异系数δ	文献[1]	建议标准值
1	抗拉强度	R_m/MPa	301.10	23.57	0.0783	261.60	265.00
2	屈服强度	R_{eH}/MPa	279.82	26.09	0.0932	241.00	245.00
3	延伸率	A/%	12.38	2.08	0.1680	—	8.00
4	弹性模量	E/MPa	67613.8	3262.7	0.0482	69589.0	68000.0

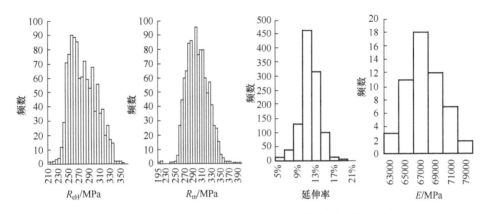

图 2.1　国产铝合金 6061-T6 的力学性能指标统计直方图

2.1.2　耐压壳体材料的一般要求

依据结构安全性设计要求和耐压结构处于长期、多次潜浮于深海的恶劣使用环境及加工制造工艺要求等，对耐压壳体材料提出如下基本要求。

（1）为保证耐压结构在大深度载荷下的强度和承载能力及获得壳体的低容重比，材料首先应具有高屈服强度，同时又有较低的质量密度。即材料的比强度（材料的屈服强度与密度之比）和比刚度（弹性模量与密度之比）都要大。

（2）要求材料在具有高屈服强度的同时，还应有较好的延伸率和塑性指标，以保障耐压结构长期使用的安全可靠性及疲劳寿命。例如，在钛制焊接容器（JB/T4745）规范中，按 4.2.4 条规定要求，TA1～TA10 延伸率 A 必须大于 15%；在我国 CCS 规范中，按 6.2.1 条规定要求，材料屈强比 R_{eH}/R_m 不应大于 0.90，如此等等。虽然，这些控制指标对于大深度潜水器所使用的高强度材料可能难以达到，需要适当放宽指标；但应在已明确指标的基础上进行严格控制，且外压结构和内压容器应有所区别。

（3）材料性能指标应稳定、均匀、可靠，在材料多次复验中应与出厂指标有较好的符合性和一致性。对结构主要材料的力学性能，包括屈服强度 R_{eH}、弹性模量 E、抗拉强度 R_m 和冲击韧性 KV_2 及壳板厚度 t 等，不仅应获得材料手册的标称值，而且应力求得到数理统计均值、标准差和变异系数等特征指标，以利于结构的安全性评估和可靠性分析。

（4）由于恶劣的海洋环境，耐压壳体材料应耐海水腐蚀，包括耐化学、电化学、生化腐蚀及光合腐蚀。

（5）由于潜水器及深海装备上千次潜浮于深海中，并且在海底作业时间有长有短，即保载时间不一，要求材料具有较好的抗蠕变性能和抗疲劳蠕变耦合作用性能。

（6）潜水器耐压结构是一种移动式压力容器，在移动和吊放回收过程中会受到碰撞和冲击。要求材料的拉伸强度比（材料的抗拉强度与密度之比）和硬度高，使之具有较好的抗碰撞和冲击性能。

（7）材料还必须适于潜水器恶劣的温差变化环境，有较好的冲击韧性和抗裂性指标，以防止结构在低温或低应力下的脆性断裂，特别是对潜水器系统中的内压容器设计时十分重要。

（8）在制造检验方面，要求材料冷作成型、焊接性能好；对先进的焊接方式（如电子束焊接）和热处理工艺及无损检测方法有较好的适应性和低敏感性。壳体焊接加工应符合材料与焊接规范（中国船级社 China Classification Society, Rules for Materials and Welding 2022）和相应的高强度、大厚度材料焊接规范的要求。

（9）潜水器系统中内压容器壳体应尽量采用高塑性材料，不宜采用屈服强度大于 800MPa 且延伸率小于 12% 及材料屈强比大于 0.92 的高强度材料。

（10）潜水器系统中一般耐压结构的设计，也可以采用各规范中所允许的各种壳体材料。此时，相应规范中对材料的各项要求也同样适用。

2.2 高强度材料的物理非线性修正系数 C_S 曲线

潜水器及深海装备耐压壳体在深海高压力下的屈曲（失稳）是其结构失效的主要破坏模式，其破坏压力计算是确定结构安全性设计准则的主要依据。所采用高强度材料的耐压结构，屈曲一般都处在材料的弹塑性阶段，材料的应力应变关系因弹性模量不断变化和降低不再呈线性增长关系。由于材料的塑性应力应变关系往往比较复杂，会给稳定性计算带来很大的困难，所以在工程设计计算中，屈曲失稳压力计算通常采用线弹性理论方法，并附加各种修正方法来实现，其中最主要的修正就是材料的物理非线性修正系数 C_S 曲线。

在我国潜水器规范[2]中采用的 C_S 修正曲线是 20 世纪 80 年代从潜艇结构规范（GJB/Z 21A-2021 潜艇结构设计计算方法 Methods for design and calculation of submarine structure，以下简称"我国潜艇规范"）中引入的，由于当时该曲线仅通过中等强度钢材的试验数据验证，而且数据不充分、分散度较大，与实际和有关资料存在一定的偏差（见 2.2.2 节）。因此，为满足大深度潜水器采用高强度钛合金、高强度钢和高强度铝合金材料的强度设计计算需求，必须建立上述各种材料较为准确的物理非线性修正系数 C_S 曲线。

材料修正系数 C_S 曲线的建立，理论上可根据切线模量理论、双模量理论或壳体弹塑性稳定性理论计算结果得到；实际工程上往往是通过模型试验结果与弹性失稳理论计算结果比对得到的。以下介绍基于不同材料拉伸试验曲线的三参数方程和模量理论、弹塑性计算确定 C_S 曲线[3]，并在此基础上建立其综合拟合公式。

2.2.1 高强度材料拉伸试验曲线的三参数方程

为了建立与实际材料相一致的应力应变（$\sigma-\varepsilon$）关系的三参数模拟曲线，必须首先按国家标准 GB6397 和 GB228 规定进行相应材料的取样、试件加工和拉伸试验曲线检测。特别是针对高强度材料，都没有明显的材料屈服平台，需要进行规定非比例伸长率（0.2%）的名义屈服强度测定。在此基础上引入由兰伯格和奥斯古德（Ramberg-Osgood）研究得出的三参数模拟方程，它对于描述钢材、钛合金、铝合金试验曲线都是适用的。

其形式为

$$\varepsilon = \frac{\sigma}{E}\left[1+k\left(\frac{\sigma}{R_{eH}}\right)^{m-1}\right] \qquad m \geq 1 \tag{2.2.1}$$

令 $e = \frac{E}{R_{eH}} \cdot \varepsilon$、$s = \frac{\sigma}{R_{eH}}$，可以得到上述方程的无量纲化形式：

$$e = s + k \cdot s^m \tag{2.2.2}$$

用材料拉伸试验的实验数据点拟合上述无量纲方程，可以确定每种材料的系数 k、m 值。

在文献[3]中，针对中、高强度低合金钢、高强度钛合金和铝合金 4 种材料所得到的拉伸试验曲线分别进行了三参数模拟方程的拟合，其拟合曲线和 k、m 系数值分别如下：

（1）中等强度钢。中等强度船用钢的弹性模量 $E=2\times10^5$MPa，屈服强度 $R_{eH}=588$MPa，拟合结果见图 2.2（b），其中 $k=1.608$，$m=20.253$。

（2）高强度钢。高强度钢的弹性模量 $E=2\times10^5$MPa，屈服强度 $R_{eH}=800$MPa，拟合结果见图 2.2（b），其中 $k=0.571$，$m=22.552$。

（3）高强度钛合金。高强度钛合金，根据 TC4 和 Ti80 拉伸试验数据统计得出弹性模量 $E=1.152\times10^5$MPa，屈服强度 $R_{eH}=780$MPa，拟合结果见图 2.2（a），其中 $k=0.2567$，$m=68.0273$。

（4）6061-T6 铝合金。在文献[1]中，通过对 42 件 6061-T6 铝合金拉伸试验的分析，指出铝合金材料也和高强度钢、钛合金一样没有明显的屈服平台，也是将残余应变等于 0.2% 相对应的应力假设为超出材料弹性阶段的屈服强度应力（$f_{0.2}$），在结构计算中，它与中、高强度钢材的屈服强度 R_{eH} 具有同等的物理意义。同时，对 11 条应力应变试验曲线进行了分析，结果表明其本构关系也服从 Ramberg-Osgood 模型和 Stein-Hardt 建议。

6061-T6 铝合金常用应力应变关系为

$$\varepsilon = \frac{\sigma}{E} + 0.002\left(\frac{\sigma}{f_{0.2}}\right)^{\xi} \tag{2.2.3}$$

其中根据 Stein-Hardt 建议：

$$10\xi = f_{0.2}(\text{MPa}) \tag{2.2.4}$$

统一为式（2.2.1）的 Ramberg-Osgood 三参数方程形式：

$$\varepsilon = \frac{\sigma}{E}\left[1 + 0.002 \cdot \frac{E}{f_{0.2}}\left(\frac{\sigma}{f_{0.2}}\right)^{\xi-1}\right] \tag{2.2.5}$$

6061-T6 铝合金无量纲化材料曲线见图 2.2（b），其中 k=0.507，m=27.6。

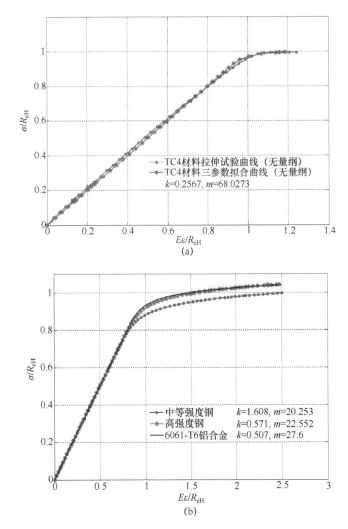

图 2.2　不同材料三参数方程拟合曲线比较

（a）钛合金；（b）低合金钢和铝合金。

2.2.2 基于三参数方程和模量理论的 C_S 曲线

模量理论特别是切线模量理论是工程应用中处理非线性稳定问题的重要理论方法。对于壳体结构塑性失稳压力的计算方法虽可以通过在薄壳弹塑性稳定性理论中引入材料本构关系来建立，但其形式和求解大多较为复杂。因此，若将构件在单向拉、压作用下变形的一瞬间都看作是弹性体的平衡状态，就能借助弹性力学中从应变能定理到应力应变关系简化为线性状态的方法，这样问题就简单多了。1932 年，苏联西曼斯基教授首先提出，采用简单的折算模量 E_t 代替弹性模量 E 来求解临界载荷，后人通过不断计算分析和试验完善了这种模量理论来进行非线性弹塑性修正和临界压力的计算。

在此，基于 2.2.1 节材料拉伸试验曲线的三参数方程，分别以切线模量和双模量理论计算确定材料的 C_S 曲线。

（1）切线模量计算。对于切线模量理论，有

$$E_t = \frac{d\sigma}{d\varepsilon} = E\left[1 + k \cdot m\left(\frac{\sigma}{R_{eH}}\right)^{m-1}\right]^{-1} \quad (2.2.6)$$

$$C_S = \frac{E_t}{E} = \left[1 + k \cdot m\left(\frac{\sigma}{R_{eH}}\right)^{m-1}\right]^{-1} \quad (2.2.7)$$

$$\frac{\sigma_e}{R_{eH}} = \frac{\sigma}{C_S R_{eH}} \quad (2.2.8)$$

以 $\frac{\sigma}{R_{eH}}$ 为自变量分别计算出 C_S 和 $\frac{\sigma_e}{R_{eH}}$，并以 σ_e / R_{eH} 为横坐标，C_S 为纵坐标即可得到切线模量理论下的弹塑性修正曲线。图 2.3 所示为切线模量理论下不同材料的弹塑性修正系数 C_S 曲线。

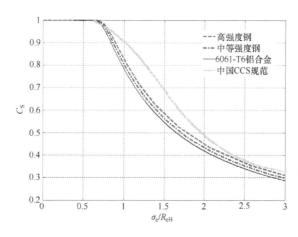

图 2.3 基于切线模量理论的物理非线性修正曲线

（2）双模量理论计算。根据双模量理论，有

$$E_t = \frac{d\sigma}{d\varepsilon} = E\left[1 + k \cdot m\left(\frac{\sigma}{R_{eH}}\right)^{m-1}\right]^{-1} \quad (2.2.9)$$

$$C_S = \frac{4E_t}{\left(\sqrt{E}+\sqrt{E_t}\right)^2} = \frac{4\left[1 + k \cdot m\left(\frac{\sigma}{R_{eH}}\right)^{m-1}\right]^{-1}}{1 + \left[1 + k \cdot m\left(\frac{\sigma}{R_{eH}}\right)^{m-1}\right]^{-1} + 2\sqrt{\left[1 + k \cdot m\left(\frac{\sigma}{R_{eH}}\right)^{m-1}\right]^{-1}}} \quad (2.2.10)$$

$$\frac{\sigma_e}{R_{eH}} = \frac{\sigma}{C_S R_{eH}} \quad (2.2.11)$$

同样以 $\frac{\sigma}{R_{eH}}$ 为自变量分别计算出 C_S 和 $\frac{\sigma_e}{R_{eH}}$，以 σ_e/R_{eH} 为横坐标，C_S 为纵坐标即可得到双模量理论下的弹塑性修正曲线。图 2.4 所示为双模量理论下不同材料的弹塑性修正系数 C_S 曲线。

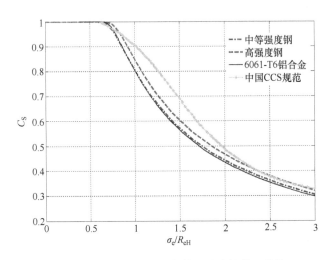

图 2.4 基于双模量理论的物理非线性修正曲线

由图 2.3 和图 2.4 中看出：中等强度钢和高强度钢的曲线在数值上虽有较小的差别，但其形状是相一致的；6061-T6 铝和高强度钢 C_S 的两条曲线则非常接近；我国 CCS 规范中的修正系数曲线比模量理论计算的 C_S 修正曲线略高，特别在 $1 < \sigma_e/R_{eH} < 2.5$ 相差较大。

2.2.3 基于弹塑性理论计算的 C_S 曲线

弹塑性理论计算 C_S 曲线是以完善结构（无初始缺陷）的环肋圆柱壳为例进行分析的，即按式 $C_S = p_{cr}/p_E$ 所定义的要求和方法进行的，p_{cr} 是弹塑性失稳临界压力，p_E 是完善结构的弹性失稳临界压力。在文献[3]中，壳体弹塑性理论计算是采用无矩壳体理论，即认为在静水外压力作用下，圆柱壳中的弯矩实际上只存在于边界附近或壳体内部应力集中处，在壳体绝大部分区域弯曲应力远小于薄膜应力。因此，在端部弹性支撑条件下，环肋圆柱壳失稳前在静水压力 q 作用下可认为膜应力、纵向力及周向力分别为 $N_x = \dfrac{qR}{2}$、$\sigma_x = \dfrac{qR}{2t}$、$N_y = qR$、$\sigma_y = \dfrac{qR}{t'} = \gamma \cdot \dfrac{qR}{t}$。

设定环肋圆柱壳的舱段长度为 L，肋骨面积为 F，肋骨数为 N，则肋骨刚度系数为 $\gamma = \left(1 + \dfrac{NF}{Lt}\right)^{-1}$，带肋壳体平均厚度为 $t' = \dfrac{t}{\gamma}$，应力强度为

$$\sigma_i^2 = \sigma_x^2 - \sigma_x \sigma_y + \sigma_y^2 = \left(\dfrac{qR}{2t}\right)^2 (1 - 2\gamma + 4\gamma^2)$$

塑性失稳时，应力应变增量之间的关系为

$$d\varepsilon_{ij} = \left[\dfrac{ds_{ij}}{2G} + (1-2\mu)\delta_{ij}\dfrac{d\sigma_0}{E}\right] + h(J_2)dJ_2 s_{ij} \qquad (2.2.12)$$

塑性失稳系数 $\left[a_{ij}\right] = \dfrac{\partial \varepsilon_{ij}}{\partial \sigma_{ij}}$，对于环肋圆柱壳受均匀静水外压力情况，可得

$$\begin{cases} a_{11} = \dfrac{1}{E} + \Gamma_{11}\left(\dfrac{1}{E_t^0} - \dfrac{1}{E}\right), & a_{12} = \dfrac{\mu}{E} + \Gamma_{12}\left(\dfrac{1}{E_t^0} - \dfrac{1}{E}\right) \\ a_{22} = \dfrac{1}{E} + \Gamma_{22}\left(\dfrac{1}{E_t^0} - \dfrac{1}{E}\right), & a_{66} = \dfrac{2(1+\mu)}{E} \end{cases} \qquad (2.2.13)$$

式中

$$\begin{cases} \Gamma_{11} = \dfrac{(1-\gamma)^2}{1-2\gamma+4\gamma^2} \\ \Gamma_{12} = \dfrac{(1-\gamma)(2\gamma-0.5)}{1-2\gamma+4\gamma^2} \\ \Gamma_{22} = \dfrac{(2\gamma-0.5)^2}{1-2\gamma+4\gamma^2} \end{cases}$$

应力应变增量也可表示为 $d\sigma_{ij} = \left[b_{ij}\right]d\varepsilon_{ij}$，因此塑性失稳系数的逆形式 $\left[b_{ij}\right] = \left[a_{ij}\right]^{-1}$，同样对于环肋圆柱壳受均匀静水外压力情况，可得

$$\begin{cases} b_{11} = \dfrac{a_{22}}{\varDelta'} \\ b_{12} = \dfrac{a_{12}}{\varDelta'} \\ b_{22} = \dfrac{a_{11}}{\varDelta'} \\ b_{66} = \dfrac{1}{a_{66}} \end{cases} \quad \varDelta' = a_{11}a_{22} - a_{12}^2 \quad (2.2.14)$$

引入无量纲参数 $[B_{ij}] = \dfrac{1}{E_1}[b_{ij}]$，$E_1 = \dfrac{E}{1-\mu^2}$，$[A_{ij}] = E[a_{ij}]$。

采用扁壳假定，可得到简化的环肋圆柱壳总体弹塑性失稳公式为

$$p'_{cr} = \dfrac{1}{1 + \dfrac{1}{2}\left(\dfrac{\alpha_1}{n}\right)^2} \left[\dfrac{Et^3}{12(1-\mu^2)R^3} f_1(B) + \dfrac{Et}{R} f_2(A) + \dfrac{E'_t I n^2}{lR^3} \right] \quad (2.2.15)$$

式中：$\alpha_1 = \dfrac{\pi R}{L}$；

$f_1(B) = \dfrac{B_{11}\alpha_1^4}{n^2} + 2(B_{12} + 2B_{66})\alpha_1^2 + n^2 B_{22}$；

$f_2(A) = \left(\dfrac{\alpha_1^4}{n^6}\right) \cdot \left[A_{11}\left(\dfrac{\alpha_1}{n}\right)^4 + (A_{66} + 2A_{12})\left(\dfrac{\alpha_1}{n}\right)^2 + A_{22} \right]$。

考虑无肋圆柱壳的情况，$I = 0$，$\gamma = 1$，则由式（2.2.15）可得壳体局部弹塑性失稳公式为 $p_{cr} = \dfrac{1}{1 + \dfrac{1}{2}\left(\dfrac{\alpha_1}{n}\right)^2} \left[\dfrac{Et^3}{12(1-\mu^2)R^3} f_1(B) + \dfrac{Et}{R} f_2(A) \right]$。

应力强度为 $\sigma_i^2 = \dfrac{3}{4} \dfrac{q^2 R^2}{t^2}$。

塑性失稳系数为 $\begin{cases} a_{11} = \dfrac{1}{E} \\ a_{12} = \dfrac{\mu}{E} \\ a_{22} = \dfrac{1}{E} + \dfrac{3}{4}\left(\dfrac{1}{E_t^0} - \dfrac{1}{E}\right) \\ a_{66} = \dfrac{2(1+\mu)}{E} \end{cases}$，$\varDelta' = \dfrac{0.25 - \mu^2}{E^2} + \dfrac{0.75}{E \cdot E_t^0}$。

引入三参数方程 $\varepsilon = \dfrac{\sigma}{E}\left[1 + k\left(\dfrac{\sigma}{R_{\mathrm{eH}}}\right)^{m-1}\right]$,可得 $E_t^0 = \dfrac{\mathrm{d}\sigma}{\mathrm{d}\varepsilon} = E\left[1 + k \cdot m\left(\dfrac{\sigma}{R_{\mathrm{eH}}}\right)^{m-1}\right]^{-1}$。

则 $a_{22} = \dfrac{1}{E} + \dfrac{0.75}{E} \cdot k \cdot m\left(\dfrac{\sigma}{R_{\mathrm{eH}}}\right)^{m-1}$

$$\Delta' = \dfrac{1 - \mu^2 + 0.75k \cdot m\left(\dfrac{\sigma}{R_{\mathrm{eH}}}\right)^{m-1}}{E^2}。$$

$$\begin{cases} b_{11} = \dfrac{E\left[1 + 0.75k \cdot m\left(\dfrac{\sigma}{R_{\mathrm{eH}}}\right)^{m-1}\right]}{1 - \mu^2 + 0.75k \cdot m\left(\dfrac{\sigma}{R_{\mathrm{eH}}}\right)^{m-1}}, & b_{12} = \dfrac{E \cdot \mu}{1 - \mu^2 + 0.75k \cdot m\left(\dfrac{\sigma}{R_{\mathrm{eH}}}\right)^{m-1}} \\ b_{22} = \dfrac{E}{1 - \mu^2 + 0.75k \cdot m\left(\dfrac{\sigma}{R_{\mathrm{eH}}}\right)^{m-1}}, & b_{66} = \dfrac{E}{2(1 + \mu)} \end{cases} \quad (2.2.16)$$

$$\begin{cases} B_{11} = \dfrac{(1 - \mu^2)\left[1 + 0.75k \cdot m\left(\dfrac{\sigma}{R_{\mathrm{eH}}}\right)^{m-1}\right]}{1 - \mu^2 + 0.75k \cdot m\left(\dfrac{\sigma}{R_{\mathrm{eH}}}\right)^{m-1}}, & B_{12} = \dfrac{(1 - \mu^2) \cdot \mu}{1 - \mu^2 + 0.75k \cdot m\left(\dfrac{\sigma}{R_{\mathrm{eH}}}\right)^{m-1}} \\ B_{22} = \dfrac{(1 - \mu^2)}{1 - \mu^2 + 0.75k \cdot m\left(\dfrac{\sigma}{R_{\mathrm{eH}}}\right)^{m-1}}, & B_{66} = \dfrac{1 - \mu}{2} \end{cases}$$

令 $B_0 = \dfrac{1 - \mu^2}{1 - \mu^2 + 0.75k \cdot m\left(\dfrac{\sigma}{R_{\mathrm{eH}}}\right)^{m-1}}$,则可得

$$\begin{cases} B_{11} = 1 \\ B_{12} = \mu \cdot B_0 \\ B_{22} = B_0 \\ B_{66} = \dfrac{1 - \mu}{2} \end{cases}, \quad \begin{cases} A_{11} = 1 \\ A_{12} = -\mu \\ A_{22} = \dfrac{1}{B_0} \\ A_{66} = 2(1 + \mu) \end{cases} \quad (2.2.17)$$

至此，式（2.2.15）中的各参数已全部确定。由于局部弹塑性失稳压力 p_{cr} 计算公式涉及非线性方程的求解，只能采用迭代法进行编程计算。对于不同的材料，可修改 E、μ、R_{eH} 三个基本参数，再由 k、m 便可确定材料曲线的全部信息；对于圆柱壳的几何尺度由两个参数 $\dfrac{R}{t}$、$u = 0.643 \dfrac{l}{\sqrt{Rt}}$ 便可确定。这样采用迭代法程序计算就可以求得各类圆柱壳失稳压力 p_{cr}。在求出 p_{cr} 和同尺度的完善结构的弹性失稳临界压力 p_E 后，根据其定义可确定 C_S 值。系列计算确定的 C_S 曲线如图 2.5 所示。

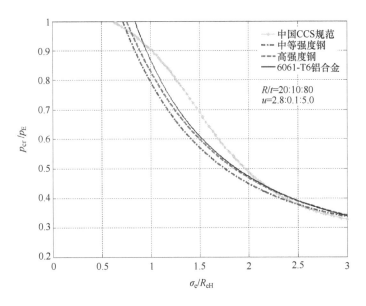

图 2.5　基于弹塑性计算的物理非线性修正曲线

2.2.4　C_S 曲线拟合公式的建立及应用说明

2.2.1～2.2.3 节采用 Ramberg-Osgood 三参数方程拟合了耐压结构常用的中等强度钢、高强度钢、高强度钛合金及高强度铝合金的材料拉伸曲线，并利用切线模量理论、双模量理论及弹塑性理论对不同材料、不同半径厚度比和不同结构参数 u 的耐压壳体进行了系列计算，得出了不同材料的物理修正系数 C_S 曲线。通过图 2.3、图 2.4、图 2.5 的比较表明，采用 3 种方法所得出的 4 种材料的 C_S 曲线是比较相近的，为了具体地比较它们之间的精度差异，利用文献[3]和文献[4]中各自的 C_S 曲线数值进行比较，见表 2.3。

表 2.3　不同方法的 C_S 曲线数值比较

序号	名称	σ_e/R_{eH}							
		0	0.5	0.75	1.0	1.25	1.5	1.75	2.0
1	高强度钢双模量 C_S [4]	1.0	1.0	1.0	0.8957	0.7418	0.6301	0.5475	0.4842
2	高强度钢切线模量 C_S	1.0	0.981	0.931	0.839	0.731	0.635	0.551	0.489
3	拟合公式（2.2.18）C_S	1.0	0.9850	0.9336	0.8409	0.7342	0.6373	0.5571	0.4925
4	钛合金切线模量 C_S [3]	1.0	1.0	1.0	0.9374	0.7633	0.6391	0.5504	0.4826
5	铝合金切线模量 C_S [3]	1.0	1.0	1.0	0.94	0.73	0.62	0.54	0.478

序号	名称	σ_e/R_{eH}							
		2.25	2.5	2.75	3.0	3.25	3.5	3.75	4.0
1	高强度钢双模量 C_S [4]	0.4342	0.3937	0.3603	0.3322	0.3092	0.2890	0.2697	0.2539
2	高强钢切线模量 C_S	0.438	0.3992	0.361	0.335	0.305	0.291	0.267	0.254
3	拟合公式（2.2.18）C_S	0.4402	0.3975	0.3621	0.3323	0.3070	0.2852	0.2663	0.2498
4	钛合金切线模量 [3]	0.4302	0.3876	0.3531	0.3240	0.2995	0.2784	0.2601	0.2421
5	铝合金切线模量 C_S [3]	0.43	0.39	0.365	0.333	—	—	—	—

由表 2.3 中看出，虽然它们来自不同的试验和计算研究成果，但在同 σ_e/R_{eH} 横坐标下的 C_S 值是比较接近的，在 $\sigma_e/R_{eH}>1.25$ 以后，相差就小于 5%。这和文献[5]中对西曼斯基所采用双模量理论及用矩形剖面压杆试验确定 C_S 所进行的计算分析是相一致的。

在文献[5]中，利用湘利（Shanley）的继续加载和弹塑性理论也对 C_S 进行了系列计算分析，并有以下结论：

（1）对同一材料，当参数 R/t 变化时，所得到的 C_S 曲线有很小的差异，可以忽略不计。

（2）不同材料对 C_S 曲线的影响不大，其中屈服点 R_{eH} 值的大小基本没有影响，比例极限在（0.6~0.8）R_{eH} 之间，引起的误差在 5%以内。实际上，同一材料不同批量，其比例极限和屈服点也不一样，只能取其平均值，因此 C_S 可作为 σ_e/R_{eH} 的函数绘成一条曲线。

（3）对于环肋圆柱壳在舱段内的总体稳定性，只要临界应力计算 $\sigma_e = \dfrac{p_E' R}{\bar{t}}$ 采用壳板相当厚度（$\bar{t}=t+F/l$）就可沿用壳板局部失稳的修正系数曲线。实验表明，这样采用壳板局部失稳的 C_S 修正可能引起偏危险的误差，但不超过 10%。

（4）对于圆锥壳或锥柱结合壳的稳定性计算，可以转化为等价圆柱壳计算，并采用圆柱壳的 C_S 修正系数。

这些结论的一致性说明文献[3]中的研究成果实际上是继湘利和文献[5]中的计算分析成果的进一步应用，并扩大到各种高强度材料的物理非线性修正。

为简化设计计算，根据以上分析完全可以合用同一条综合拟合曲线替代各种理论计算分析结果的 C_S 曲线。参照三参数方程的切线模量 C_S 的变量表达形式，并按低幂指数的二参数方程建立综合拟合公式的表达式，即

$$C_S = \frac{1}{\sqrt[4]{1+\left(\dfrac{\sigma_e}{R_{eH}}\right)^4}} \tag{2.2.18}$$

比较式（2.2.7）可以看出，该拟合公式（2.2.18）实为它的低幂指数简化形式，数值也是相近的。将不同的临界应力强度比值 σ_e / R_{eH} 代入式（2.2.18），并将所得出的 C_S 数值列入表 2.3 中；通过数值比较表明：在 $\sigma_e / R_{eH} \geqslant 1.0$ 时与表 2.3 中其他方法确定的 C_S 数值相差都在 5%以内，虽然 $\sigma_e / R_{eH} < 1.0$ 内相差达 7%，但也是偏安全的，这说明综合拟合曲线用于各类高强度材料的物理非线性修正是可行的。

由于 C_S 拟合公式是一解析公式，参数有明确物理意义。因此，在强度设计计算方法中应用该公式，不仅具有较好的可靠性，而且还有利于相关解析分析。为有利于 C_S 拟合公式的可靠应用，作如下具体说明。

（1）对于高强度钢和高强度钛合金 C_S 拟合公式，通过计算方法的比较和多次模型试验结果验证（详见第 4 章和第 6 章），说明在 $\sigma_e / R_{eH} \leqslant 6.0$ 的范围内直接应用该拟合公式是可靠的。它不仅适用于圆柱壳、球壳，还可利用环肋圆柱壳壳板相当厚度和等价圆柱壳的概念，应用于环肋柱壳、锥壳及锥-柱结合壳的弹塑性失稳修正计算。当然，由于它是由少数材料试件拉伸试验和基于三参数方程近似拟合得出的，一个解析的拟合公式在用于多种高强度材料和多种结构形式的稳定性修正计算时，肯定会带来一定的随机误差，该误差应在载荷安全系数中加以考虑（见第 3 章）。

（2）对于低强度钢和钛合金（TA1～TA10）材料，虽然也适用于基于拉伸试验曲线的三参数方程和采用切线模量方法确定材料物理非线性修正，但上述的 C_S 拟合公式是基于各种高强度材料拉伸试验结果而建立的。因此，C_S 拟合公式应用于这些壳体材料进行耐压结构稳定性计算和产品设计计算时，应通过同一材料的模型试验验证。

（3）对于铝合金材料，虽然相对物理非线性修正曲线与 C_S 拟合公式十分吻合，但由于铝材性能与钢材、钛合金有较大的差别。因而，必须进一步比较分析和试验验证（详见第 9 章）。

2.3 高强度材料安全系数

材料安全系数是结构设计计算中确定许用应力的依据。在 GB 150 规范中，它包括了材料的屈服强度 R_{eH}、抗拉强度 R_m 及疲劳强度和蠕变对应的 4 种安全系数，分别为 n_s、n_b、η_{-1}、n_D。但在实际设计计算中，决定许用应力主要是 n_s 和 n_b，例如在铝制焊接容器（JB/T 4734）规范中也只标明这两项安全系数。

潜水器系统中的内压容器，包括采用高强度钛合金和铝合金容器，均属可移动压力容器，不在压力容器规范（GB 150、JB/T 4745、JB/T 4734）的适用范围内。因此，不能完全套用压力容器规范中的中、低强度材料的安全系数值，应在分析其安全系数的基础上根据潜水器的使用条件和高强度材料性能影响因素进行综合确定。

2.3.1 材料屈服强度安全系数的取值及影响因素

在 GB150 规范的释义中，材料安全系数的确定是与其规定的设计选择、计算方法、制造、检验等方面相对应的，通常与下列因素有关。

（1）材料性能及其规定的检验项目和检验批量。
（2）考虑的载荷及载荷附加的裕度。
（3）设计计算方法的精确程度。
（4）制造工艺装备和产品检验手段的水平。
（5）质量管理的水平。
（6）使用操作经验。
（7）其他未知因素等。

在确定材料安全系数时，必须综合考虑上述各因素，以确定适宜的安全系数。

对材料屈服强度安全系数 n_s 的取值，国外的压力容器规范标准有高有低，但都在 1.5～1.7 范围内；我国压力容器规范（包括钛合金和铝合金）也都在 1.5～1.6 之间。这说明上述各种因素所构成对压力容器安全性的综合影响都在 0.5～0.7 倍最大设计压力范围内。

材料屈服强度安全系数体现了对材料弹性的控制，也可称为弹性控制安全系数。对于低强度、低屈强比、高延伸率的低碳钢材料，n_s 对材料许用应力的确起着主导作用。而从结构内应力考虑，$n_s=1.5～1.6$，也表明无论压力容器采用什么强度材料，都需保证在最大工作压力载荷下，耐压结构一次膜应力都应控制在材料弹性范围内。而对于潜水器耐压结构，即使采用高强度材料和外压情况下，也都应按此要求的安全系数（n_s=1.5）进行控制，以保持结构在长期使用中的可靠性、安全性。

2.3.2 材料抗拉强度安全系数的取值及分析

对于材料抗拉强度安全系数 n_b，从各压力容器规范中看出，它对于除低屈强比的碳钢材料以外的所有钢材和钛合金及铝合金材料的许用应力的确定都起着主导作用。相对 n_s 控制材料弹性作用而言，n_b 也可看成对材料塑性控制的安全系数，使用材料的抗拉强度 R_m 连同其安全系数 n_b 的目的就是用于防断裂设计。

对于 n_b 在中、高强度材料中确定许用应力 $[\sigma]$ 所起的决定性作用，可从它与材料屈强比的关系和下式的数值换算得以说明。令屈强比 $Y=\dfrac{R_{eH}}{R_m}$，则由 $\dfrac{R_{eH}}{n_s}=\dfrac{R_m}{n_b}$ 可得

$$Y = \frac{R_{eH}}{R_m} = \frac{n_s}{n_b} \tag{2.3.1}$$

对于 n_b 的取值，在各压力容器规范中也不完全一样：

对于钢材： GB 150，为 2.7。
　　　　　　JB 4732，最低值为 2.4。
对于钛合金：GB 150，为 2.7。
　　　　　　JB/T 4745，为 3.0。
对于铝合金：GB 150，为 3.0。
　　　　　　JB/T 4734，为 4.0。

由以上数值看出，钢材和钛合金 n_b 最大为 3.0、最小为 2.4，而对于 n_s 的取值，各种规范都认为取 1.5 是长期以来公认的安全值，这样代入式（2.3.1）换算 Y 值，则 Y 值的变化范围为 0.5～0.625。由此可以看出，n_b 的取值对于材料塑性的利用范围和材料许用应力的提高起着明显的控制作用，即随着 n_b 减小就会扩大以屈服极限 R_{eH} 为强度控制参数的塑性材料范围，也提高了屈强比在 0.5～0.625 之间一大批中、低强度材料的许用应力。

在潜水器内压容器设计中，为了减轻结构重量，也像外压结构设计那样，尽量采用高强度材料，但从以上分析可知，如果高强度材料的屈强比高，也可能会达不到目的，反而会增加结构重量。

对于潜水器和深潜装备耐压结构所采用的中、高强度材料，其屈强比已远超过屈服极限控制的范围。因此，抗拉强度安全系数 n_b 的取值对结构设计

计算起主导作用,应针对不同类型和不同强度进行全面、综合考虑,具体建议值如下:

(1) 对于大于 600MPa 的高强度钢材,除了安全系数因素分析中的各种外部原因外,还应考虑材料本身较低延伸率、高屈强比等因素,应适当提高安全系数值,建议取 n_b=3.0~3.3。

(2) 对于屈服强度大于 600MPa 的高强度钛合金,由于延伸率比高强度钢更低,达不到规范对材料 A>15% 的要求,屈强比也在 0.90 以上;同时,从材料性能拉伸试验统计特征值看出,抗拉强度 R_m、断面收缩率 ψ 等参数分散性都较大,建议取 n_b=4.0。

(3) 对于高强度的铝合金,考虑上述因素并参照 JB/T 4734,建议取 n_b=4.0。

(4) 对于潜水器的内压容器采用各压力容器规范中的中、低强度材料,如在内压容器设计中,已考虑了计算载荷的影响系数(见第 10 章),可直接应用规范中材料抗拉强度安全系数 n_b 及 n_s 的规定值。

2.4 钛合金材料的蠕变特性分析

蠕变是材料在恒定应力作用下,应变随时间的延长而增长的流变现象,与传统的塑性变形不同,钛合金材料在低于屈服极限时也会出现蠕变,尤其在深海高压环境下更会产生这种不同程度的不可逆蠕变变形;它的这种高应力下的压缩蠕变特性与航空领域钛合金在高温下的中低应力拉伸蠕变现象是大不相同的。

为探讨深海高压常温环境下钛合金材料的蠕变特性,有利于大深度潜水器耐压结构的强度计算及内应力控制,在此引用文献[6]中 TC4ELI 钛合金材料压缩试验分析结果说明钛合金材料在高压环境下不同应力水平和长时间工作的基本蠕变特性。

2.4.1 蠕变压缩试验曲线

为获取 TC4ELI 钛合金材料的压缩蠕变试验曲线和基本力学性能,选用 TC4ELI 钛合金(包括网篮组织和双态组织)的标准试样进行室温下的拉伸和压缩试验,其中双态组织合金经 780℃固熔处理 1h,空冷至室温。压缩蠕变圆柱试样尺寸如图 2.6 所示。

TC4ELI 钛合金压缩蠕变试样选取 5 个应力水平:0.7 R_{eH}、0.8 R_{eH}、

$0.85R_{eH}$、$0.9R_{eH}$、$1.1R_{eH}$,记录试样蠕变应变随时间的变化,选取前 1600h 的试验数据绘制蠕变曲线,如图 2.7 所示。

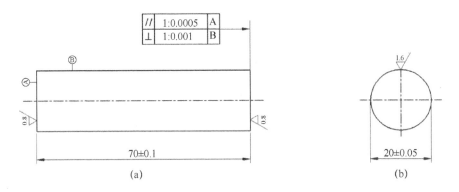

图 2.6 钛合金压缩蠕变圆柱试样

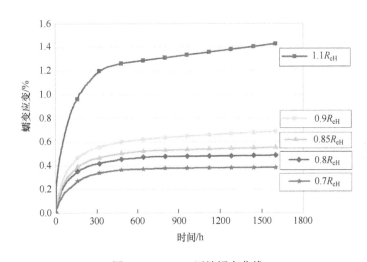

图 2.7 TC4ELI 压缩蠕变曲线

由图 2.7 可以看出,不同应力水平的蠕变曲线分为两个典型阶段:第一阶段为减速蠕变阶段,这一阶段蠕变曲线的斜率开始时很大,随着时间的延长渐趋平缓,蠕变应变率随着材料变形时间延长慢慢减小;第二阶段为稳态蠕变阶段,这一阶段蠕变速率是一个恒定值,随着时间延长应变恒定增加。

当应力水平较小时,钛合金的蠕变量和蠕变应变率都较低,蠕变处于减速蠕变阶段的时间也更长。尤其在 $0.7R_{eH}$ 应力水平时,蠕变只出现第一阶段。当应力水平增大时,第一阶段较短,钛合金的蠕变更快地从第一阶段过渡到第二阶段,并且稳态蠕变应变率也更快。根据材料蠕变过程的特点,一般用第二阶段的稳态蠕变速率来表征材料的蠕变特性。

稳态蠕变应变率主要与应力水平有关，组织形式、温度和晶粒尺寸等因素也有一定影响。例如：当应力水平高于 $0.8R_{eH}$ 时，TC4ELI 钛合金出现稳态蠕变阶段；在 794MPa 下，TC4ELI 钛合金具有较低的蠕变应变率，为 $3.06\times10^{-11}\text{s}^{-1}$；当应力增加到 893MPa 时，蠕变应变率明显增大，为 $1.62\times10^{-10}\text{s}^{-1}$；当应力水平进一步提高到 1092MPa 时，蠕变应变率为 $4.05\times10^{-10}\text{s}^{-1}$，相比于 794MPa 时提高了一个数量级。由此可见，TC4ELI 的蠕变应变率对高应力有很强的敏感性。

2.4.2 初始蠕变阶段的蠕变本构关系

利用 Origin 软件对初始蠕变阶段的蠕变数据进行拟合，这一阶段的蠕变曲线符合幂律变化，选择拟合方程 $\varepsilon=\alpha t^{\beta}$。TC4ELI 在不同应力下的 α 和 β 值分别如表 2.4 所列，其中 $0.8R_{eH}$ 和 $1.1R_{eH}$ 应力下的减速蠕变阶段蠕变方程拟合曲线如图 2.8 所示：应力水平越高，幂律公式拟合曲线与试验结果的吻合度越好。

表 2.4 双态组织初始蠕变阶段蠕变方程拟合系数

应力水平	$0.7R_{eH}$	$0.8R_{eH}$	$0.85R_{eH}$	$0.9R_{eH}$	$1.1R_{eH}$
α	0.07146	0.09413	0.08993	0.10215	0.17894
β	0.25411	0.24937	0.27758	0.28665	0.32536

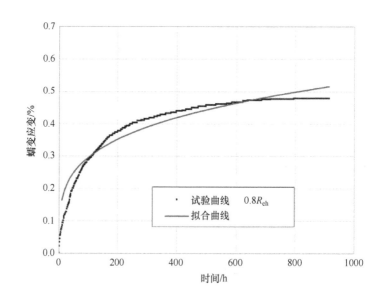

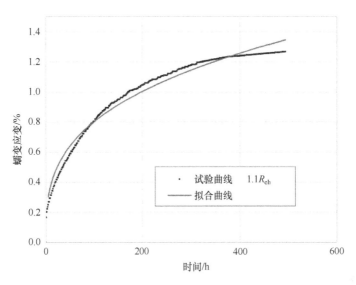

图 2.8 减速蠕变阶段蠕变方程拟合曲线

2.4.3 稳态蠕变阶段的蠕变本构关系

由图 2.7 还可以看出，在 $0.7R_{eH}$ 应力水平下，蠕变应变率 $\dot{\varepsilon}_s$ 逐渐减小至趋于 0；而在 $0.8R_{eH}$ 应力水平以上，蠕变变形逐渐进入匀速的稳态蠕变阶段。可见，常温下钛合金压缩蠕变存在应力临界值 σ_0，当应力大于 σ_0 时蠕变才会进入稳态阶段，否则蠕变会达到饱和，蠕变变形十分微小，可以认为不再变化。

稳态阶段的蠕变方程符合 Norton 方程：

$$\dot{\varepsilon}_s = A\sigma^n \tag{2.4.1}$$

不过，直接通过 $\ln\dot{\varepsilon}_s$—$\ln\sigma$ 曲线线性拟合得到双态和网篮组织的应力指数 n 分别为 13.7 和 15.0，如图 2.9 所示，数值较大，不符合常温蠕变规律。

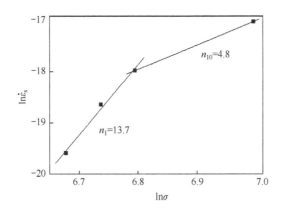

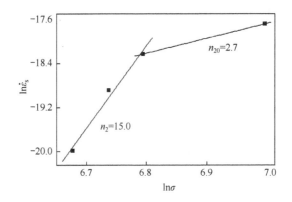

图 2.9　Norton 方程直接拟合的应力指数

通过引入应力临界值 σ_0 对 Norton 方程进行应力修正，得到更为合理的稳态蠕变速率与应力的关系式：

$$\dot{\varepsilon}_s = A(\sigma - \sigma_0)^m \quad (2.4.2)$$

式中　A——与材料特性相关的常量；

　　　σ_0——应力临界值；

　　　m——蠕变应力指数。

在钛合金中，不同合金的蠕变应力指数会有所不同，利用 MATLAB 软件基于最小二乘法对 m 值关于 $\dot{\varepsilon}_s^{1/m}$—$\sigma$ 进行线性回归拟合，拟合的最优解即钛合金的应力指数。TC4 ELI 钛合金的 m 值分别为 2.1、1.8。

利用 Origin 软件绘制 $\dot{\varepsilon}_s^{1/m}$—$\sigma$ 的关系曲线，得到应力临界值 σ_0，如图 2.10 所示。在常温下 TC4ELI 钛合金两组织的压缩蠕变的应力临界值 σ_0 分别为 712.9MPa 和 734.8MPa。

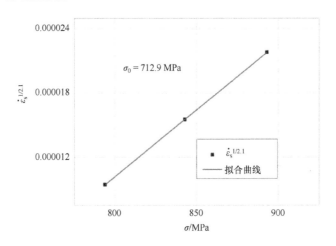

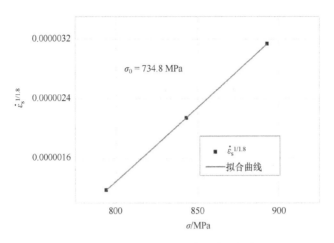

图 2.10 蠕变应力临界值的线性拟合

根据修正后的 Norton 方程，拟合的蠕变本构方程如下。

双态组织 TC4ELI：

$$\dot{\varepsilon}_s = 2.96 \times 10^{-15}(\sigma - 712.9)^{2.1} \quad (2.4.3)$$

网篮组织 TC4ELI：

$$\dot{\varepsilon}_s = 1.36 \times 10^{-14}(\sigma - 734.8)^{1.8} \quad (2.4.4)$$

根据以上分析和基本力学性能试验结果可以得出：双态组织或网篮组织的 TC4ELI 钛合金材料都存在饱和蠕变现象，若材料压缩屈服强度 R_{eH} 为 910MPa，则蠕变饱和应力水平均约为 $0.79 R_{eH}$。同时通过比 TC4ELI 屈服强度更高的钛合金材料压缩蠕变试样试验表明：不仅蠕变本构方程各系数有所变化，而且蠕变饱和应力水平及应力临界值 σ_0 随 R_{eH} 的增大而有所提高；显然，对于低于 TC4ELI 屈服强度的钛合金 σ_0 会有所下降，这表明蠕变饱和临界应力 σ_0 还与材料本身的屈服强度等因素有关。

大深度潜水器耐压结构长时间处在深海高压环境下工作，结构应力达到很高的水平，局部区域甚至接近材料的屈服强度。由于钛合金材料这种蠕变会使结构产生明显的蠕变响应，进而对耐压结构的强度和承载能力产生影响。因而，上述不同屈服强度钛合金材料，特别是常用 TC4ELI 材料的压缩蠕变试样的试验结果和特性分析，不仅有利于耐压结构的响应蠕变计算及疲劳和极限强度失效分析，而且为结构的安全性评估和强度控制标准的制订提供了参考依据。

参考文献

[1] 郭小衣, 沈祖炎, 李元齐, 等. 国产结构用铝合金材料本构关系及物理力学性能研究[J]. 建

筑结构学报, 2007, 28(6): 110-117.

[2] 中国船级社. 潜水系统与潜水器入级与建造规范[S]. 北京：人民交通出版社, 2013.

[3] 姜旭胤, 刘涛, 张美荣, 等. 基于材料数据的耐压壳结构极限承载力弹塑性物理修正[J]. 船舶力学, 2013, 17(11): 1278-1291.

[4] 张海宽, 邱昌贤, 陆波. 基于双模量理论的高强度钢环肋圆柱壳总体稳定性塑性修正方法[J]. 船舶力学 2017, 21(7):888-894.

[5] 朱锡, 吴梵. 舰艇强度[M]. 北京：国防工业出版社, 2005.

[6] 王雷, 屈平, 李艳青, 等. 钛合金材料蠕变特性的理论与试验研究[J]. 船舶力学, 2018, 22(4): 464-474.

第 3 章　载荷安全系数的确定与可靠性计算分析

3.1　结构安全性和安全系数确定方法

3.1.1　结构安全性的基本要求

结构的安全性或者结构的容许状态是可以通过减小反映结构危险状态的指标，或者根据所选择的强度储备方法来保障的，当然也可以在增加结构状态指标（内力控制）的同时增加外部作用指标（外力储备）。另外，还应提及一些特征储备，例如载荷作用时间、次数、作用力的数量等。总之，选择结构强度储备系数时，应保证结构在各种状态下不破坏。

在外压结构确定性设计计算方法中，结构安全性主要是通过外部作用指标——载荷安全系数来体现的，它保障了结构设计所要求的承载能力，同时通过与之匹配的内力控制条件及特征储备保障了结构相应载荷下的强度。根据第 1 章载荷安全系数的定义，安全系数 K 是作为一个确定的量被引入的，从保证实际结构安全性要求出发，则应使 $p_{cr}/p_e \geqslant K$，并通过实际结构模型试验破坏压力 p_{cr} 来验证。

图 1.14 显示了以往大量的潜水器和潜艇模型破坏试验验证的数理统计结果：模型破坏或失效的最小值绝大多数都在安全系数所包含的安全裕度之外，其均值约大于安全裕度的 8%。这表明结构安全性设计的计算安全储备与模型（产品）实际结构的安全储备是有差别的，而且都应是后者大于前者。这也说明结构安全性的基本要求是：设计计算载荷（计算压力）应是结构出现危险状态，包括静强度、屈曲及极限强度破坏等失效模式的最小载荷。

基于上述要求，英国规则根据上百只水下工程典型环肋结构模型肋间壳板失稳或失效的试验最小值进行曲线拟合，并以此作为确定设计计算载荷的依据，如图 3.1 所示。

另外，从美国潜水器军标[1]中关于安全系数的规定也可以得到体现，它是一个以检验验证为主的深潜器结构标准，该标准中将设计破坏压力定义为一系列名义上相同的耐压结构发生破坏的最低值，并要求耐压壳体的破坏压力和最大工作压力的比值，即载荷安全系数至少要达到 1.50 以上。设计破坏压力（解析值或试验值)必须考虑基本的材料特性,包括蠕变、韧性和各向异性,另外还必须考虑制造和几何的随机统计偏差以确保其再现性等。

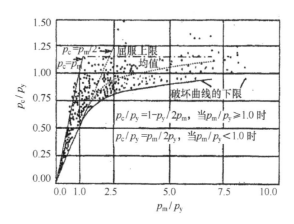

图 3.1 肋间壳板失效试验点分布图

p_y——屈服极限压力；p_m——破坏压力；p_c——计算压力。

该标准还提出对耐压壳体计算破坏压力必须通过模型试验或者已有破坏/非破坏性试验来验证,有以下 3 种方式可供选择。

(1) 如果已有相同的材料制成的类似耐压壳体已经进行了至少 1.5 倍最大工作压力的压力试验,使用这些测试数据可以替代实际结构的破坏性试验。当采用这种方法时,需要对相关结构之间存在的差异进行分析。

(2) 对于新设计的耐压壳体,则计算破坏压力必须通过具有代表性的模型破坏试验来验证,试验模型可以是全尺寸模型,也可以是缩比模型。如果进行这类试验,试验模型应该充分反映几何尺寸、材料性能和制造过程中的约束、偏差和残余应力。

(3) 对实际结构进行 1.5 倍最大工作压力的测试也可以作为设计的验证。如果采用这种方式,设计破坏压力必须在 1.5 倍的最大工作压力基础上再留出足够的裕度来防止结构在测试中发生破坏。

由上述规范标准说明和表 1.5 各国潜水器规范要求及图 3.1 中模型试验最小值拟合曲线看出,在确定性设计计算方法中,必须通过设计计算或实际结构模型破坏试验验证,表明具有足够的安全裕度和强度储备才能保证作为整个潜水器安全基础的耐压结构的安全性。

基于这一结构安全性设计要求,对于采用新结构形式和新材料或超规范适用范围设计的新产品,除了通过同类产品比对外,还必须通过模型试验验证其安全可靠性。模型设计必须符合结构强度试验模拟关系的必要条件,包括结构尺度特征参数、材质、边界条件、试验压力和相应的充分条件；特别是对于高强度、低塑性材料，由于对制造加工工艺和力学状态偏离敏感度大为增加，必须做到技术状态尽量得到模拟。对于模型尺度比例等于或小于 1∶2 的模型，至少应进行两只或两只以上的模型破坏试验；由于模型材料性能难以获得最低值，因而其试验破坏值应折算到材料屈服强度名义值（规范手册标准值）时的压力值，该值应大于或等于设计计算载荷压力。

3.1.2 结构安全性的可靠性保障

在上述确定性计算方法中，结构安全性的基本要求是通过载荷安全系数 K 这个确定性值来体现的，但它实际上是一个多种随机因素综合统计的总成，具有明显的随机变化特性。因此，仅采用定值 K 难以实现结构安全性的全面和合理保障，应结合采用可靠性方法来进行综合分析和安全评估。

从可靠性要求来说就是用结构安全可靠度，即目标可靠度来给出，这里的安全可靠度是指在规定的使用条件下（设计任务书中规定的载荷和环境）和在给定的使用期间（寿命）内，结构不产生破坏或失效的能力，即不破坏概率（或者破坏概率-保障率）。根据结构物的不同等级要求，强度保障的基本原则可以分为概率性原则（保障率在 10^{-3} 左右）和完全保障原则（保障率低于 1~2 阶）。虽然在物理概念上两种标准接近（仅保障率不同），但完全保障原则的推出具有更大意义，据此来建造和加工实际结构时，应该进行"全过程"和"全方位"的质量控制，即采用所有可能的措施和方法来消除使用过程中结构破坏或失效的因素。

当然在结构安全性保障原则使用中，也应体现经济性和合理性原则。在实际结构物的设计中，可以同时应用两种保障原则。例如，对于特殊和"一次性"的极值载荷作用应采用完全保障原则；而对于常见的、缓慢的引起疲劳损伤的循环载荷则可采用概率性原则，也称为"二次安全性"评估原则。

针对具体结构物，例如水面船舶，按照国际航运界形成的观点，船体结构是整个船舶使用和航行安全的基础，因而认为船体结构的破坏概率应低于由其他与强度无关的因素引起的重大事故或沉没概率的 1~2 次方；参考全球的统计数据，可以评估出水面船舶容许破坏概率 $B=10^{-4}\sim10^{-5}$。对于水下潜艇耐压结构更需要采用完全保障原则及高可靠度要求，按照我国《结构可靠性设计手册》[2]的要求：我国常规潜艇耐压结构可靠性指标为 0.99999，即在规定的使用年限内（25~30 年）不发生破坏或失效的概率为 $P_f=1.0\times10^{-5}$，结构目标可靠性指标 β_0 约达 4.4。

对于潜水器和深海装备的耐压结构，它与潜艇结构相比虽有其特点，例如大深度、中厚壳等（见 1.1.3 节），但通过 3.2.3 节分析可知：其耐压结构安全等级仍应接近潜艇耐压结构的要求。载人球壳、柱壳，重要的耐压结构和储气罐类的内压容器都应实行"完全保障"原则，结构目标可靠性指标应大于 4.0。

对于一般的耐压结构和潜水器系统中的内压容器，虽然重要程度不如载人耐压结构高，其失效也不会发生艇毁人亡的重大事故，但考虑到它的失效也会给潜水器安全和使用带来严重影响，所以结构目标可靠性指标应大于 3.0。

以上根据使用要求和结构类别提出潜水器耐压结构安全性的目标可靠性参考指标，以利于实际结构基于各随机因素的可靠性分析和安全性评估。

3.1.3　安全系数确定方法及数学表达

3.1.3.1　安全系数的确定方法

确定安全系数通常是根据设计准则、结构的承压形式、破坏模式和结构特种状态等情况采用"宏观"确定的方法来保障结构的安全性，例如前述的载荷和材料安全系数分别从载荷储备和内力控制进行确定，具体有以下几种。

（1）许用应力法。将安全系数考虑在许用应力中，即材料的许用应力是由材料强度性能和对应的安全系数所决定的。它从结构安全性内力控制角度出发，要求实际最大工作载荷产生的应力必须小于材料的许用应力$[\sigma]$。这是通过材料安全系数来达到以强度理论为判据的各种结构强度失效模式的安全性控制，压力容器规范普遍采用这种校验和控制方法，在潜水器系统中的内压容器也同样采用此方法进行强度计算和校验。

（2）危险应力法。将安全系数考虑在载荷中，也称为安全载荷法。它是从结构安全性外载储备角度出发，以结构承受的最大工作载荷乘以载荷安全系数 K 作为设计计算载荷（极限或危险载荷），同时以结构中对应的危险应力小于极限（名义）许用应力$[\sigma]$作为校验强度的依据。基于线弹性分析，该法对于结构中的应力与载荷始终为线性关系，即使在材料弹塑性非线性阶段也是适用的，不过这时已是以结构中的名义应力与外载之间的线性关系。

潜水器耐压结构的设计准则也和潜艇一样，以结构稳定性（屈曲）失效破坏压力为安全性设计依据，也是通过安全载荷法来保障结构承载的安全性。对于大深度的球壳、柱壳、锥壳，也有可能出现极限强度失效"先于"屈曲破坏模式，这时危险应力法更显得十分必要了。

（3）局部安全系数法。它是在材料和载荷两个基本安全系数保障结构安全性的基础上，针对结构的局部和特殊状态及设计、使用要求而确定的局部单项确定性安全系数。例如，考虑潜水器舱段结构的总体载荷安全系数，潜水器内压容器塑性失效和爆破状态下的爆破安全系数，承受深海长期交变载荷的结构疲劳强度和寿命安全系数，潜水器外压壳体极限强度失效的附加载荷安全系数，如此等等。这些特征储备也都是分别从增强"内力控制"或加大"载荷裕度"两方面来达到对结构安全性的全方位控制。

3.1.3.2　基于随机因素分析的安全系数确定方法及数学表达

对于安全系数基于随机因素分析的综合确定，其难度是很大的，而且很难全面考虑所有的危险影响因素。因而，只能采用数学上可行的简化方法，其基本思路和具体确定大致有以下几种方案。

第一种方案，根据每一个随机因素或参数的单独作用来研究，并且确定每一个参数的部分储备系数，用部分储备系数连乘的方法来得到总储备系数，相当于结构可靠性计算的"半经验概率法"。第二种方案，确定单个参数特性的均值和标准偏差、评估每一个单个特性对危险载荷分布规律特性的影响程度，然后输入某一个等价的载荷分布规律特性进行综合确定，类似于结构可靠性计算中的"近似概率法"。第三种方案，则是上两个方案的混合方法。

应用第一种方案，类似于静定结构系统为单一的串联系统的可靠度合成方法和简化算法，组成安全系数的各主要因素就类似系统的每个元件，它们都对结构安全系数起着各自独立的保障作用。因此，其总储备系数表达式应为

$$K = \prod_{i=1}^{n} K_i \quad (3.1.1)$$

在应用第二种方案时，为了确定等价的随机量 Q 分布特性，利用函数线性化的方法来估算安全储备系数 K_a。遵循这个方法，随机自变量为 x_1，x_2，$\cdots$，x_n 的函数 $\varphi(x_1,x_2,\cdots,x_n)$ 一般来说是非线性的，将其在我们所感兴趣自变量的范围内线性化。假定 x_i 是没有相互关联的参数，那么 Q 的数学期望值 m_y 和方差 D_y 可以根据下式确定：

$$m_y = \varphi(m_{x_1}, m_{x_2}, \cdots, m_{x_n}) + \frac{1}{2}\sum_{i=1}^{n}\left(\frac{\partial^2 \varphi}{\partial x_i^2}\right)_M D_{x_i} \quad (3.1.2)$$

$$D_y = \sum_{i=1}^{n}\left(\frac{\partial \varphi}{\partial x_i}\right)_M^2 D_{xi} + \sum_{i=1}^{n}\left(\frac{\partial \varphi}{\partial x_i}\right)_M \left(\frac{\partial^2 \varphi}{\partial x_i^2}\right)_M \mu(x_i)$$

式中：$\mu(x_i)$——$(x_i - m_{x_i})^3$ 的平均值。

在式（3.1.2）中标出的 m_{x_i} 和 D_{x_i} 为自变量 x_i 的数学期望值和方差，括号下方的符号 M 是相应于自变量取平均值时确定的值。在实际计算中，当函数的非线性相对弱时，m_y、D_y 一般都局限在式（3.1.2）的第一项。

对于第一种方案，大多是采用各随机量的均值及标准差倍值来综合确定，也

可称为"一阶矩"法。对于第二种方案,不仅涉及均值、方差的概率特征参数,而且还涉及方差的 2 次项,因而也可称为"二阶矩"法。

如果在安全系数因素中出现不包含在表达式中或无法表达的某些影响因素(环境因素、残余应力、外载变化等因素),那么合理确定全储备系数,需要同时使用两种近似方法混合确定,即按下式:

$$K = K_a \prod_{j=1}^{m} K_j \tag{3.1.3}$$

式中 K_a——根据危险载荷表达式和该表达式中参数分布规律确定的储备系数;
K_j——考虑明显不属于载荷分析表达式中影响因素的储备系数。

3.2 安全系数诸因素分析及数理统计确定

3.2.1 安全系数主要因素分析及随机数值特征

载荷安全系数涉及诸多方面的随机因素影响,它与材料安全系数因素相比虽然在一些方面,包括材料性能、尺度公差、加工制造及计算方法误差等方面基本相同,但具体涉及各个因素的内容和要求都各有不同。例如对加工制造中所产生的几何初始缺陷因素在外载安全系数中就应着重分析和考虑,另外安全系数的取值和确定方法也有所不同。因此,对组成载荷安全系数的主要随机因素应进行具体的概率分析和数理统计,并在此基础上确定载荷安全系数。它们涉及的主要影响因素方面有:

① 耐压壳体厚度的几何偏差;
② 材料的力学性能偏差及高屈强比;
③ 设计计算中的计算误差;
④ 生产建造中的壳体几何形状偏差及可容许缺陷;
⑤ 耐压结构中的残余(工艺)应力;
⑥ 海洋环境中的腐蚀损伤;
⑦ 水深压力载荷测量误差。

上述这些涉及影响结构安全性的随机变量存在一定的不确定性、离散性,按照安全系数确定方法的简化要求和概率统计特征值分析的相关定义,认为其变量的简单随机抽样分布应该是平稳随机、各态历经的和具有同一分布函数的相互独立的随机特征,并且大多为正态随机分布规律。

为有利于载荷安全系数的数理统计确定和可靠性安全系数计算分析,针对上述的主要影响因素,特别是涉及耐压结构本体自身的基本因素(包括壳

体板材厚度 t 的几何偏差、材料屈服强度 R_{eH} 的性能偏差及壳体加工几何缺陷偏差等），并以高强度钢、高强度钛合金材料的估计值为例进行具体的数理统计分析。

1. 耐压壳体厚度偏差的数理统计

耐压壳体厚度偏差数理统计主要是通过板材或壳体无损厚度测量获得。以往大量实测数据表明，不论高强度钢或钛合金板材厚度偏差大都为正公差。例如，对于 20~50mm 的板材，其厚度 t 的估计均值约为 $m_t = t + 0.5$mm。以近似正态分布规律数理统计，其特征估计值如下：

对高强度钢，厚度标准差 $d = 0.40$，标准差系数（相对标准差）约为 0.012。

对高强度钛合金，厚度标准差 $d = 0.50$，标准差系数约为 0.020。

2. 材料屈服强度的随机分布规律特性

材料屈服强度概率分布特性也是通过材料标准试件拉伸试验的结果进行数理统计得到的，R_{eH} 的分布也近似正态分布，如图 3.2 所示。

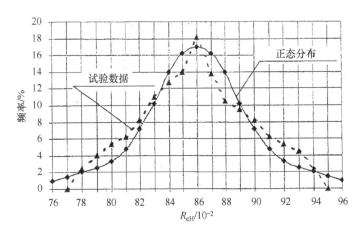

图 3.2 高强度材料屈服强度正态分布示意图

对于高强度材料，参考图 3.2 和以往的经验估计：屈服强度均值 m_R 为 $1.08R_{eH}$ 左右，标准差 d_R 均值约为 55MPa，标准差系数均值约为 0.06。

3. 实际壳体初挠度对安全系数影响分析

壳体初挠度（初始几何缺陷）对安全系数的影响可以以圆柱壳或环肋圆柱壳结构为例进行具体分析，即通过实际圆柱壳或典型舱段结构所测得或收集的初挠度数据进行数理统计，并可以换算得出波形失稳的初始挠度分布规律曲线，其初挠度 f 的分布密度 $q(f)$ 呈近似半正态分布，如图 3.3 所示。

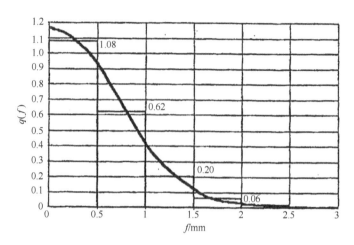

图 3.3 初挠度 f 的分布密度示意图

根据图 3.3 的分布曲线和以往的初挠度测量结果，近似认为壳板厚度为 20~50mm 的圆柱壳初挠度均值和标准差如下 2 式所示：

$$m_f = \left[0.06 - 0.01\frac{t}{20}\right]t \tag{3.2.1}$$

$$d_f = 0.5m_f \tag{3.2.2}$$

依据参数分布曲线和特征值表达式，通过类似 C_S 曲线的环肋柱壳弹塑性计算就可以得出不同尺度和初挠度（波形、凹槽型）最大值对承载能力影响的单项影响系数 $K_{\bar{f}}$，其结果见表 3.1。

表 3.1 不同尺度和不同 $\bar{f}$ 的 $K_{\bar{f}}$ 值

$\bar{f}=\dfrac{f}{t}$	肋距 l/mm	$K_{\bar{f}}$				$K_{\bar{f}}$ 平均值
		t/20mm	t/30mm	t/40mm	t/50mm	
0.1	600	0.91	1.15	1.12	1.05	1.06
	700	0.85	1.11	1.18	1.20	
	800	0.82	1.06	1.16	1.14	
0.15	600	0.94	1.12	1.13	1.10	1.08
	700	0.86	1.10	1.19	1.24	
	800	0.83	1.03	1.17	1.18	
0.20	600	0.98	1.20	1.18	1.15	1.11
	700	0.87	1.15	1.23	1.26	
	800	0.84	1.05	1.20	1.21	
凹槽形		0.88	1.05	1.22	1.27	1.10

从表 3.1 中看出，随着相对初挠度 $\bar{f}$ 的增大，初挠度影响系数 $K_{\bar{f}}$ 也随着

增加。

4. 关于残余应力和海水腐蚀的影响

焊接结构中的残余应力主要来自两个方面，一是焊接热应力引起焊缝区域附近的焊接残余应力，二是在焊接装配滚压时因结构变形的约束作用而产生的约束应力。由焊缝试件检测得出：不论是对接焊或是 T 型焊，表面拉应力都接近 R_{eH}，但通过液压试验后的表面拉应力可下降到 $0.5R_{eH}$ 以下（图 3.4）。

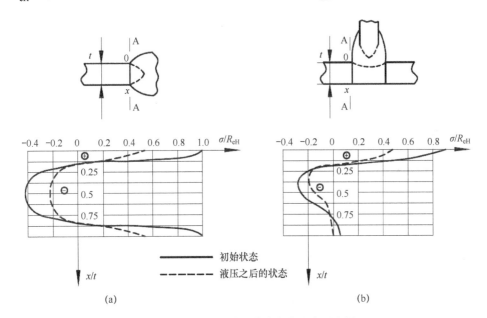

图 3.4 焊接热影响区残余应力分布示意图

如考虑其他消应措施，表面拉应力还会降低，例如对钛合金球壳通过热处理残余应力一般都在 $0.3R_{eH}$ 以下，这时残余应力对承载能力的影响会有所下降。基于相关资料的分析和有限元计算，其承载能力下降约为 5%~12%。

关于外壳体受海水腐蚀问题，在安全系数中应考虑大面积壳板的平均腐蚀影响，即 1.2.1.2 节第（1）种情况。对于中、高强度船用钢，按一般海域平稳随机统计：年腐蚀率平均值约为 0.1mm；而钛合金、铝合金的年腐蚀率则要小得多。

5. 关于计算方法误差因素分析

设计计算方法随机误差主要涉及稳定性计算中的两个非线性修正系数 C_g、C_s。对于 C_g，其影响因素主要与初挠度因素紧密相关，而初挠度 $\overline{f}$ 影响已在系数 $K_{\overline{f}}$ 中得到体现。对于 C_s 的影响如第 2 章所述，C_s 拟合公式可针对各类不同尺度、不同结构形式、不同材料的结构进行修正，这会给计算结果带来随机误差。根据文献[3]的计算分析和模型试验统计结果（图 1.14），C_s 的误差均值不会大于 10%。

3.2.2 安全系数的数理统计确定

根据 3.2.1 节影响安全系数的基本因素和相关因素的随机分布特征值的分析，可采用安全系数数学确定的第一种近似简化方案，即采用式（3.1.1）随机事件乘积运算公式推算联合概率组合的极大似然值，则有

$$K = \prod_{i=1}^{n} k_i = k_1 k_2 \cdots k_n = \left(1 + \frac{\Delta k_1}{m_1}\right)\left(1 + \frac{\Delta k_2}{m_2}\right) \cdots \left(1 + \frac{\Delta k_n}{m_n}\right) \quad (3.2.3)$$

式中 m_i——各因素的均值。如无法算出均值，可采用名义值。

Δk_i 为组成安全系数的各分量影响值，如果数理统计能得出相应分量的标准差，则可以为 1~3 倍的标准差；对于无法数理统计出特征值的一些分量，也可以类似测量不确定度的估算办法，基于经验或其他信息的假定概率分布估算其影响值。

利用式（3.2.3）所估算的是一个可能的极大值，没有考虑各因素的可能弱相关性，也没有考虑随机因素的均值和实际设计计算所采用计算值之间的差值所带来的影响。因此在可能的情况下，应根据每个因素的随机变量分布特征计算出相应的分量影响值。

参照安全系数确定的"近似概率法"数学表达，依据因素分布特征分析各因素影响值较为成熟的方法大致归结如下：认为危险载荷 $Q(B)$ 分布规律是已知的，如果 Q_A 是在使用中载荷的最大可能值，那么结构不破坏的概率条件为

$$Q(B) \geqslant Q_A \quad (3.2.4)$$

不等式（3.2.4）可以具有另一形式：

$$Q_A \leqslant m_Q - \alpha(B) d_Q \quad (3.2.5)$$

式中 m_Q、d_Q——随机变量 $Q(B)$ 分布的均值、标准差；

$\alpha(B)$——符合载荷 $Q(B)$ 分布的标准系数。

与 Q_A 和 $Q(B)$ 一样，确定计算危险载荷的某一确定值 Q_0（如 p_j），它表示了预先规定的计算载荷值，并有包含在 $Q(B)$ 中的参数（如壳板厚度、材料屈服极限等）。

安全储备系数分量 K_i 定义为

$$K_i = \frac{Q_0}{Q_A} \quad (3.2.6)$$

将式（3.2.5）代入式（3.2.6），得

$$K_i \geqslant \frac{Q_0}{m_Q - \alpha(B) d_Q} \text{ 或者 } K_i \geqslant \frac{Q_0}{m_Q} \cdot \frac{1}{1 - \alpha(B) V_Q} \quad (3.2.7)$$

式中 V_Q——变异系数，即标准差 d_Q 和均值 m_Q 的比值；

$\alpha(B)$——此处可称为可靠性指标或安全因子。

按式（3.2.7）确定 K_i，一定要知道分布规律 $Q(B)$，在考虑结构的临界载荷（危险载荷）的随机分布特征值的条件下，安全系数 K_i 不仅与 Q_0 有关，而且与分布均值 m_Q 和变异系数（标准差）有关，因而能合理地确定分项 K_i 或总体安全系数的影响值。

上述危险载荷 $Q(B)$ 包含壳板厚度、材料屈服极限等参数，只要能统计计算它们的分布特征值就可以十分方便和合理地计算其分量影响值。

例如，针对高强度钛合金 TC4 和 Ti80 材料，如由数理统计得出表 3.2 中的屈服极限随机分布特征估计值，则按式（3.2.7）就可进行分项因素影响系数的计算。取标准系数 $\alpha(B)=3.2$，可得出 K_i 的均值约为 1.077，见表 3.2 所列。

表 3.2 分项因素影响系数计算值

部位	材料							
	TC4				Ti80			
分项因素	均值 m_Q	变异系数 V_Q	Q_0	K_i	均值 m_Q	变异系数 V_Q	Q_0	K_i
厚板板材	835	0.030	780	1.028	777	0.025	740	1.030
对接焊缝处	810	0.049	780	1.129	806	0.061	740	1.123
平均				1.078				1.076

对于无法得出的随机因素分布特征值，只能由计算分析或半经验估算及对比算出分项影响系数。表 3.3 依据以上分析列出高强度钢和钛合金耐压结构安全系数各分项影响系数。

表 3.3 载荷安全系数影响因素综合表

序号	因素名称	高强度钢 K_i	钛合金 K_i
1	壳板厚度偏差	1.037	1.040
2	材料屈服强度偏差	1.051	1.078
3	材料弹性模数偏差	1.030	1.040
4	计算方法的精确性	1.07	1.08
5	加工初始几何偏差	1.08	1.07
6	材料屈强比和残余应力影响	1.06	1.045
7	海洋环境腐蚀因素影响	1.05	1.025
8	深度测量仪器精度和超深影响	1.05	1.05
9	ΣK_i	1.52	1.51

这样就可按安全系数确定方法的第一种方案进行载荷安全系数的综合确定，即依据表中各分项影响系数按式（3.2.3）进行计算，综合确定载荷安全系数的

K 值。

对于钛合金

$$K = \prod_{i=1}^{n} K_i = 1.51$$

对于高强度钢

$$K = \prod_{i=1}^{n} K_i = 1.52$$

以上作为个案算例以经验估计值和"一阶矩法"演示了各因素的数理统计分析和安全系数的综合确定方法,其结果基本体现了现行潜水器规范中确定性载荷安全系数取值的可行性和合理性;同时,也有利于实际产品采用直接设计计算方法时安全系数的确定,即参照上述方法和程序,针对相应的结构、材料的实际参数和影响因素进行产品安全系数的具体确定。另外,对其他确定性安全系数的确定也有启示意义。

3.2.3 载荷安全系数及其因素与下潜深度的关系分析

依据组成载荷安全系数的各随机因素的数理统计分析,综合确定了载荷安全系数的 K 值。但它能否适用全海深载荷深度范围,也是计算方法应探讨的问题。由于该问题十分复杂,影响因素多,且相互关联。在此,只能通过各主要因素的影响及与材料安全系数的匹配进行大致的分析。

1. 高强度材料性能的影响

如第 2 章所述,大深度潜水器为减轻自身的结构重量、降低容重比,尽量采用屈服强度达 800MPa 级的高强度钛合金和低合金钢材料;对于全海深压力载荷还可能采用 900MPa 级钛合金和超高强度的马氏体镍钢。然而高强度材料的屈强比难以达到现行潜水器规范的要求,800MPa 级钛合金和低合金钢屈强比可达 0.95,其平均值比潜水器和压力容器规范中所采用的 600MPa 以下的材料要高 10%以上;这种低塑性、高屈强比材料不仅使塑性储备下降,影响承载能力,而且对局部应力集中及变形的敏感度增加,抵抗加工和使用过程中的裂纹扩展能力下降,易产生局部高应力疲劳断裂破坏。有关资料表明,材料疲劳极限的变化大致与屈服极限比值的平方根成反比关系,可以估算 800MPa 级钢相对 600MPa 级钢,其相对疲劳强度下降约为 16%。

同时,由于高强度材料成分复杂、冶炼难度大、材质的稳定性和均匀性相对较差,导致力学性能分散性(标准差)较大。这些因素都表明:随着材料的屈服强度的提高,稳定性储备是下降的。因而为消除这种不利影响,随着下潜深度的增加应适当提高静强度储备。

2. 耐压壳体装配焊接中残余应力的影响

在耐压壳体装配中也因这种高强度材料及复杂的热处理工艺等因素,使得装配焊接时不仅在焊缝区(根部、表面、融合区)产生很大的焊接残余应力;而且往往会产生三维反应力使材料的塑性下降,对焊缝残余应力具有更高的敏感性。大量的模型和产品试验表明:随着材料强度和板厚的增加,壳体装配焊接时结构刚性更大、约束更强,焊接表面残余拉应力会更大。总之,焊接残余应力的产生和影响因素是十分复杂的。

因此,基于焊接残余应力会导致承载能力的下降(见 3.2.1 节);同时考虑大深度耐压壳体板厚增加、应力状态复杂及焊缝处的高应力腐蚀等因素,应适当提高安全储备。

3. 耐压壳体加工质量的影响

耐压壳体加工质量和精确度也与相对下潜深度有关,文献[4]对潜艇结构各类缩比模型加工精确度分析表明:如在制作过程中按规则许用标准(包括壳体不圆度和初挠度标准等)要求进行加工精度控制,则在外压试验过程时模型开始产生残余塑性变形的压力约为模型失稳破坏压力的 0.7~0.75 倍;对于没有按加工精度控制的模型,该比值小于或等于 0.60 倍;对于加工质量好的,该比值可高达 0.8 倍以上。这就意味着,随着加工质量的不断提高,安全储备相应增加。

另外,在比较稳定的壳体加工质量和相同材料的情况下,大深度耐压结构虽然下潜深度和板厚增加会影响加工残余应力,但文献[4]认为建造误差所引起的附加应力与材料的屈服强度的比值在大深度耐压结构中也比浅深度要小,这是因为该比值与板厚成反比,可表示为

$$\frac{\sigma_1'}{R_{eH}} = \frac{6f_0}{t} \frac{1}{1 - \frac{\sigma_1}{\sigma_3} \frac{n_1^2 - 1}{n^2 - 1}} \tag{3.2.8}$$

式中 σ_1' ——由建造误差引起的耐压壳体上的附加应力;

σ_1 ——在计算压力作用下耐压壳体的中面应力值;

σ_3 ——欧拉应力;

f_0 ——偏离理想圆形的初始挠度值;

t ——壳体的板厚;

n_1 ——壳体的失稳波数;

n ——初挠度波数,或按 $n = \frac{\pi}{\theta}$ 计算,θ 为某一初挠度形成的中心角。

因而在稳定和不断提高壳体加工质量条件下,可适当降低安全储备。

4. 耐压壳体壳板海水腐蚀的影响

潜水器长期在海水环境中因锈蚀引起的外壳板减薄也与潜深有关。在 3.2.1

节安全系数影响因素分析中,仅考虑外板的平均腐蚀为 0.1mm/年,如果按 30 年使用年限,总腐蚀量 Δt =3mm。海水腐蚀对安全系数的分项影响系数可近似用下式表示:

$$K_i = 1 + \frac{\Delta t}{t} \tag{3.2.9}$$

说明大深度耐压壳板越厚,壳体因腐蚀减薄的相对强度损失越小。因而随着壳体厚度的增加,可以适当降低外载储备。

5. 结构安全等级的影响

耐压结构安全等级评估除了自身的重要程度和内部装载状态外,还与下潜深度有关。耐压结构作为整个潜水器系统安全的基础,其使用中的安全性是与总体操纵、紧急上浮、援潜救生、高压密封等密切相关;即潜水器下潜工作深度越大,这些项目和措施实施的难度就越大,其安全等级就会提高,所要求的安全储备就会有所增大。不过应该看到对于同一定值安全系数,随着潜深的加大其绝对安全裕值度也成比例增加,因而相对储备值不一定要加大。

6. 外载储备与内力控制的匹配

从以上各因素分析看出,安全系数与下潜深度的关系是复杂的,随着深度的变化,各分项因素对载荷安全系数的影响有增有减,且相互影响;但同时也要看到,它受到内力控制的限制,即在各种深度耐压结构的设计中,为了充分和合理使用高强度材料,设计计算载荷(壳体破坏前的临界载荷)下的结构变形应处于材料的弹塑性阶段;而对于同一结构,要保证在最大工作载荷下结构使用的安全性,结构总体变形又应处于弹性范围,即壳体平均膜应力应控制在 $0.60 R_{eH}$ 左右才比较合理和可靠。这表明依据线弹性分析原则,采用安全载荷法把所要求的安全裕度考虑在载荷中,只有载荷安全系数 $K \geqslant 1.50$ 才能达到此要求。

另外,根据文献[4]的分析和模型试验数据也表明:对于整体耐压结构而言,当载荷为计算下潜深度载荷的 70%左右时,如在耐压结构的某些部位已出现局部残余塑性变形,这在潜水器(特别是在载人潜水器)和潜艇安全使用中是不允许的,这从使用角度也反映外载储备应与整体结构变形控制相一致的要求。

总之,基于以上各因素影响的综合分析,并考虑到检测、计算技术水平和壳体加工精度的不断提高,综合确定的 K 值是随着下潜深度的增加而有所下降,即说明大深度耐压结构的载荷安全系数是可以降低的;但由于工作载荷下结构变形的安全性和内力控制要求,K 值只能适当降低,且不应小于 1.42。这一要求应适用于各种深度的潜水器,以保障不同工作深度耐压结构的安全性,并使它们处于同一安全水平等级。

3.3 可靠性安全系数的计算分析

3.3.1 安全系数的可靠性分析

在 3.2 节安全系数的确定中，虽然采用"半经验概率法"和数理统计来确定安全系数的极大可能值，在分项影响因素分析中也涉及随机因素的统计分布特征值，但综合确定的载荷安全系数 K 未能体现合成后的失效概率及相应的可靠性指标参数，其值可能存在偏大或偏小，因而不能完全代表结构的可靠程度。本节则根据文献[5]中所介绍的，也是应用最广泛的"应力-强度静态简化模型"进行安全系数的可靠性计算分析。依据其基本假设和定义，应力 $\bar{S}$ 表示对结构功能有影响的各种外载因素的总和、结构强度 $\bar{R}$（或称抗力）表示结构承受应力（载荷）的能力，则结构极限状态下的失效方程为

$$Z = \bar{R} - \bar{S} \tag{3.3.1}$$

式中：Z 为极限状态下的功能函数，它表示了结构强度对载荷的富余程度，也可称为安全裕度。

另外，还假设计算应力和强度的一切力学公式仍然适用，但公式中的确定量均视为随机变量或随机过程。大量统计数据表明，多数结构使用载荷和强度及对应构件危险截面的应力都服从正态分布，即使某些因素不服从或不完全服从正态分布，也可以选用正态分布去估计，因为这样是偏安全的。

假定 $\bar{R}$ 和 $\bar{S}$ 均服从正态分布且相互独立，其平均值和标准差分别为 μ_R、μ_S 和 σ_R、σ_S，变异系数为 V_R、V_S，则结构的功能函数 Z 也服从正态分布。根据干涉概率的联合积分算法可得，$\mu_Z = \mu_R - \mu_S$，$\sigma_Z = \sqrt{\sigma_R^2 + \sigma_S^2}$，可靠度指标 β_0 的表达式为

$$\beta_0 = \frac{\mu_R - \mu_S}{\sqrt{\sigma_R^2 + \sigma_S^2}} \tag{3.3.2}$$

即

$$\mu_R - \mu_S = \beta_0 \sqrt{\sigma_R^2 + \sigma_S^2}$$

从而可得

$$\frac{\mu_R}{\mu_S} = 1 + \beta_0 \sqrt{\frac{1}{\mu_S^2}\sigma_R^2 + \frac{\sigma_S^2}{\mu_S^2}} = 1 + \beta_0 \sqrt{\left(\frac{\mu_R}{\mu_S}\right)^2 V_R^2 + V_S^2} \tag{3.3.3}$$

参照传统的确定性计算方法安全系数的定义，以 $\bar{R}$ 和 $\bar{S}$ 的均值比定义中心安全系数 K_0，即

$$K_0 = \frac{\mu_R}{\mu_S} \tag{3.3.4}$$

则有

$$K_0 = 1 + \beta_0 \sqrt{K_0^2 V_R^2 + V_S^2}$$

整理后得出关于中心安全系数 K_0 的二次方程式：

$$(1 - \beta_0^2 V_R^2)K_0^2 - 2K_0 + (1 - \beta_0^2 V_S^2) = 0$$

考虑到应力和强度均值的实际意义，取开方的正值作为方程的解，解得

$$K_0 = \frac{1 + \beta_0 \sqrt{V_R^2 + V_S^2 - \beta_0^2 V_R^2 V_S^2}}{1 - \beta_0^2 V_R^2} \tag{3.3.5}$$

由式（3.3.5）可以看出，中心安全系数不仅与应力和强度的均值有关，而且可表示为应力及强度的方差和所要求的结构可靠度指标的函数。给出了中心安全系数后，可采用结构可靠性安全设计表达式，按照传统的设计方法进行设计，即

$$\mu_R \geq K_0 \mu_S$$

由于载荷和强度的均值与设计手册的标准值或规范值之间的差别，所以这里得出的中心安全系数和传统设计用的安全系数应有所不同，但利用中心安全系数可以得出设计抗力 R_K 和设计载荷 S_K 之比的安全系数 K_K，即

$$\begin{aligned} K_K &= \frac{R_K}{S_K} = \frac{(1 + \alpha_R V_R)\mu_R}{(1 + \alpha_S V_S)\mu_S} = \frac{(1 + \alpha_R V_R)}{(1 + \alpha_S V_S)} K_0 \\ &= \frac{(1 + \alpha_R V_R)\left[1 + \beta_0 \sqrt{V_R^2 + V_S^2 - \beta_0 2 V_R^2 V_S^2}\right]}{(1 + \alpha_S V_S)(1 - \beta_0^2 V_R^2)} \end{aligned} \tag{3.3.6}$$

式中　α_R——材料强度的保证度系数；

　　　α_S——应力（载荷）的保证度系数。

这样，在传统设计方法中的安全系数引入可靠性便成为可靠性意义下的安全系数，它考虑了载荷 $\bar{S}$ 和强度 $\bar{R}$ 的变异性及设计对可靠性的要求，即包含了结构可靠度指标。因此，它是在传统的确定性设计方法向结构可靠性设计方法过渡的中介或桥梁。

在式（3.3.5）和式（3.3.6）中，强度变异系数 V_R 主要体现结构尺度和材料力学性能偏差等影响。在文献[5]中，根据 20 世纪 90 年代我国工业制造水平和基于可靠度指标的 $K_0 \sim V_R$ 曲线族分析（参见文献[2]）得出的金属材料（如钢材和铝材）V_R 取值为 0.02~0.10，应力（载荷）变异系数 V_S 多为 0.10~0.30；对于材料强度的保证度系数 α_R，一般取值为-1.28，即保证有 90%的产品材料强度高于标准手册的材料强度值；α_S 取值为 2.33，即要求保证 99%的实际应力应低于设计用标准应力。

针对现在我国工业制造和测试水平的提高及潜水器耐压结构承受载荷与陆地

上结构的不同，参数的变异性应有所变化，即变异系数 V_S 和 V_R 都相对变小，V_S 估计值在 0.02~0.08、V_R 估计值在 0.03~0.09。对于保证度系数 α_R 和 α_S 取值，如分项影响因素计算中已按式（3.2.7）考虑了实际值与标准手册值的差别，则从偏安全考虑，应取较小的值或不予考虑。

这样，如要求目标可靠性指标 β_0 在 3.2~5.0，α_R 和 α_S 系数取公式中数值的一半；由上述 V_S、V_R 取值的最小和最大值分别按式（3.3.6）进行安全系数的计算，则安全系数 K_K 为 1.25~1.70，它表明了采用可靠性方法推算潜水器安全系数的大致范围。

3.3.2 按应力强度进行可靠性安全系数计算

依据可靠性分析中结构失效方程式（3.3.1）的概念，可按结构内应力强度进行可靠性安全系数的计算。现以圆柱壳为例进行实例计算，圆柱壳或环肋柱壳结构纵剖面跨中壳板中面应力 σ_2^0 是平衡外力（水压力）的主要膜应力，按第三强度理论，它体现了圆柱壳结构的壳体应力强度，其应力计算公式为

$$\sigma_2^0 = -K_2^0 \frac{pR}{t} \tag{3.3.7}$$

式中　　K_2^0——常数；

σ_2^0 所涉及的随机变化量为 p、R、t。

假定 p、R、t 彼此独立和不相关，符合正态分布，其标准方差为 δ_p、δ_R、δ_t，则按随机量不确定度（误差）传递公式，可得 σ_2^0 合成方差表达式：

$$\delta_{\sigma_2^0}^2 = \left[\frac{\partial \sigma}{\partial p}\right]^2 \delta_p^2 + \left[\frac{\partial \sigma}{\partial R}\right]^2 \delta_R^2 + \left[\frac{\partial \sigma}{\partial t}\right]^2 \delta_t^2 \tag{3.3.8}$$

令 μ_p、μ_R、μ_t 分别为 p、R、t 的均值，则应力强度均值：

$$\mu_{\sigma_2^0} = K_2^0 \frac{\mu_p \mu_R}{\mu_t} \tag{3.3.9}$$

由式（3.3.8）和式（3.3.9）就可得出具体的计算合成标准方差：

$$\delta_{\sigma_2^0} = K_2^0 \sqrt{\left(\frac{\mu_R}{\mu_t}\right)^2 \delta_p^2 + \left(\frac{\mu_p}{\mu_t}\right)^2 \delta_R^2 + \left(-\frac{\mu_p \mu_R}{\mu_t^2}\right)^2 \delta_t^2} \tag{3.3.10}$$

例如，潜水器圆柱壳模型，中面半径 R = 137mm、厚度 t = 30mm、壳体长度 L = 792mm、钛合金屈服强度 R_{eH} = 930MPa、弹性模量 E = 115000MPa，则结构参数 u = 7.93、β_0 = 3.0、K_2^0 = 1.0。

设最大工作压力为 115MPa，假定模型各参数标准差 δ_R =1.2mm、δ_t = 0.5mm、$\delta_{R_{eH}}$ =55MPa、δ_p =2.0MPa，则可按式（3.3.10）进行应力强度合成标准

方差的数值计算，即

$$\delta_{\sigma_2^0} = \sqrt{\left(\frac{137}{30}\right)^2 \times (2.0)^2 + \left(\frac{115}{30}\right)^2 \times 1.2^2 + \left(\frac{137 \times 115}{30^2}\right)^2 \times 0.5^2} = 13.55$$

由式（3.3.9）可得应力强度均值：

$$\mu_{\sigma_2^0} = \frac{115 \times 137}{30} = 525$$

则变异系数：

$$V_{\sigma_2^0} = \frac{13.35}{525} = 0.0254$$

从式（3.3.7）看出组成 σ_2^0 的 p、R、t 参数幂指数都具有 +1 或 −1 的形式，根据测量不确定度评定中相对合成方差简化定理[4]，还可以采用传递公式的简洁形式求出 $V_{\sigma_2^0}$，即

$$\frac{\delta_{\sigma_2^0}}{\sigma_2^0} = \sqrt{\left(\frac{\delta_p}{p}\right)^2 + \left(\frac{\delta_R}{R}\right)^2 + \left(\frac{\delta_t}{t}\right)^2} = \sqrt{3.02 \times 10^{-4} + 0.767 \times 10^{-4} + 2.78 \times 10^{-4}} = 0.0256$$

两者相差很小，于是由载荷引起膜应力强度的变异系数为 $V_S = \dfrac{\delta_{\sigma_2^0}}{\sigma_2^0} = 0.0256$。

结构壳体强度校验（内力控制）可按一般规范确定性衡准要求，现按下式：

$$\sigma_2^0 \leqslant 0.85 R_{eH} \text{ 或 } 0.85 R_{eH} - \sigma_2^0 \geqslant 0$$

则强度变异系数 $V_R = \dfrac{50}{0.85 R_{eH}} = \dfrac{55}{0.85 \times 930} = 0.0695$。按式（3.3.2）强度 $\overline{R}$ 和载荷 $\overline{S}$ 失效方程计算相应的可靠性指标：

$$\beta_0 = \frac{\mu_R - \mu_S}{\sqrt{\sigma_R^2 + R_{eH}^2}} = \frac{790 - 525}{\sqrt{(790 \times 0.0695)^2 + (525 \times 0.0256)^2}} = \frac{265}{56.56} = 4.68$$

根据已知 V_S、V_R、β_0 值，按式（3.3.5）可进行可靠性中心安全系数的计算：

$$K_0 = \frac{1 + \beta_0 \sqrt{V_R^2 + V_S^2 - \beta_0^2 V_R^2 V_S^2}}{1 - \beta_0^2 V_R^2}$$

$$= \frac{1 + 4.68\sqrt{0.0695^2 + 0.0256^2 - 4.68^2 \times 0.0695^2 \times 0.0256^2}}{1 - 4.68^2 \times 0.0695^2} = 1.47$$

该数值是基于可靠性中心安全系数概念的计算结果，即当 K_0 为 1.47 时，其可靠性指标为 4.68，失效概率达到 1.0×10^{-6}，大于结构安全性目标可靠度的要求。如考虑材料强度的保证度系数 α_R 的影响，取 $\alpha_R = -1.28$，则按式（3.3.6）计算得可靠性安全系数 $K_K = 1.35$。

以上作为算例，按圆柱壳模型应力强度进行了可靠性安全系数的计算。如果所涉及的各因素的随机变量标准差接近实际结构的加工检验标准，并且强度允许

标准也较为合理,则计算结果是可以用于该耐压结构的强度储备安全评估及与载荷安全系数的匹配分析。

3.3.3 按实际临界压力进行可靠性安全系数计算

可靠性安全系数的计算,不仅可以按结构内力强度进行计算分析,还可以按危险载荷计算中各随机因素对临界压力 p_{cr} 的影响程度进行分析。

根据式(1.3.2) $p_j = Kp_e$ 和结构安全性的基本要求,实际结构临界压力应大于或等于设计计算压力,即

$$p_{cr} \geq p_j = Kp_e \tag{3.3.11}$$

式中 p_e——设计所需的确定性量值;

p_{cr}——实际壳体各参数所决定的随机变量,存在一定的不确定性。

基于测量不确定度评定技术规范中合成标准不确定度评定的基本概念和方法,式(3.3.11) K 可以看作 p_{cr} 相对于 p_e 的合成不确定度,K 值的大小与计算 p_{cr} 的各种参变量的均值及随机因素影响密切相关。通过下节环肋圆柱壳结构的可靠性计算分析,随机因素灵敏度最为显著的有变量 R_{eH}、t 和修正系数 C_g、C_S,可对这些包含在 p_{cr} 计算中的各随机因素进行合成不确定度的计算,进而可按这些构成壳体承载能力的自身主要因素(包括材料、尺度及几何、物理非线性修正等)进行可靠性安全系数的计算。

对于单跨圆柱壳或环肋圆柱壳,其壳体稳定性计算公式为

$$p_{cr} = C_g C_S p_E \tag{3.3.12}$$

式中: $p_E = E \cdot B(u) \cdot \left(\dfrac{t}{R}\right)^2$。

$B(u)$ 主要取决于柱壳结构参数 u,当 u 一定时,$B(u)$ 为定值,虽然 u 参数中也包含 R、t、l 的随机因素影响,但为相对小量,可以忽略。这样临界载荷 p_{cr} 合成方差求解的一般形式为

$$\delta_{p_{cr}}^{\,2} = \left(\frac{\partial p_{cr}}{\partial C_g}\right)^2 \delta_{C_g}^{\,2} + \left(\frac{\partial p_{cr}}{\partial C_S}\right)^2 \delta_{C_S}^{\,2} + \left(\frac{\partial p_{cr}}{\partial p_E}\right)^2 \delta_{p_E}^{\,2} \tag{3.3.13}$$

为求解公式中的偏导数,应建立 p_E、C_g、C_S 与结构、材料性能参数及其随机变量之间的解析关系。其中,理论临界压力 p_E 与 t/R 成平方关系,材料物理非线性修正系数 C_S 采用第 2 章所确定的拟合公式 $C_S = \dfrac{1}{\sqrt[4]{1+\bar{\sigma}^4}}$。

定义应力强度参数 $\bar{\sigma}$ 为

$$\bar{\sigma} = \frac{K_2^0 \cdot p_E R}{1.15 \cdot t \cdot R_{eH}} \tag{3.3.14}$$

这样可建立相关随机变量之间的解析关系，在忽略影响因素小的随机量（如 R 随机量影响）后，通过具体计算偏导数 $\frac{\partial p_{cr}}{\partial C_S}$ 和 $\frac{\partial p_{cr}}{\partial p_E}$，并经整理得出相对于 p_{cr} 的合成标准差的计算表达式（详见文献[7]）：

$$\delta_{p_{cr}} = \sqrt{\delta_{c_g}^2 + \delta_{c_s}^2 + \delta_{p_E}^2} = \sqrt{\delta_{c_g}^2 + K_{\bar{\sigma}}^2[\delta_t^2 + \delta_{R_{eH}}^2] + [2\delta_t]^2} $$
$$= \sqrt{K_{\bar{f}}^2 \delta_{\bar{f}}^2 + (K_{\bar{\sigma}}^2 + 4)\delta_t^2 + K_{\bar{\sigma}}^2 \delta_{R_{eH}}^2} = \sqrt{K_{\bar{f}}^2 \delta_{\bar{f}}^2 + K_t'^2 \delta_t^2 + K_{\bar{\sigma}}^2 \delta_{R_{eH}}^2} \tag{3.3.15}$$

式中

$$K_{\bar{\sigma}} = \frac{\bar{\sigma}^4}{1 + \bar{\sigma}^4}$$
$$K_t' = \sqrt{K_{\bar{\sigma}}^2 + 4} \tag{3.3.16}$$

$K(\bar{f})$ 应由 C_g 与初挠度的关系确定，但 C_g 无法像 C_S 那样与 R、t、R_{eH} 建立解析关系而得到 $K_{\bar{f}}$ 分项传递系数（灵敏系数），只能参照文献[4]试验确定传递系数的方法进行近似处理。因此，依据第 6 章图 6.4 中的"试验点曲线"（图中虚线）[7]，通过数值拟合计算建立 C_g 与 $\bar{f}$ 的拟合表达式（$\bar{f}$ 拟合范围为 0～0.25），即

$$C_g = \frac{1}{1 + 0.65\left(\frac{\bar{f}}{1.57\bar{f} + 1}\right)^{2/3}} \tag{3.3.17}$$

式（3.3.17）体现了壳体实际的承载能力随着初挠度 $\bar{f}$ 的增加而下降的解析关系。基于安全系数的数理统计确定中，壳体实际初挠度方差的增大必然导致安全系数的增大，也即 p_{cr} 不确定度增加。因而，用 $1/C_g$ 作为传递系数可以体现 $\bar{f}$ 均值对承载能力的影响，于是可认为

$$K_{\bar{f}} = \frac{1}{C_g} = 1 + 0.65\left(\frac{\bar{f}}{1.57\bar{f} + 1}\right)^{2/3} \tag{3.3.18}$$

这时，由初挠度影响所引起实际临界压力下降的分项影响系数 $K_{\bar{f}}$ 就可具体算出。例如，当 $\bar{f} = 0.15$ 时，$C_g = 0.86$，$K_{\bar{f}} = 1.16$；对于钛合金中厚壳体 $\bar{f} = 0.10$，则 $K_{\bar{f}} = 1.12$，这与表 3.1 的影响系数是相近的，也表明式（3.3.18）作为初挠度传递系数的近似表达式是可行的。

在得出各传递系数后,根据各因素的相对标准差就可以进行具体的计算。按 3.3.2 节应力强度计算同一模型算例,进行危险载荷下的可靠性安全系数的数值计算。

由 $u=7.93$ 可得 $B(u)=0.0784$,则理论临界压力 $p_E = E \cdot B(u)\left(\dfrac{t}{R}\right)^2 = 1.15 \times 10^5 \times 0.0784 \times \left(\dfrac{30}{137}\right)^2 = 432.8$,理论临界应力强度 $\bar{\sigma} = \dfrac{K_2^0 p_E R}{1.15 t \cdot R_{eH}} = 1.84$。则 $K_{\bar{\sigma}} = \dfrac{\bar{\sigma}^4}{1+\bar{\sigma}^4} = \dfrac{1.84^4}{1+1.84^4} = 0.9197$、$K_t' = \sqrt{K_{\bar{\sigma}}^2 + 4} = \sqrt{0.9197^2 + 4} = 2.20$。

式(3.3.15)中相对标准差 $\delta_{\bar{f}}$ 可参考式(3.2.1)和式(3.2.2),取 $\delta_{\bar{f}} = 0.0275$;对于 $K_{\bar{f}}$ 可依据模型壳体厚度 30mm 换算的 $\bar{f}$ 代入式(3.3.18)得出,约为 1.08(接近表 3.1 中的平均值);对于 δ_t、$\delta_{R_{eH}}$ 值则与应力强度计算相同。于是相对于模型实际临界压力 p_{cr} 的相对合成标准差为

$$\delta_{p_{cr}} = \sqrt{K_{\bar{f}}^2 \delta_{\bar{f}}^2 + K_t'^2 \delta_t^2 + K_{\bar{\sigma}}^2 \delta_{R_{eH}}^2}$$
$$= \sqrt{1.08^2 \times (0.0275)^2 + 2.20^2 \times (0.0167)^2 + 0.9197^2 \times (0.0538)^2}$$
$$= \sqrt{46.8 \times 10^{-4}} = 0.0684$$

得出 p_{cr} 的合成相对标准差(变异系数 V_i),就可以按式(3.2.7)进行由上述各高灵敏度参数分量合成安全系数 K_a 的计算。即

$$K_a \geq \dfrac{Q_0}{m_\varphi} \cdot \dfrac{1}{1-\alpha(B)V_i}$$

式中:Q_0 即 p_j,m_φ 为实际结构危险(破坏)压力的均值,Q_0/m_φ 约为 0.926,它相当于随机变量保证度系数的修正[5];标准系数(可靠性指标)$\alpha(B)$ 依据模型承受高压外载取 4.5。这时计算 $K_a = 0.926 \times \dfrac{1}{1-4.5 \times 0.0684} = 1.338$。

上述安全系数 K_a 是包括构成结构自身强度的各主要影响因素计算得出的,但未包括海洋环境平均腐蚀和下潜时的外载变化及残余应力等因素影响。若全面考虑综合影响的安全系数 K,可参考表 3.3 中钛合金的相应影响系数 K_i 值和应用式(3.1.3)进行混合确定,即

$$K = K_a \prod_{j=1}^{m} K_j = 1.338 \times 1.045 \times 1.05 \times 1.025 = 1.51$$

以上分别从结构内力和危险载荷角度进行安全系数确定方法的算例演示,显示了结构安全系数的可靠性含义和作用,并得出如下启示。

(1)可靠性安全系数的计算(包括安全系数的数理统计确定),都是基于

大量随机因素的统计结果。因此，应结合产品和模型加工及时累积收集相关随机数据，特别是对安全系数起主要和敏感的因素（包括壳板厚度、初始缺陷及材料屈服强度等），以保障数理统计所获得这些随机变量特征值的可信度，进而较为可靠地确定模型或产品所需要的载荷安全系数及进行结构强度的可靠性评估。

（2）可靠性安全系数的计算不仅与实际结构各主要随机变量因素有关，而且体现了安全系数可靠度的属性，即与实际结构的安全等级等内在因素（状态）相对应的目标可靠度有关。在算例中取 $\alpha(B)$=4.5，如果实际设计的结构重要程度和保障原则不同，则 $\alpha(B)$ 取值也不同，因而安全系数也就有所差别。

（3）可靠性安全系数估算表明，其 K_K 范围在 1.25~1.70；同时，在各算例计算中，只要各随机影响因素的特征值在正常范围内，其确定性安全系数值是比较接近的。因此，从设计计算的通用性及匹配性的要求出发，在潜水器结构规范中，载荷安全系数取其平均值或中值（约 1.50）是合理可行的，也是基本符合实际的。

（4）如前所述载荷安全系数是可以适当降低的，这采用可靠性分析可得到具体的落实，即随着各单项随机因素精度分析的提高，合成标准差的变异系数下降并采用相对应的目标可靠度，通过上述计算就可合理地降低实际结构的安全系数。

3.4 结构安全性的可靠性计算及安全系数的概率特性分析

为探讨实际复杂结构的安全性和可靠性安全系数的概率特性，有利于结构强度的全面、综合分析，应在确定性计算方法的基础上进行考虑结构各种随机因素影响的可靠性计算。不过实际结构的可靠性计算难度是很大的，特别是复杂结构由于系统的静不定、多失效模式的相互影响，多种随机因素可能存在不同程度的相关及需要大量长期的统计数据为依据，如此等等。因此在理论计算方法上，也只能和可靠性安全系数分析一样作适当的简化处理。

目前，结构可靠性计算方法大致有 3 种，其中在工程界广泛应用的是近似概率法，即第二水平法。在此以环肋圆柱壳结构为例，应用其中有代表性的改进的一次二阶矩法（AFOSM）进行计算分析（详见附录 B）。

3.4.1 环肋圆柱壳的失效模式和状态方程

环肋圆柱壳是潜水器、潜艇及深海装备常用的舱段结构，不仅结构复杂，而且具有多失效模式。在计算中，认为各失效模式是相互独立的极限状态，不存在相互影响，结构参数的随机因素大都服从正态分布。选择结构可靠性目标安全裕度及相关的强度储备系数时，应分别保证结构在各种状态下不发生失效或破坏。环肋圆柱壳结构如图 3.5 所示。

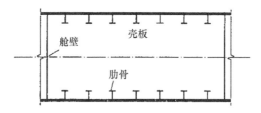

图 3.5　环肋圆柱壳结构

环肋圆柱壳的失效模式可以从强度和稳定性两个方面分析。根据第 5 章、第 6 章的计算分析，共有以下 5 种失效模式：

失效模式（1）——跨中壳板中面周向应力强度不足；

失效模式（2）——跨端壳板内表面纵向应力强度不足；

失效模式（3）——肋骨应力强度不足；

失效模式（4）——相邻肋骨间壳板失稳；

失效模式（5）——舱段总体失稳。

圆柱壳结构参数应按 6.5 节以追求容重比最小为目标进行优化设计计算确定。对于大深度潜水器、水下工程和深海装备，一般都采用高强度钛合金或船用钢加工而成。表 3.4 中各种参数的变异系数可根据模型加工的工艺要求及模型检测和经验估算得出。

表 3.4　影响耐压圆柱壳失效的随机变量因素

序号	符号	单位	变量名称或意义	变异系数/%	分布
1	l	mm	肋骨间距	1.5	正态
2	R	mm	壳体半径	0.25	正态
3	t	mm	壳板厚度	1.05	正态
4	F	mm^2	肋骨剖面积	1.05	正态
5	I_0	mm^4	肋骨剖面惯性矩	1.05	正态
6	Y_0	mm	肋骨剖面型心高度	0.1	正态
7	E	MPa	弹性模量	3.0	对数正态
8	R_{eH}	MPa	屈服强度	5.1	正态
9	L	mm	舱段总长	0.1	正态
10	P	MPa	静水压力	0.1	极值 I 型
11	C_g' C_s'		壳板局部屈曲失稳计算修正系数	4.0	正态
12	C_g' C_s'		舱段总体失稳计算修正系数	4.0	正态

根据以上失效模式分析，取载荷安全系数 $K=1.45$，并取 $S_m \geqslant 0.6R_{eH}$ 作为一般低合金材料的许用应力强度。在静水压力 p 作用下的各失效部位应力为

$$\sigma_i = -K_i \frac{pR}{t} \tag{3.4.1}$$

式中：K_i 为 K_2^0、K_1、K_f。

参照现行的潜水器、潜艇结构规范的强度和稳定性校验标准就可建立各部位的失效状态函数方程，即

（1）跨中中面周向强度失效方程：

$$g = 1 - \frac{\sigma_2^0}{1.0KS_m} \tag{3.4.2}$$

（2）跨端内表面纵向强度失效方程：

$$g = 1 - \frac{\sigma_1}{1.3KS_m} \tag{3.4.3}$$

（3）肋骨强度失效方程：

$$g = 1 - \frac{\sigma_f}{0.7KS_m} \tag{3.4.4}$$

（4）壳板稳定性失效方程：

相邻肋骨间的壳板临界压力按下面第 1 式计算，失效函数由下面第 2 式决定：

$$p_{cr} = C_S C_g p_E \tag{3.4.5}$$

$$g = p_{cr} - p \tag{3.4.6}$$

式中：$C_S = \dfrac{1}{\sqrt[4]{1+\left(\sigma_e/R_{eH}\right)^4}}$；

$C_g = 0.85$；

$$p_E = E\left(\frac{t}{R}\right)^2 \frac{0.6}{u-0.37} \tag{3.4.7}$$

（5）舱段总体稳定性失效方程：

相邻舱壁间的失稳临界压力按下面第 1 式计算，失效函数由下面第 2 式决定：

$$p'_{cr} = C'_S C'_g p'_E \tag{3.4.8}$$

$$g = p'_{cr} - 1.2P \tag{3.4.9}$$

式中　C'_S 同 C_S；

$C'_G = 0.90$；

$$p'_E = \frac{1}{n^2 - 1.0 + 0.5\alpha^2}\left[\frac{Et\alpha^4}{R(\alpha^2 + n^2)^2} + \frac{EI}{R^3 l}(n^2-1)^2\right] \tag{3.4.10}$$

式中　$\alpha = \pi R / L$；

n——使欧拉压力 p'_E 取得最小值的周向失稳波数。

3.4.2　可靠性指标和失效概率计算

从可靠性安全系数表达式（3.3.6）看出，要获得 K_K 就必须先计算涉及耐压舱段结构承载能力诸随机因素的可靠性指标 β_0 和相应的 V_R、V_S 变异系数。按可靠性及一次二阶矩算法要求设定功能函数参数，即设典型舱段结构的随机变量参数为

$$\begin{aligned}\overline{R} &= \overline{R}(x_1, x_2, \cdots, x_R)\\ \overline{S} &= \overline{S}(x_p)\end{aligned} \tag{3.4.11}$$

式中　x_R——构成舱段结构自身强度的各因素，见表 3.4；

x_p——水压力因素。

若强度（抗力）和载荷均为基本变量的线性函数，即

$$\begin{aligned}\overline{R} &= a_1 x_1 + a_2 x_2 + \cdots + a_n x_n\\ \overline{S} &= bp\end{aligned} \tag{3.4.12}$$

则利用正态分布的性质，应用结构系统的"应力-强度静态简化模型"，同样可计算舱段结构的可靠性指标：

$$\beta_0 = \frac{\sum_{i=1}^{n} a_i x_i - b\mu_p}{\sqrt{\sum_{i=1}^{n} a_i^2 \sigma_x^2 + b^2 \sigma_p^2}} \tag{3.4.13}$$

根据舱段结构计算方法所建立的强度和承载能力失效准则，利用壳板失稳计算式可得到相应的独立的极限状态方程。由于状态方程函数中包含外压力 p（深度），即可进行不同深度下的结构可靠性指标和失效概率计算。

可靠性计算采用附录 B 中的改进的一次二阶矩法（AFOSM）进行数值计算。通过系列计算获得了环肋圆柱壳结构 5 种失效模式的可靠度指标、失效概率与下潜深度的关系见表 3.5。

表 3.5 环肋圆柱壳可靠度指标、失效概率与下潜深度的关系

下潜深度比 H_j/H_e	模式 1 可靠性指标	模式 1 失效概率	模式 2 可靠性指标	模式 2 失效概率	模式 3 可靠性指标	模式 3 失效概率	模式 4 可靠性指标	模式 4 失效概率	模式 5 可靠性指标	模式 5 失效概率
0.89	11.93	4.3×10^{-33}	15.13	5×10^{-52}	11.58	2.5×10^{-31}	8.68	2.04×10^{-18}	9.09	4.72×10^{-20}
1.0	10.2	9.7×10^{-25}	13.74	3×10^{-43}	9.85	3.6×10^{-23}	7.23	2.41×10^{-13}	7.66	9.48×10^{-15}
1.11	8.48	1.1×10^{-17}	12.34	2.9×10^{-35}	8.11	2.6×10^{-16}	5.89	1.95×10^{-9}	6.32	1.33×10^{-10}
1.22	6.77	6.6×10^{-12}	10.93	4.2×10^{-28}	6.39	8.1×10^{-11}	4.64	1.78×10^{-6}	5.06	2.11×10^{-7}
1.33	5.06	2.1×10^{-7}	9.52	8.7×10^{-22}	4.68	1.4×10^{-6}	3.46	2.7×10^{-4}	3.87	5.4×10^{-5}
1.40	4.05	2.6×10^{-5}	8.67	2.1×10^{-18}	3.66	1.3×10^{-4}	2.99	2.66×10^{-3}	3.19	7.11×10^{-4}
1.44	3.37	3.8×10^{-4}	8.11	2.5×10^{-16}	2.98	1.5×10^{-3}	2.55	9.39×10^{-3}	2.75	3.01×10^{-3}
1.48	2.7	3.5×10^{-3}	7.55	2.1×10^{-14}	2.3	1.1×10^{-2}	1.92	2.73×10^{-2}	2.31	1.04×10^{-2}
1.55	1.69	4.6×10^{-2}	6.71	9.5×10^{-12}	1.29	9.9×10^{-2}	1.30	9.71×10^{-2}	1.68	4.67×10^{-2}
1.60	1.02	1.5×10^{-1}	6.16	3.7×10^{-10}	0.61	2.7×10^{-1}	0.89	1.86×10^{-1}	1.26	1.03×10^{-1}

从表 3.5 的数据看出，各失效模式的概率特性随下潜深度（载荷）而改变，即可靠性指标随相对深度的增加而下降，而失效概率则随之增大。同时，通过各失效模式的失效概率比较可知，模式 4 失效概率最大，会先于其他模式使结构失效，这体现了确定性设计计算方法中以肋间壳板失稳为设计准则，也说明该算例模型符合设计规范要求。

结构可靠性计算建立了与结构安全性目标可靠度相对应的校验关系，为全面、综合分析结构安全性提供了评估依据。虽然，作为算例是在环肋薄壳和结构参数 u 较小及采用半经验估算得出圆柱壳各随机变量特征值条件下得出的可靠性计算结果，但算例演示的方法和程序必将有利于大深度中厚壳和长舱段结构及其他复杂结构的可靠性计算和安全性评估。

3.4.3 可靠性安全系数的概率特性分析

可靠性安全系数如前所述，是被看作由多个随机因素综合而成的随机变量，它在其安全裕度范围内的随机概率属性也可以在环肋圆柱壳结构可靠性计算中得到体现。依据结构安全性的基本要求和环肋圆柱壳的设计准则，可靠性安全系数也应以肋间壳板失效模式，即按表 3.5 中模式 4 的数据为依据进行概率特性分析。

为具体说明安全系数在其安全裕度范围内随机概率属性与可靠性指标的关

系，将模式 4 失效概率计算结果绘出如图 3.6 的关系曲线。

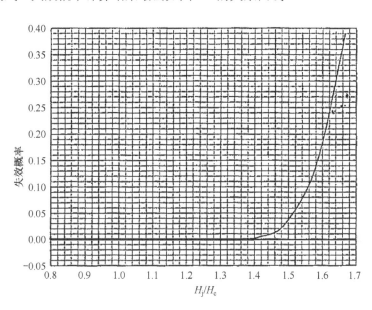

图 3.6 失效概率和相对下潜深度关系曲线

该曲线显示了在载荷安全系数 $K = H_j / H_e = 1.45$ 条件下，不同安全裕度等级的概率特性，在相对下潜深度达 1.45，即安全裕度接近"0"时，曲线开始拐弯，结构失效概率显著增加、可靠度明显降低，它预示着结构将很快失效。

在载荷安全系数 $K = 1.45$ 的条件下，与结构安全性目标可靠度相比，结构的不破坏概率仅达到"概率性"保障原则（保障率在 10^{-3} 左右，可靠性指标为 2.50），未达到完全保障原则。如果该模型算例用于实际产品，则应改进设计，使结构安全性达到目标可靠度指标要求。

上述算例表明，结构系统可靠性计算不仅可实现结构安全性的全面分析，而且体现了安全系数的概率特性，有利于结构强度的可靠、合理设计和综合评估。

参考文献

[1] System certification procedures and criteria manual for deep submergence systems[S]. Naval sea system command, 1998.
[2] 刘文珽. 结构可靠性设计手册[M]. 北京：国防工业出版社, 2008.
[3] 朱锡, 吴梵. 舰艇强度[M]. 北京：国防工业出版社, 2005.

[4] 徐秉汉, 朱邦俊, 欧阳吕伟, 等. 现代潜艇结构强度的理论与试验[M]. 北京: 国防工业出版社, 2007.

[5] 何水清, 王善. 结构可靠性分析与设计[M]. 北京: 国防工业出版社, 1993.

[6] 欧阳吕伟, 吴建国, 黄进浩, 等. 水下工程耐压结构安全系数可靠性计算[J]. 中国造船. 2011, 52 (3): 149-156.

[7] ИБНОЯМИНОВ ВР. НЕСУЩАЯ СПОСОБНОСТЬ ПРОЧНЫХ КОРПУСОВ ПОДВОДНОЙ ТЕХНИКИ С НАЧАЛЬНЫМИ НЕСОВЕРШЕНСТВАМИ ФОРМЫ[M]. ИЗДАТЕЛЬСТВО ЛИНК, САНКТ-ПЕТЕРБУРГ, 2007.

第 4 章　大深度球壳结构

大深度潜水器耐压结构，特别是载人壳体，为获得良好的力学特性和最小容重比，一般都采用球壳结构形式，并且大都为中厚壳结构。例如内直径为 1.8～2.1m 的载人球壳，其 t/R 可达 0.10（以 800MPa 级钛合金材料估算），局部开孔加强处可达 0.15；如采用中等强度材料，壳体厚度还会增加。

对于采用高强度材料的中厚球壳，随着潜深的加大会出现不同的失效或破坏模式。因此，不仅应以高压厚球壳容器的基本理论方法为基础探讨适用于中厚球壳的强度计算简化方法，而且应在完善和建立高外压下的壳体屈曲计算方法的同时，探讨球壳在高压或超高外压下的极限强度失效机理和破坏模式。

4.1　厚球壳的基本方程和强度计算简化公式

4.1.1　球坐标下的基本方程和应力计算公式

在深海环境中，潜水器球形结构几何形状、载荷以及约束条件，都可认为对称于球心。因此，所有的应力、应变和位移也对称于球心，称为点对称问题或球对称问题。

如图 4.1 所示，采用圆球坐标，用相距 dr 的两个圆球面和互成 dθ 角的两对径向平面，从球壳中割取一微分六面体。在此六面体上，设作用在内球面的径向正应力为 σ_r，则作用在外球面的径向正应力为 $\sigma_r + d\sigma_r$、作用于径向平面的周向正应力为 σ_θ；由于对称，此六面体上不存在剪应力。根据六面体在径向的平衡条件，可以列出其平衡微分方程[1]：

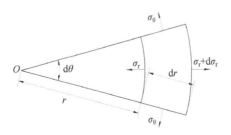

图 4.1　圆球坐标系中微元体的应力分析

$$(\sigma_r + \mathrm{d}\sigma_r)[(r+\mathrm{d}r)\mathrm{d}\theta]^2 - \sigma_r(r\mathrm{d}\theta)^2 - 4\sigma_\theta(r+\mathrm{d}r)\mathrm{d}\theta\mathrm{d}r\sin\frac{\mathrm{d}\theta}{2} = 0 \quad (4.1.1)$$

略去高阶微量，得平衡微分方程为

$$\frac{\mathrm{d}\sigma_r}{\mathrm{d}r} + \frac{r}{2}(\sigma_r - \sigma_\theta) = 0 \quad (4.1.2)$$

由于对称，球体在变形时只可能产生径向位移 u 而不可能产生周向位移；又由于对称，只可产生径向正应变 ε_r 及周向正应变 ε_θ，不可能产生剪切应变。参照一般空间问题在轴对称情况下的几何方程式简化得到球对称坐标系的几何方程为

$$\begin{cases} \varepsilon_r = \dfrac{\mathrm{d}u}{\mathrm{d}r} \\ \varepsilon_\theta = \dfrac{u}{r} \end{cases} \quad (4.1.3)$$

球对称问题的物理方程则可按广义 Hooke 定律直接推得

$$\begin{cases} \varepsilon_r = \dfrac{1}{E}(\sigma_r - \mu\sigma_\theta - \mu\sigma_\theta) = \dfrac{1}{E}(\sigma_r - 2\mu\sigma_\theta) \\ \varepsilon_\theta = \dfrac{1}{E}(\sigma_\theta - \mu\sigma_r - \mu\sigma_\theta) = \dfrac{1}{E}[(1-\mu)\sigma_\theta - \mu\sigma_r] \end{cases} \quad (4.1.4)$$

或由应力式来表示物理方程，则按式（4.1.4）可得

$$\begin{cases} \sigma_r = \dfrac{E}{(1+\mu)(1-2\mu)}[(1-\mu)\varepsilon_r + 2\mu\varepsilon_\theta] \\ \sigma_\theta = \dfrac{E}{(1+\mu)(1-2\mu)}(\varepsilon_\theta + \mu\varepsilon_r) \end{cases} \quad (4.1.5)$$

承受内、外压作用下的厚壁球形壳体的主应力方程式，可以由以下各弹性力学公式进一步推导求得。即将几何方程式（4.1.3）和物理方程式（4.1.5）代入平衡微分方程式（4.1.2）可得

$$\frac{\mathrm{d}^2 u}{\mathrm{d}^2 r} + \frac{2}{r}\frac{\mathrm{d}u}{\mathrm{d}r} - 2\frac{u}{r^2} = 0$$

或写成

$$\frac{\mathrm{d}}{\mathrm{d}r}\left(\frac{\mathrm{d}u}{\mathrm{d}r} + 2\frac{u}{r}\right) = 0 \quad (4.1.6)$$

进行两次积分而解得

$$u = C_1 r + \frac{C_2}{r^2} \quad (4.1.7)$$

式中 C_1、C_2——积分常数,可由球体内外两表面的边界条件求得,设球壳内、外半径为 R_i、R_o,内压为 p_i,外压为 p_o,则

$$(\sigma_r)_{r=R_i} = -p_i$$
$$(\sigma_r)_{r=R_o} = -p_o$$

将式(4.1.3)代入式(4.1.5),其中的 u 值以式(4.1.7)表示,则可得 σ_r、σ_θ 的通式为

$$\sigma_r = \frac{E}{(1+\mu)(1-2\mu)}\left[(1+\mu)C_1 - (1-2\mu)\frac{2C_2}{r^3}\right] \quad (4.1.8)$$

$$\sigma_\theta = \frac{E}{(1+\mu)(1-2\mu)}\left[(1+\mu)C_1 + (1-2\mu)\frac{C_2}{r^3}\right] \quad (4.1.9)$$

以边界条件代入式(4.1.8),可得积分常数 C_1、C_2。并将 C_1、C_2 代入式(4.1.8)、式(4.1.9)、式(4.1.7),可得内、外均匀压力作用下厚壁球形容器的主应力方程式及径向位移为

$$\begin{cases} \sigma_r = \dfrac{R_i^3 p_i}{R_o^3 - R_i^3}\left(1 - \dfrac{R_o^3}{r^3}\right) - \dfrac{R_o^3 p_o}{R_o^3 - R_i^3}\left(1 - \dfrac{R_i^3}{r^3}\right) \\ \sigma_\theta = \dfrac{R_i^3 p_i}{R_o^3 - R_i^3}\left(1 + \dfrac{R_o^3}{2r^3}\right) - \dfrac{R_o^3 p_o}{R_o^3 - R_i^3}\left(1 + \dfrac{R_i^3}{2r^3}\right) \end{cases} \quad (4.1.10)$$

令 $K_d = \dfrac{R_o}{R_i}$,应力和位移可写成

$$\sigma_r = \frac{p_i}{K_d^3 - 1}\left(1 - \frac{R_o^3}{r^3}\right) - \frac{p_o K_d^3}{K_d^3 - 1}\left(1 - \frac{R_i^3}{r^3}\right) \quad (4.1.11)$$

$$\sigma_\theta = \frac{p_i}{K_d^3 - 1}\left(1 + \frac{R_o^3}{2r^3}\right) - \frac{p_o K_d^3}{K_d^3 - 1}\left(1 + \frac{R_i^3}{2r^3}\right) \quad (4.1.12)$$

$$u = \frac{r}{E}\frac{1}{K_d^3 - 1}\left\{\left[\frac{R_o^3}{2r^3}(1+\mu) + (1-2\mu)\right]p_i - K_d^3\left[\frac{R_i^3}{2r^3}(1+\mu) + (1-2\mu)\right]p_o\right\} \quad (4.1.13)$$

为了使用方便,以下列出各种特殊情况下的应力、应变和位移公式。
① 内外压同时作用时(任意半径):

$$\begin{cases} \sigma_\theta = \dfrac{p_i}{K_d^3 - 1}\left(1 + \dfrac{R_o^3}{2r^3}\right) - \dfrac{p_o K_d^3}{K_d^3 - 1}\left(1 + \dfrac{R_i^3}{2r^3}\right) \\ \sigma_r = \dfrac{p_i}{K_d^3 - 1}\left(1 - \dfrac{R_o^3}{r^3}\right) - \dfrac{p_o K_d^3}{K_d^3 - 1}\left(1 - \dfrac{R_i^3}{r^3}\right) \end{cases} \quad (4.1.14)$$

② 内外压同时作用内壁应力：

$$\begin{cases} \sigma_\theta = \dfrac{2+K_d^3}{2(K_d^3-1)}p_i - \dfrac{3K_d^3}{2(K_d^3-1)}p_o \\ \sigma_r = -p_i \end{cases} \quad (4.1.15)$$

③ 内外压同时作用外壁应力：

$$\begin{cases} \sigma_\theta = \dfrac{3}{2(K_d^3-1)}p_i - \dfrac{(2K_d^3+1)}{2(K_d^3-1)}p_o \\ \sigma_r = -p_o \end{cases} \quad (4.1.16)$$

④ 仅内压作用内壁应力：

$$\begin{cases} \sigma_\theta = \dfrac{2+K_d^3}{2(K_d^3-1)}p_i \\ \sigma_r = -p_i \end{cases} \quad (4.1.17)$$

⑤ 仅内压作用外壁应力：

$$\begin{cases} \sigma_\theta = \dfrac{3p_i}{2(K_d^3-1)} \\ \sigma_r = 0 \end{cases} \quad (4.1.18)$$

⑥ 仅外压作用内壁应力：

$$\begin{cases} \sigma_\theta = -\dfrac{3K_d^3}{2(K_d^3-1)}p_o \\ \sigma_r = 0 \end{cases} \quad (4.1.19)$$

⑦ 仅外压作用外壁应力：

$$\begin{cases} \sigma_\theta = -\dfrac{(2K_d^3+1)}{2(K_d^3-1)}p_o \\ \sigma_r = -p_o \end{cases} \quad (4.1.20)$$

⑧ 内外压同时作用位移（任意半径处）：

$$u = \dfrac{r}{E}\dfrac{1}{K_d^3-1}\left\{\left[\dfrac{R_o^3}{2r^3}(1+\mu)+(1-2\mu)\right]p_i - K_d^3\left[\dfrac{R_i^3}{2r^3}(1+\mu)+(1-2\mu)\right]p_o\right\} \quad (4.1.21)$$

$$\begin{cases} 内壁处 \quad u = \dfrac{R_i}{E}\dfrac{1}{K_d^3-1}\left\{\left[\dfrac{1}{2}K_d^3(1+\mu)+(1-2\mu)\right]p_i - \dfrac{3}{2}K_d^3(1-\mu)p_o\right\} \\ 外壁处 \quad u = \dfrac{R_o}{E}\dfrac{1}{K_d^3-1}\left\{\dfrac{3}{2}(1-\mu)p_i - \left[\dfrac{1}{2}(1+\mu)+K_d^3(1-2\mu)\right]p_o\right\} \end{cases} \quad (4.1.22)$$

⑨ 外压作用位移：

$$\begin{cases} \text{任意半径处} \quad u = -\frac{r}{E}\frac{K_d^3}{K_d^3-1}\left[\frac{R_i^3}{2r^3}(1+\mu)+(1-2\mu)\right]p_o \\ \text{内壁处} \quad u = -\frac{3}{2}\frac{R_i}{E}\frac{K_d^3}{K_d^3-1}(1-\mu)p_o \\ \text{外壁处} \quad u = -\frac{R_o}{E}\frac{1}{K_d^3-1}\left[\frac{1}{2}(1+\mu)+K_d^3(1-2\mu)\right]p_o \end{cases} \quad (4.1.23)$$

厚壁球的应力沿壁厚分布如图 4.2 所示，在 $K_d=2.0$ 时，受内压的情况见图右部，受外压的情况如图 4.2 左部所示，如内压等于外压，则叠加后三向应力均为 $-p$。

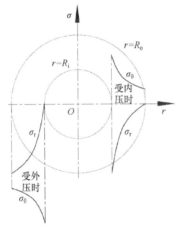

图 4.2 厚壁球壳应力分布图

4.1.2 厚球壳强度计算公式的适用性分析

上述各应力公式已广泛应用于高压容器厚球壳的设计计算，由于潜水器耐压球壳仅受外压，即 $p_i=0$，则厚球壳的应力公式由式（4.1.10）可得（假设 p 替代 p_o 压力为正）

$$\sigma = \frac{pR_o^3}{R_o^3 - R_i^3}\left(1+\frac{R_i^3}{2r^3}\right) \quad (4.1.24)$$

当 $r = R = \dfrac{R_o + R_i}{2}$ 时，式（4.1.24）变为中面应力公式，即

$$\sigma_m = \frac{pR_o^3}{R_o^3 - R_i^3}\left(1+\frac{R_i^3}{2R^3}\right) \quad (4.1.25)$$

该公式即现行《潜水系统和潜水器入级与建造规范》第 16 章潜深大于 500m

的潜水器补充规定中的耐压球壳膜应力计算公式。

另外，在文献[2]中还引用拉宾诺维奇厚球壳近似公式进行大深度潜水器球壳强度和极限承载能力计算，即

$$\sigma = \frac{p}{2t_0}\left\{\frac{(2-t_0)^3}{12+t_0^2}\left[1+\frac{(2+t_0)^3}{16(1-x/R)^3}\right]\right\} \quad \left(-\frac{t}{2} \leqslant x \leqslant \frac{t}{2}\right) \quad (4.1.26)$$

式（4.1.26）即拉梅（Lame）公式，其中，x 为球壳内任一点距中面的距离，向内为正，当 x 值为零时即中面应力公式。

式（4.1.24）和式（4.1.26）都为厚球壳强度计算公式，都能求解球壳的各厚度层的应力，包括中面和内、外表面应力，因而获得工程界的广泛应用，也引入了潜水器结构规范中。但它们能否准确可靠地适用于潜水器中厚球壳的强度设计计算可通过以下的比较分析进行说明。

当半径比 $K_d = 2.0$ 左右时，由厚球壳计算结果的应力沿壳体厚度分布是抛物线形。而潜水器耐压球壳属于中厚球壳，甚至是薄壳，一般 K_d 值都小于 1.10；通过分析和有限元计算，在 $t/R \leqslant 0.10$ 范围内，球壳沿厚度方向的应力分布基本上是线性的；利用这一近似分析及模型试验结果验证可对厚球壳强度公式作进一步的比较分析。

首先进行两公式的中面膜应力与接近线性分布的薄壳或中厚壳的中面平均应力比较。为具体说明，通过对不同的 t/R 值代入式（4.1.25）和式（4.1.26）进行中面应力计算，并与平均应力 $pR/2t$ 进行比较，其结果绘于图 4.3 中。

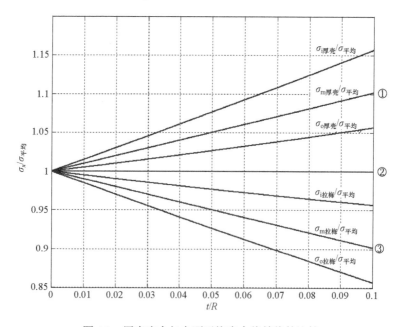

图 4.3 厚壳应力与中面平均应力偏差值的比较

由图 4.3 可以看出，式（4.1.25）的比较结果随着 t/R 增大而偏大，见曲线①；式（4.1.26）则偏小，见曲线③。两公式的相差也随 t/R 增大而线性增加，当 $t/R=0.10$ 时，两者相差 20%；而相对于平均应力（水平线②）都相差 10%。

类似中面应力的比较，也进行了两厚壳公式的表面应力的比较，见图 4.3 中的相关曲线。与中面平均应力一样，厚壳公式偏大，拉梅公式偏小，而且随 t/R 增加，两者相差也增大，这说明应用两厚壳公式计算潜水器中厚球壳表面应力时也会产生较大的偏差，即主因是式（4.1.24）计算球壳外表面应力偏大很多，而式（4.1.26）计算球壳内表明应力则偏小很多，可达 15% 以上。

大深度潜水器产品和模型试验检测比较表明，上述固定偏差是存在的，例如图 8.22 所示的耐压球壳，其厚度半径比 $t/R \approx 0.05$，通过最大工作压力下的静水外压试验测得的球壳内、外表面应力结果表明：不仅表面应力与式（4.1.25）和式（4.1.26）相差达 8% 以上，而且换算成中面平均应力也与两公式相差达 5% 以上，而采用 $pR/2t$ 得到的计算值则比较接近试验值。

4.1.3 建立适用于中厚壳应力计算的简化公式

上面的比较说明在厚度半径比 $t/R \leqslant 0.10$ 的范围内，按上两厚壳公式计算球壳中面应力会带来超工程误差范围的固定偏差，而采用截面应力沿厚度方向线性分布的结果是比较符合实际的，因而对于潜水器中厚球壳，其膜应力计算仍可采用薄壳的线性平均确定，它对内压和外压都适用，即

$$\sigma = \frac{pR}{2t} \tag{4.1.27}$$

而对于表面应力，也可应用沿球壳厚度"线性分布"原则进行计算分析。为此，对厚壳公式（4.1.24）和拉梅公式（4.1.26）内、外表面应力计算公式进行进一步变换和简化，并分析其相差范围和适用性。

由式（4.1.25）计算内表面应力表达式为

$$\sigma_\mathrm{i} = \frac{pR_\mathrm{o}^3}{R_\mathrm{o}^3 - R_\mathrm{i}^3}\left(1 + \frac{R_\mathrm{i}^3}{2R_\mathrm{i}^3}\right) = \frac{3p}{2}\frac{R_\mathrm{o}^3}{R_\mathrm{o}^3 - R_\mathrm{i}^3} \tag{4.1.28}$$

$R_\mathrm{o} = R + \dfrac{t}{2}$，$R_\mathrm{i} = R - \dfrac{t}{2}$，令 $t_0 = \dfrac{t}{R}$，则式（4.1.28）可写成

$$\sigma_\mathrm{i} = \frac{3p}{2}\frac{(2+t_0)^3}{[(2+t_0)^3 - (2-t_0)^3]} \tag{4.1.29}$$

由式（4.1.26），令 $x = -\dfrac{t}{2}$，经过变换可得计算外表面的应力公式为

$$\sigma_{\mathrm{o}} = \frac{3p}{4t_0} \frac{(2-t_0)^3}{(12+t_0^2)} = \frac{3p}{2} \frac{(2-t_0)^3}{\left[(2+t_0)^3-(2-t_0)^3\right]} \tag{4.1.30}$$

在球壳沿厚度方向的应力基本是线性分布的条件下，可采用式（4.1.29）、式（4.1.30）相减求得各自内、外表面相对于中面的最大弯曲应力绝对幅值，即得

$$\sigma_{\mathrm{ben}} = \frac{3p}{4} \tag{4.1.31}$$

据此，可分别进行厚壳公式（4.1.24）和拉梅公式（4.1.26）的内、外表面应力计算式的简化，即对于厚球壳公式内表面总应力，应是式（4.1.27）的中面平均应力加上由式（4.1.31）得出的弯曲应力幅值 $0.75p$。对于外表面总应力，则涉及式（4.1.29）和式（4.1.30）的应力置换，由于式（4.1.30）是由拉梅公式（4.1.26）推导来的，而拉梅公式通过变换又与式（4.1.14）中内压部分应力表达式完全一致。

通过式（4.1.17）～式（4.1.20）的比较和图 4.3 看出：只要工作压力为同一值，则内压和外压应力公式的相差，不论是内、外表面或是中面应力都相差 $1.0P$ 值。故此厚壳公式的外表面弯曲应力应由拉梅内压应力转换为外压应力，即需叠加 $1.0p$ 值，于是简化公式为

$$\begin{cases} \sigma_{\mathrm{i}} = \dfrac{p}{2}\left(\dfrac{R}{t}+1.5\right) & \text{（内表面）} \\ \sigma_{\mathrm{o}} = \dfrac{p}{2}\left(\dfrac{R}{t}+0.5\right) & \text{（外表面）} \end{cases} \tag{4.1.32}$$

对拉梅公式的简化，外表面总应力应是式（4.1.27）的中面平均应力减上由式（4.1.31）得出的弯曲应力幅值 $0.75p$；内表面总应力通过类似的推导和分析，并考虑由外压应力转换为内压应力需减 $1.0p$ 值，即可得出拉梅公式（4.1.29）的内、外表面应力的简化计算公式：

$$\begin{cases} \sigma_{\mathrm{i}} = \dfrac{p}{2}\left(\dfrac{R}{t}-0.5\right) & \text{（内表面）} \\ \sigma_{\mathrm{o}} = \dfrac{p}{2}\left(\dfrac{R}{t}-1.5\right) & \text{（外表面）} \end{cases} \tag{4.1.33}$$

对于简化式（4.1.32）和式（4.1.33）与厚壳式（4.1.24）和式（4.1.26）表面应力相比的计算精度可见图 4.4。在 $t/R \leqslant 0.10$ 的范围内，其表面应力计算结果符合很好，相差仅在 0.7%以内。

因此，完全可用上面两个简化公式分别替代较为复杂的厚壳和拉梅公式进行中厚球壳表面应力的计算。由图 4.4 看出，在 $t/R \leqslant 0.20$ 的范围内，厚壳简化公式的偏差不会大于 2.4%，因而即使采用中、低强度材料进行全海深耐压球壳的设计计算，简化公式也是适用的。

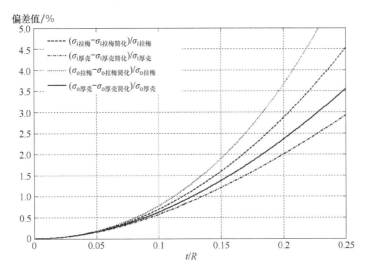

图 4.4 简化公式与原式偏差比较

由简化式（4.1.32）和式（4.1.33）更可明显看出，两个厚球壳公式计算中厚球壳的表面应力会与实际结果有较大的固定偏差。即采用厚球壳公式计算预报，内表面偏大，外表面是偏小；采用拉梅公式计算预报，则固定偏差反之。这和图 4.3 中所示的厚壳和拉梅原公式的表面应力曲线偏离壳体中面平均应力过大也是相一致的。

因此，为达到中厚球壳表面应力计算的准确可靠性，需进一步进行球壳内、外表面弯曲应力的简化分析，即参照中面应力取平均值的方法，弯曲应力幅值也取式（4.1.32）和式（4.1.33）的平均值（在平均时应考虑内、外压应力符号），即可得

$$\begin{cases} \sigma_\mathrm{i} = \dfrac{p}{2}\left(\dfrac{R}{t}+1.0\right) & \text{（内表面）} \\ \sigma_\mathrm{o} = \dfrac{p}{2}\left(\dfrac{R}{t}-1.0\right) & \text{（外表面）} \end{cases} \quad (4.1.34)$$

大量的试验结果表明，式（4.1.32）～式（4.1.34）对中厚球壳表面应力的计算是十分简便和可靠的；只要已知球壳中面半径 R 和厚度 t，就可以很方便地计算和预报出不同外压下的表面应力。因而比较有利于产品的设计和模型试验结果的分析。

4.2 大深度球壳承载的屈曲计算

大深度球壳在均匀外压作用下，其极限承载能力的失效模式多为屈曲破坏形

式。屈曲是指当结构所受载荷达到某一值时，若增加一微小的量，则结构会加速地发生平衡位置的偏离而丧失承载能力，因而也称失稳（薄壳更趋明显），相应的载荷称为屈曲载荷或临界载荷。

4.2.1 球壳弹性失稳理论公式和应用

承受外压的薄球壳弹性失稳的理论公式最早是由赫利（R.Zoelly）在1915年用小变形假设推导出来的，称为经典理论。在小挠度的情况下，横向剪切变形忽略不计，没有考虑几何非线性。对于受均匀外压的球壳，包括整个球壳与足够大的圆心角的球形壳，其失稳形状与临界外压力都是相同的。因此理论方程只需考虑完整球壳小变形条件下承受均匀分布的外压力 p 时的稳定性。球壳平衡方程和协调方程为

$$D\nabla^4 w = \frac{1}{R}\nabla^2\varphi + p \tag{4.2.1}$$

$$\frac{1}{Et}\nabla^4\varphi = -\frac{1}{R}\nabla^2 w \tag{4.2.2}$$

由上述两个方程消去 φ，得到关于径向位移 w 的六阶微分方程：

$$D\nabla^6 w + \frac{Et}{R^2}\nabla^2 w = \nabla^2 p \tag{4.2.3}$$

在均布压力下，壳体界面的垂直力为

$$N_1 = N_2 = -\frac{pR}{2} \tag{4.2.4}$$

若以压为正，则

$$\begin{cases} N = \dfrac{pR}{2} \\ \sigma = \dfrac{pR}{2t} \end{cases} \tag{4.2.5}$$

相对于初应力 σ 引起中曲面所有点的径向位移为 w_0，而沿弧线的变形为 $\varepsilon = \dfrac{w_0}{R}$，由应力应变关系可得 $\varepsilon = \dfrac{\sigma(1-\mu)}{E}$，进而可得

$$w_0 = \frac{pR^2(1-\mu)}{2Et} \tag{4.2.6}$$

以 w_0 表示球壳体屈曲引起的挠度，式（4.2.3）可以写为

$$\frac{D}{t}\nabla^6 w_0 + \sigma\nabla^4 w_0 + \frac{E}{R^2}\nabla^2 w_0 = 0 \tag{4.2.7}$$

令式（4.2.7）的解为 $\nabla^2 w = \lambda^2 w$，其中 λ 为待定系数，则式（4.2.7）可以写为

$$\frac{D}{t}\lambda^4 - \sigma\lambda^2 + \frac{E}{R^2} = 0 \tag{4.2.8}$$

由此可得

$$\sigma = \frac{D}{t}\lambda^2 + \frac{E}{R^2\lambda^2} \tag{4.2.9}$$

利用 $\partial\sigma/\partial\lambda^2 = 0$，可以求得

$$\lambda^2 = \sqrt{\frac{tE}{DR^2}} = \frac{1}{Rt}\sqrt{12(1-\mu^2)} \tag{4.2.10}$$

将式（4.2.10）代入式（4.2.9），得

$$\sigma_e = \frac{1}{\sqrt{3(1-\mu^2)}} E\frac{t}{R} \approx 0.605 E\frac{t}{R} \tag{4.2.11}$$

相应的临界压力为

$$p_E = \frac{2}{\sqrt{3(1-\mu^2)}} E\left(\frac{t}{R}\right)^2 \tag{4.2.12}$$

式（4.2.12）为由线弹性的基本理论得出球壳失稳（屈曲）理论临界压力计算公式，并获得了广泛应用。在各种球壳实际临界压力计算方法中，都是依据该经典公式为理论基础，所不同的仅仅是针对不同材料和加工工艺提出了多种物理或几何非线性修正方法。例如，在文献[3]中，依据式（4.2.12）并结合采用物理、几何非线性综合修正，建立整球壳实际临界压力的计算规则，即

$$\begin{cases} p_{cr} = \alpha E\left(\frac{t}{R}\right)^2 \beta_2 = 1.2 E\left(\frac{t}{R}\right)^2 \beta_2 \\ \beta_2 = \beta_1 / \sqrt{1+[\beta_1(1+f')\sigma']^2} \\ \beta_1 = 1/[1+(2.8+f')f'^{2/3}] \end{cases} \tag{4.2.13}$$

式中 β_2 主要考虑了材料的力学性能、初挠度、焊接内应力及其他工艺内应力等因素的综合修正系数；

f'——初挠度系数，$f' = f/t$，f——最大初挠度；

σ'——应力比，$\sigma' = \sigma_e/R_{eH}$，$\sigma_e$ 为理论球壳临界应力。

另外，文献[2]也基于对经典理论公式的应用，采用双模量归一化非线性修正和初始缺陷拟合曲线的几何非线性修正，得出高强度钛合金球壳的屈曲压力计算公式：

$$\begin{cases} p_{cr} = F(f_R) \cdot \frac{2}{\sqrt{3(1-\mu^2)}} \cdot \sqrt{E_s E_t} \cdot \left(\frac{2t_R}{2+t_R}\right)^2 \\ F(f_R) = 445 f_R^2 - 12.8 f_R + 1 \end{cases} \tag{4.2.14}$$

式中　$F(f_R)$——通过有限元计算耐压球壳不同厚度半径比和系列缺陷幅值下的比例缺陷项乘子（$F(f_R)=p_{cr}^f/p_{cr}^0$，其中 p_{cr}^f 是缺陷幅值为 f_R 时的临界失稳压力，p_{cr}^0 是相同厚度下完善球壳的临界失稳压力）；

　　　　f_R——初始缺陷因子，$f_R=f/R$。

该公式适用范围：厚度半径比 $0.005 \leqslant t/R \leqslant 0.09$，球壳整体圆度容差 $\Delta/R \leqslant 0.005$。

在我国潜艇和压力容器规范中，也是依据经典公式的应用和采用相应的非线性修正方法进行外压球壳的设计计算。

4.2.2　大深度耐压球壳屈曲公式的建立

上述针对球壳屈曲压力的理论公式的各种非线性修正方法是在一定的条件下（包括采用材料、加工工艺、许用标准、修正方法及技术水平等）得出的，它必然会有一定的局限性，国外的修正曲线不一定完全与我国材料及加工工艺相一致和相匹配。

我国潜水器结构规范是在 30 多年前制订的，其中球壳屈曲压力计算公式如下：

$$P_{cr} = C_s C_z P_e = 0.84 E C_s C_z C^2 \tag{4.2.15}$$

该式也是应用经典公式和采用相应的非线性修正方法进行的外压球壳的设计计算。但由于当时的条件和水平限制，材料物理非线性修正曲线采用当时我国潜艇规范中的中等强度钢的 C_S 曲线；几何非线性修正 C 曲线和加工制造效应修正 C_z 曲线则采用美国海军泰勒水池的设计计算公式[4]，未考虑其相互匹配性。因而对于大深度球壳的屈曲计算不论在材料、适用范围及非线性修正方法等都存在不适应之处。

为此，应在式（4.2.15）的基础上进行修改和完善，建立适用于大深度载荷和采用高强度材料的耐压球壳屈曲压力计算公式。

4.2.2.1　采用同时适用于高强度钢和钛合金材料的物理非线性修正

在大深度球壳屈曲计算公式中，材料物理非线性修正 C_S 曲线应采用第 2 章给出的拟合公式，使计算方法能适用于高强度钢、钛合金和铝合金等多种材料的物理非线性修正，即

$$C_S = 1\bigg/\sqrt[4]{1+\left(\frac{\sigma_e}{R_{eH}}\right)^4} \tag{4.2.16}$$

由该拟合公式绘出的曲线与潜水器结构规范修正曲线比较见图 4.5。两者在 $\sigma_e/R_{eH} \leqslant 3.0$ 范围内有明显的差异。

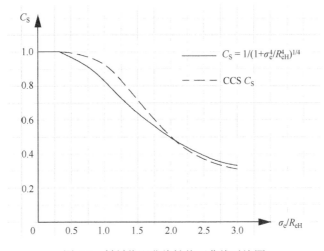

图4.5 材料物理非线性修正曲线对比图

4.2.2.2 采用球壳局部缺陷区半径比 k 代替 C 曲线进行几何非线性修正

式（4.2.15）采用的几何非线性修正是通过查 $t/R \sim C$ 的一根单一曲线确定 C 值，其对于不同厚度（t/R）和不同初始几何缺陷（Δ/t）的实际球壳的承载能力计算肯定会产生一定的偏差，这从下面的具体分析可以得出。

对于有初始形状缺陷面的球壳，在初始变形区以任意点为中心的临界弧长可以写为式（4.2.19）的表达式。临界弧长的概念是在边界弯矩作用下，球形扁壳（弧长为 L）的弯曲微分方程相当于弹性基础梁的弯曲微分方程的齐次式，即

$$Dw'''' + Kw = 0 \tag{4.2.17}$$

对式（4.2.17）求解表明，当弧长 L 为某一值时，中心点应力为接近零的很小值，忽略边界对中心点的应力影响，则该弧长称为球壳的临界弧长，即

$$L_{cr} = \frac{\sqrt{Rt}}{\sqrt[4]{3(1-\mu^2)}} \pi \approx 2.44\sqrt{Rt}, \quad \mu = 0.3 \tag{4.2.18}$$

式中　R——球壳中面半径；

　　　t——球壳的厚度。

对于有初始形状缺陷的球面体，也可以应用上述临界弧长的概念，在初始变形区以任意点（i, j）为中心的临界弧长可以写为

$$L_{cr} = 2.44\sqrt{R_l t} \tag{4.2.19}$$

式中　t——以（i, j）点为中心的临界弧长范围内球壳的平均厚度，一般可取其计算厚度；

　　　R_l——以（i, j）点为中心的临界范围内球壳的初始局部中面半径。

R_l 的大小反映了初始变形的大小，但在实际工程中很难直接测量到，通常以实际球面上点（i, j）在临界弧长内的拱高与某一基准球上点（i, j）在临界弧

长范围内的拱高之差 Δ 来表示，如图4.6所示。

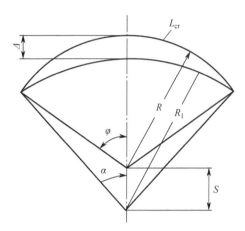

图4.6 临界弧长内局部圆弧偏差 Δ 与局部半径 R_1 的关系

图4.6临界弧长上局部圆弧偏差 Δ 与局部半径 R_1 的关系为

$$\frac{\Delta}{t} = \frac{1 - \cos\varphi - (R_1/R)(1-\cos\alpha)}{t/R} \tag{4.2.20}$$

式中：α、φ 可按下式计算，即

$$\begin{cases} \alpha = \dfrac{L_{cr}}{2R_1} = 1.22\sqrt{\dfrac{t}{R_1}} = 1.22\sqrt{\dfrac{t}{R}\dfrac{R}{R_1}} \\ \cos\varphi = \left[1 - \left(\dfrac{R_1}{R}\right)^2(1-\cos^2\alpha)\right]^{1/2} \end{cases} \tag{4.2.21}$$

由于测量 R_1 有一定的困难，一般可依据实测或建造规范限定的初始偏差 Δ，根据 t/R 及圆度误差 Δ/t，可以查由式（4.2.20）计算而绘制的图4.7（a）或下式求得局部缺陷区域曲率半径比 R_1/R。

$$k = \frac{R_1}{R} = 1 + \frac{\Delta}{t}\left[1.34 - \frac{t}{R}\left(1 + 0.67\frac{\Delta}{t}\right)\right] \tag{4.2.22}$$

由式（4.2.22）和图4.7（a）、（b）明显看出，局部缺陷区半径比 R_1/R 不仅与 t/R 有关，而且与局部圆弧偏差 Δ 有关。因此，在大深度范围内潜水器球壳设计计算中，应利用式（4.2.22）进行几何非线性修正计算，其 k 系数不仅有着确定性的几何解析关系和较明确的物理概念，而且直接与球壳的初始缺陷几何形状测量方法密切相关；它既体现了局部形状缺陷（真球度）对承载能力的影响，又体现了初始缺陷的敏感度随 t/R 的增加而下降的趋势，因而能较好地反映实际产品和模型在屈曲前的真实体形状态；只要模型测量方法和测量结果是准确可靠的，并且尺度、材质与理论计算一致，其非线性修正方法的预报值就比较可信。

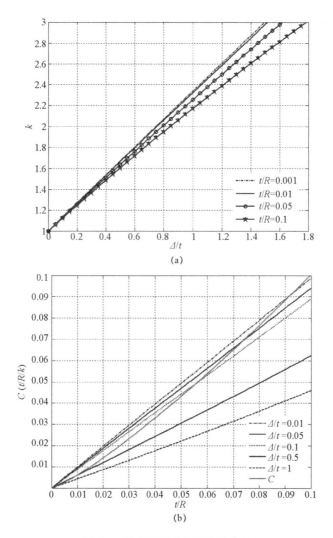

图 4.7 球壳不圆度修正关系曲线

4.2.2.3 采用对应的理论临界压力 p_E 替代计算压力 p_j 决定临界应力强度

在我国 CCS 规范 2018 版以前的各版中，式（4.2.15）中计算理论临界应力强度的压力一直采用设计计算压力 p_j，这对于弹性失稳是可行的；而对大深度中厚度球壳弹塑性屈曲计算是不完全适用的，而且是不匹配的。由图 4.5 看出，决定 C_S 值的横坐标为壳体理论临界应力强度 σ_e / R_{eH} 变量，它与实际结构尺寸计算得出的理论临界压力 p_E 有关，而不应该由定值 p_j 确定。

规范中采用 p_j 决定应力强度，只有与美国泰勒水池采用的双模量归一化处理的物理非线性修正曲线（图 4.8）配套使用才相匹配；而与展开的切线模量物理非线性修正曲线 C_S 是无法对应使用的。因而，应采用实际壳体对应的理论临界压力 p_E 替代 p_j 决定临界应力强度（我国 CCS 规范 2018 版已将 p_j 更改为 p_E）。

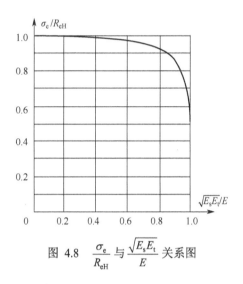

图 4.8　$\dfrac{\sigma_e}{R_{eH}}$ 与 $\dfrac{\sqrt{E_s E_t}}{E}$ 关系图

4.2.2.4　采用整体球壳的平均应力强度确定修正系数

由分析可知，球壳承受海水外压力的主要平衡内力为中面膜应力。对于大深度潜水器，在球壳屈曲破坏前夕，平均膜应力会达到 $0.85 R_{eH}$ 或者更高，且初始缺陷影响随着材料的深度弹塑性和 t/R 的增加而下降。因此，这时再用局部区域的平均应力强度确定修正系数显然是不全面的。

基于 2.2.4 节的分析和湘利（Shanley）对西曼斯基矩形压杆理论给出的物理非线性修正的完善及说明，采用结构的等效应力或平均应力，就可将单向压杆拉伸结果的修正曲线推广到双向或三向复杂应力状态的结构材料物理非线性修正。因此，对于大深度球壳应采用由整球壳的平均临界应力，即用 $\sigma_e = \dfrac{p_E R}{2t}$ 而不用 $\sigma_e = \dfrac{p_j}{2C}$ 得出的临界应力强度来确定 C_S、C_Z 修正系数才比较合理。

4.2.2.5　关于制造效应影响系数 C_Z 曲线的修正

实际壳体加工中残余应力对承载能力的影响，其估算均值已在载荷安全系数中考虑；式（4.2.15）中的制造效应影响系数 C_Z 修正曲线主要考虑不同的加工工艺和不同的材料强度性能引起的残余应力分散度的影响；如前所述，残余应力影响因素十分复杂，且不易测得；更难以用它去直接分析对承载能力的影响。因而，在潜水器规范中，仅引用美国海军泰勒水池的一条修正曲线尚无法适用于各类材料潜水器球壳的加工制造效应影响的修正；应在美国海军泰勒水池的三条修正曲线（图4.9）的基础上，通过模型试验验证进行修正应用。

依据且前加工工艺制造的多只球壳模型试验结果的验证，对于采用高强度材料加工制造并进行消应处理的壳体，C_Z修正系数可在图4.9中的曲线(1)和曲线(2)之间确定；而对于一般焊接冷作加工的低强度钢（碳钢、不锈钢）和薄球壳（$t/R<0.02$）结构，C_Z修正系数则和图4.9中的曲线(3)比较接近。

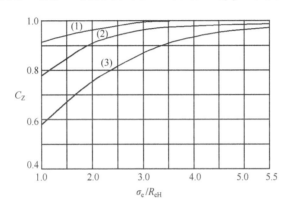

图4.9　制造效应影响系数曲线

（1）机加工；（2）焊接后消除应力；（3）焊接。

4.2.2.6　采用球壳中面半径代替外半径计算临界压力

式（4.2.15）的理论计算方法来源于美国海军泰勒水池对式（4.2.12）的试验修正计算；在球壳屈曲计算中，它与美国ABS规范一样（见式（4.3.8）），也是采用外半径尺度。在薄壳的情况下采用外半径计算临界压力与采用中面半径计算相差不大；但对于大深度潜水器中厚球壳，再采用外半径计算则有较大的偏差，因而应以中面半径进行临界压力计算为宜，这与采用中面平均应力确定几何物理非线性修正系数和建立中面应力随工作深度增加而加大的关系及极限强度分析也都是相一致的。

同时，泰勒水池对200多个球壳模型的试验研究表明：即使机加工接近完善球壳模型，其失稳压力也仅为式（4.2.12）理论临界压力的70%；而且认为球壳失稳破坏压力与球壳名义半径和名义厚度的关系比较小，主要是与球壳加工局部几何形状（缺陷）有关[4]。因而也可以认为在球壳屈曲压力计算中，采用中面半径代替外半径和壳厚的增加对试验修正比例影响不大。这样，新建立的理论临界压力计算公式中仍可采用"0.84"的修正系数（在$\mu=0.3$条件下），并认为采用中面半径计算屈曲压力是可行的，也是较为合理的。

以上，根据大深度中厚球壳的结构特点，针对屈曲计算中相关参数的作用和物理意义，对式（4.2.15）进行了多参数的修改和完善，从而建立了在大深度载荷下采用高强度钢和钛合金材料的屈曲压力计算公式，即

$$p_{cr} = C_S C_Z p_E = 0.84 E C_S C_Z \left(\frac{t}{kR}\right)^2 \tag{4.2.23}$$

式中　p_e——理论临界压力；

　　　R——中面半径；

　　　k——局部初始形状缺陷处的半径比；

　　　C_S——材料物理非线性修正系数；

　　　C_Z——制造效应影响修正系数。

4.3　球壳极限强度失效与有限元拟合公式分析及比较

4.3.1　球壳极限强度分析及应用

大深度载荷下球壳结构失效模式除了上述的屈曲（失稳）破坏外，还可能发生极限强度失效。关于结构极限强度概念，一般认为是在外压力作用下结构发生失效时出现的最大应力超过材料的屈服强度之后屈服区域逐渐扩展，最终导致结构破坏。

两种失效模式从经典理论概念出发，前者属于结构稳定性分析范畴，后者属于极限强度分析范围，但屈曲（失稳）破坏也与极限强度密切有关。对于大深度载荷下的中厚耐压球壳，极限强度失效模式也有可能先于屈曲破坏模式发生或同时发生；这时，球壳极限强度分析就显得十分必要了。

首先讨论外压球壳极限强度的基本理论方法，为简化分析，仅考虑无缺陷的完整球壳。根据前面薄球壳和厚球壳尺度范围的划分，分别利用薄壳理论和厚壳理论计算结构极限强度。

（1）薄壳理论。

一般薄壳理论认为，薄壳内应力主要以沿厚度均匀分布的中面应力而不是以沿厚度变化的弯曲应力来承受外载，在分析中只考虑薄膜应力而不计弯曲应力，则完整球壳应力公式如式（4.1.27）所示，即

$$\sigma = \frac{pR}{2t}$$

式中　σ——球壳应力（MPa）；

　　　p——球壳所受的外压力（MPa）；

　　　R——中面半径（mm）；

t ——球壳厚度（mm）。

如果将壳体应力达到材料的屈服强度 R_{eH} 作为球壳可承受的最大压力值，则球壳屈服极限压力表达式可以写成

$$p_y = \frac{2R_{eH}t}{R} \tag{4.3.1}$$

对于内径 R_i 为 1000mm，厚度 t 为 50mm 的球壳，则有

$$p_{y_1} = \frac{2 \times 50}{1000 + \frac{50}{2}} R_{eH} = 0.09756 R_{eH} \tag{4.3.2}$$

（2）厚壳理论。

对于厚球壳采用上节中的拉梅公式来分析。在式（4.1.26）中，当 x 取 0 时，即获得球壳的中部位置膜应力，另外通过简化式（4.1.33）也可得到平均膜应力。这时同样取球壳内径为 1000mm，厚度为 50mm，其厚度半径比 t_0 为 0.04878。当膜应力达到屈服极限最大值时，极限强度压力可由下式计算得出：

$$\begin{cases} p_{y_2} = 2R_{eH}t_0 \Big/ \left\{ \frac{(2-t_0)^3}{12+t_0^2}\left[1+\frac{(2+t_0)^3}{16}\right] \right\} = 0.102526 R_{eH} \\ p_{y_2}' = 2R_{eH} \Big/ \left(\frac{R}{t}-1\right) = 0.102564 R_{eH} \end{cases} \tag{4.3.3}$$

由式（4.3.3）看出，拉梅厚壳公式与其简化公式计算压力值十分吻合。比较式（4.3.2）和式（4.3.3），薄壳理论结果仅比厚壳理论小 4.84%；如采用厚壳公式（4.1.32）计算则会大 4.8%。这说明在厚度半径比接近 0.05 的情况下，薄壳理论和厚壳理论计算的屈服极限压力 p_{y_1} 与 p_{y_2} 是比较接近的。同时，从图 4.3 看出，即使在 $t/R=0.10$ 的情况下，两者相差也不会大于 10%。

因此，从整体分析来看，可以认为在全海深载荷范围内，可以用薄壳理论来近似计算中厚球壳的极限强度载荷；这也与 4.1.3 节中厚壳体中面应力的线性简化计算相一致。

这样，就可由薄球壳极限载荷公式（4.3.1）得出的曲线与公式（4.2.12）得出的弹性屈曲临界载荷曲线进行比较，见图 4.10。通过对比分析发现，两条曲线发生一次交叉，交叉点处的厚度半径比为

$$\frac{t}{R} = \frac{R_{eH}}{E}\sqrt{3(1-\mu^2)} \tag{4.3.4}$$

对于屈服极限为 800MPa 的钛合金材料，在 $E=1.15\times10^5$MPa、$\mu=0.3$ 时，其交叉点的 t/R 约为 0.0115。当厚度半径比小于该值时，则为弹性屈曲临界载荷；当厚度半径比超过该值时，即 p_E 大于 p_y，就有可能发生极限强度失效。对于中厚、厚球壳来说，其极限承载能力主要是由结构屈服的极限载荷决定的。

同时，从图 4.10 中两曲线看出，p_E 曲线大于 p_y 后，随 t/R 的增加而变化很快，它实际上是名义弹性失稳曲线，与结构和材料实际所处的状态不相一致、变化大；因而非线性修正明显、对初始缺陷敏感性大。而 p_y 曲线真实地反应结构承受和平衡外压力的一次膜应力的变化状态，因而初始缺陷影响小。

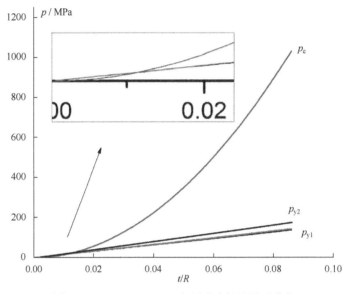

图 4.10　p_{y_1}、p_{y_2}、p_{cr} 与厚度半径比关系曲线

通过以上无初始缺陷完整球壳屈服极限载荷状态方程与屈曲失稳公式的比较，对于中厚球壳，其破坏模式不仅应考虑屈曲失稳破坏，还应考虑结构内应力可能达到材料屈服极限的强度破坏。这从美国潜水器规范也得到体现，在美国 ABS 规范中，球壳的极限承载能力就是按照上述弹性屈曲与极限强度载荷比值的不同，划分为两个阶段来进行计算的：即当 t/R 大于某个量值（根据实际球壳的尺度、材料参数确定）后，使 p_{es} 大于 p_{ys}，球壳承载是以极限强度压力公式进行计算的。ABS 规范中球壳设计计算公式如下：

$$p = \frac{p_{cs}}{sf} \tag{4.3.5}$$

式中　p ——设计压力（MPa）；

sf ——安全系数，取 1.5（规范中 $\frac{1}{sf} = 0.67 \approx \frac{1}{1.5}$）；

p_{cs} ——球壳的极限压力，见下式。

$$p_{cs} = \begin{cases} p_{ys} \cdot 0.739 \left[1 + \left(\dfrac{p_{ys}}{0.3 p_{es}} \right)^2 \right]^{\frac{1}{2}}, & \dfrac{p_{es}}{p_{ys}} > 1 \\ 0.2124 p_{es}, & \dfrac{p_{es}}{p_{ys}} \leqslant 1 \end{cases} \quad (4.3.6)$$

式中：p_{ys} 为薄膜应力达到屈服极限时的压力，见下式：

$$p_{ys} = \frac{2R_{eH} t}{R_0} \quad (4.3.7)$$

其中　R_0——球壳平均外径；

　　　R_{eH}——材料屈服应力；

　　　t——壳厚。

式（4.3.6）中另一参数：p_{es} 为球壳弹性屈服压力，见下式：

$$p_{es} = \frac{2E}{\sqrt{3(1-v^2)}} \left(\frac{t}{R_0} \right)^2 \quad (4.3.8)$$

其中　E——材料的弹性模量；

　　　v——泊松比。

上述规范计算方法充分体现了大深度载荷下中厚球壳可能发生极限强度破坏模式的基本理念。但式（4.3.6）与式（4.3.3）相比，在整球壳极限压力计算中两者相差较大，式（4.3.6）计算值偏小，这主要因该规范都是按屈曲失效模式取外半径和考虑初始缺陷等影响因素所致。

另外，美国 ABS 规范对球壳加工制造缺陷偏差修正也进行了具体规定，对载人舱球壳的制造偏差规定为：实际球壳的内径与设计内半径的真球面的偏差不大于设计内半径的 1%，且采用半径等于设计内半径，弧长为图 4.6 所示的临界弧长样板，测量的实际球面与临界弧长样板的弧线之间偏差不得大于设计内半径的 0.5%，这与本书附录 A 的球壳整圆度容差基本一致。

4.3.2　基于屈服强度的有限元拟合方程

随着有限元方法以其高精度的结构分析能力和越来越成熟的非线性分析方法（包括材料非线性、几何非线性、边界非线性及非线性方程组的数值解法）都在不断改进和提高，使之成为复杂结构直接设计计算和补充、校验规范解析计算方法的重要手段。

利用有限元数值计算的灵活性和大型通用程序（包括 ANSYS、PATRAN、ABAQUS 等），依据状态方程和缺陷类别不仅可以进行结构屈曲和极限强度承载能力的计算求解，还可以通过不同尺度球壳系列计算进行屈曲过渡到极限强度失效模式的分析和建立相应的拟合方程。

在文献[5]中针对某钛合金球壳，其厚度为 20～90mm，厚度半径比 (t/R) 范围为 0.02～0.09 的完整球壳，利用 ABAQUS 非线性有限元软件中的 Riks 模块（该模块主要采用 Newton-Rophson 及弧长法原理来计算结构稳定性临界载荷）进行不同厚度和厚度半径比系列的球壳极限强度的有限元计算分析。

通过有限元计算与极限强度理论状态方程的比较分析表明，在完整理想球壳的情况下，不同厚度半径比球壳非线性屈曲有限元分析与式（4.3.3）所建立的曲线非常接近；同时还进行了缺陷球壳的极限强度分析，考虑了潜水器球壳两种主要的初始缺陷形式：第一种为一阶弹性屈曲模态形式缺陷，即反映了最容易出现结构稳定性失效的形式（图 4.11）；第二种为局部缺陷，需要考虑缺陷幅值与缺陷范围对极限承载能力的影响，在系列计算中缺陷幅值 Δ 在 0～4mm 取值。

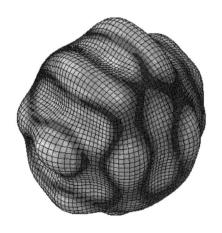

图 4.11　一阶弹性屈曲失效模态示意图

在考虑球壳的不同内半径、不同厚度、不同缺陷幅值影响的极限强度系列计算的基础上，参照极限强度理论计算得出的状态方程形式和参数关系，进行带有初始缺陷球壳极限强度的数值拟合，其基本表达式如下：

$$p_{y3} = \left(a \frac{R_{eH} t}{R_i + t/2} + b \right) \cdot \left(1 - c \frac{\Delta}{R_i + t/2} \right) \tag{4.3.9}$$

式中　a、b、c——待定系数；
　　　R_i——球壳内半径（mm）；
　　　t——球壳厚度（mm）；
　　　R_{eH}——材料的屈服强度（MPa）；
　　　Δ——初始缺陷幅值（mm）。

拟合的方法采用麦夸特（Levenberg-Marquardt）法和通用全局优化法进行拟

合和优化，收敛判断指标为1×10^{-10}，控制迭代数为30，最后得到的拟合结果为
$$a = 2.391，b = -12.121，c = 25.472$$

相关系数γ为0.9986，相关系数平方和为0.9972，说明拟合的相关程度很高。取$R = R_i + t/2$，则式（4.3.9）变为

$$p_{y_3} = \left(2.391\frac{R_{eH}t}{R} - 12.121\right) \cdot \left(1 - 25.472\frac{\varDelta}{R}\right) \tag{4.3.10}$$

从式（4.3.10）可以看出，球壳的极限强度与球壳的中面半径、厚度、缺陷幅值以及材料屈服强度都有关系。系列数值计算表明，当$\varDelta = 0.004R$时，即球壳初始缺陷幅值为最大加工允许偏差时，对p_{y_3}的影响也不会大于7.0%。同时，通过数值计算比对，该有限元拟合公式在其拟合参数范围内与解析式（4.3.1）和式（4.3.3）也比较接近。

4.3.3 基于抗拉强度的有限元拟合方程

基于抗拉强度的有限元拟合方程也是通过上述的非线性求解的通用软件进行系列计算得出的。在文献[6]中针对某钛合金球壳内半径为1000mm，厚度t为25～80mm（计算间隔5mm），且每个壳厚的不圆度$\varDelta$为0～10mm（计算间隔2mm）进行了球壳承载能力的系列计算。在进行非线性有限元分析计算中，按照球壳的两种缺陷类型分别建立流程和计算如下。

第一种不圆度建模方式是建立在线性失稳（屈曲）分析的一阶模态基础上进行非线性分析，即将第一阶失稳模态提取后按照该模态的变形和指定的不圆度偏差更新有限元节点位置，这就得到了包含不圆度的球壳有限元分析流程模型Ⅰ。

第二种不圆度建模方式主要是研究单个局部不圆度和临界弧长，在建模之初即按照临界弧长和指定的不圆度换算出局部球壳半径，并按照该局部球壳半径建立临界弧长内的球面，此后非线性计算将在这个包含单个局部不圆度的有限元模型上进行，即分析流程Ⅱ。

从上述两种非线性有限元分析流程的计算结果，可以直观地看到球壳的极限承载能力和t/R以及不圆度幅值的关系近似为一个倾斜的平面；并且可以发现厚度25～80mm范围的球壳属于强度问题而不是屈曲问题。根据此近似斜面的关系和参照ABS规范方法的表达形式（见式（4.3.6）），可设球壳极限承载能力的计算式为

$$p_u = (c - k_1)p_{up} \tag{4.3.11}$$

式中 p_{up}——球壳极限承载能力上限，即真球的极限承载能力；

c——折减系数；

k_1 ——反映不圆度影响的系数,与球壳的内径 R_i、厚度 t 和不圆度幅值 Δ 有关。

式(4.3.11)中的 p_{up}、c 和 k_1 三个参数,可按照非线性有限元数值计算的结果来分析和确定。对于 p_{up},参照目前大部分规范取 p_{up} 为 $p_y = \dfrac{2R_{eH}t}{R}$;但发现 p_y 随 t/R 变化的近似直线的斜率明显和非线性有限元计算的结果曲线的斜率不符,因而决定换用以材料的抗拉强度 R_m 作为斜率的极限压力 p_{bi},即 $p_{bi} = \dfrac{2R_m t}{R_i}$ 来代替 p_y。经对比,p_{bi} 和 p_{bm} 的平均值与真球数值计算结果符合较好,即取 p_{up} 为

$$p_{up} = \frac{p_{bi} + p_{bm}}{2} = \frac{R_m t}{R_i} + \frac{R_m t}{R} \tag{4.3.12}$$

对于式(4.3.11)中 k_1 值的确定,通过计算分析比较,两种类型的 k_1 系数基本一致,所以仅对类型Ⅱ反求出的 k_1 进行拟合,通过调整响应面次数和各项系数,使拟合面在各点处的计算值和实际 k_1 值的误差最小,得到了 k_1 的指数表达式[6]:

$$k_1 = a + b\mathrm{e}^{-c\left(\frac{\Delta}{R_i}\right) - d\left(\frac{t}{R_i}\right) + e\left(\frac{t}{R_i}\right)^2 + f\left(\frac{t}{R_i}\right)^2 - g\left(\frac{\Delta}{R_i}\right)^3 - h\left(\frac{t}{R_i}\right)^3} \tag{4.3.13}$$

式中:$a = -15.63$;
$b = 606.6$;
$c = 264.6$;
$d = 72.72$;
$e = 3 \times 10^4$;
$f = 882.5$;
$g = 1.2 \times 10^6$;
$h = 3969$。

经过进一步整理,得出了大深度潜水器极限强度的拟合公式:

$$p_u = \left(1 - k_1\left(\frac{t}{R_i}, \frac{\Delta}{R_i}\right) \times \frac{\Delta}{R_i}\right) \times \left(\frac{R_m t}{R_i} + \frac{R_m t}{R}\right) \tag{4.3.14}$$

式(4.3.14)(多项式形式)已被现行的《潜水系统和潜水器入级规范》纳入第 16 章的潜水器的补充规定中,按拟合参数范围适用于 $0.025 \leqslant t/R_i \leqslant 0.08$ 和 $\Delta/R_i \leqslant 0.01$ 钛合金球壳。

4.3.4 球壳承载能力理论计算公式的比较

4.3.3 节所建立的大深度载荷下整球壳屈曲计算公式(4.2.23)及极限强度有

限元拟合公式能否用于大深度载荷下潜水器耐压结构强度设计计算，应通过相应的计算方法和模型试验结果进行比较和验证，以检验其适用性和可靠性。

（1）理论公式计算结果的相互比较。

理论公式计算结果的比较，实际上是书中各节所建立和引用的各公式的比较，其中包括俄罗斯 RS 规范公式[3]（4.2.13）、有限元拟合公式[5]（4.3.10）、我国 CCS 规范第 16 章补充规定公式[7]（4.3.14）、初始缺陷因子拟合公式[2]（4.2.14）及大深度屈曲公式（4.2.23）；它们在统一计算参数的条件下，分别进行球壳极限承载能力（失效压力）的计算。其参数如下：厚度半径比 t/R =0.01～0.10，材料屈服极限 R_{eH} = 800MPa，抗拉极限 R_m = 880MPa，弹性模量 E = $2×10^5$MPa（高强度钢）和 E = $1.15×10^5$MPa（钛合金），初始缺陷幅值 Δ = 0.004R。

各公式计算结果的比较曲线分别见图 4.12 和图 4.13。

从图 4.12、图 4.13 曲线看出，式（4.2.23）、式（4.2.13）、式（4.2.14）、式（4.3.10）所建立的载荷曲线是比较接近的；而式（4.3.14）所建立的载荷曲线具有较明显的剪刀差，在 t/R =0.05 后稍偏大。该式是以 R_m 为参变量进行极限强度压力计算的，这与绝大部分外压结构都会在全屈服状态下被压坏和结构失效准则判断大都以 R_{eH} 为依据不相一致；且在材料拉伸试验中，R_m 相对于 R_{eH} 而言，分散度较大。因而，应用该公式进行实际结构极限强度压力预报时应结合材料抗拉强度和结构进行具体分析。

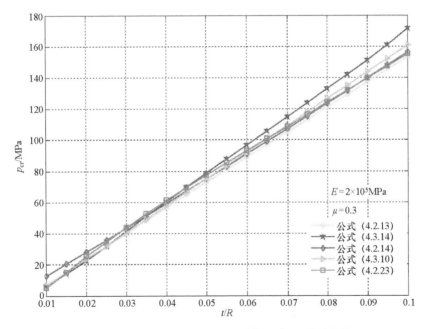

图 4.12　高强度钢厚度半径比与破坏压力 p_{cr} 关系曲线

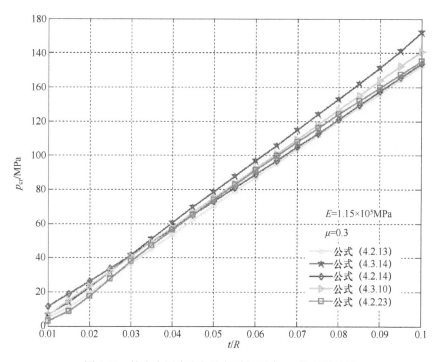

图 4.13　钛合金厚度半径比与破坏压力 p_{cr} 的关系曲线

（2）理论公式与模型试验破坏值的比较。

为验证各理论计算公式的可信度，引用文献[8]中不同尺度、不同材料及初始缺陷的模型试验破坏相对值进行比较。在计算中，均按模型材料相对屈服强度、抗拉强度及初始缺陷进行计算，其结果见表 4.1。

表 4.1　各公式计算结果与模型试验破坏压力相对值比较表

序号	材料	t/R	f/t	$10p_{试验}/R_{eH}$	$p_{计算}/p_{试验}$				
					式(4.2.23)	式(4.3.10)	式(4.2.13)	式(4.3.14)	式(4.2.14)
1	钛合金	0.0331	0.073	0.605	0.92	1.03	0.89	1.02	0.96
2		0.0376	0.189	0.630	0.95	1.00	0.87	0.98	1.02
3		0.0379	0.110	0.692	0.97	0.98	0.90	1.01	0.97
4		0.0366	0.064	0.667	0.98	1.03	0.95	1.15	0.99
5	高强度钢	0.0198	0.09	0.314	1.05	1.01	1.02	1.08	1.12
6		0.0198	0.12	0.319	1.00	0.98	0.97	1.01	1.09
7		0.0148	0.35	0.157	0.96	/	1.05	/	/
8		0.0151	0.35	0.184	0.94	/	0.91	/	/

从表 4.1 看出，模型试验破坏值与各种理论方法预报值基本符合，相差都在

13%以内；但式（4.3.14）和式（4.2.14）预报模型试验结果则稍偏大些，这可能是由于非线性修正方法，特别是几何非线性修正方法的不同而产生的。

4.4 大深度耐压球壳的中面应力关系及应用

对于大深度潜水器耐压球壳，其载荷范围从几百米水深压力到万米海水深度压力（3.0～110MPa），在载荷如此大的范围内，由于初始缺陷等随机因素的影响，确实难以通过一般的理论分析和试验结果近似确定球壳在不同载荷下对应的中面应力关系。不过，通过 4.3.2 节中有限元计算分析表明：当初始缺陷幅值和范围限制在规范允许标准内时，承载能力的影响不会超过 7.0%，并且随着厚度半径比的增大而减小；同时从 4.3.3 节分析看出，当球壳厚度增大到 25mm（t/R=0.025）后球壳承载能力计算主要是强度问题而不是屈曲问题，初始缺陷的影响就更小了。因此，可应用前节的极限强度理论方法和有限元拟合方程来近似地建立大深度载荷下的中面应力关系。

4.4.1 大深度载荷下的中面应力关系

在全海深载荷范围内，随着深度的增加不仅球壳厚度半径比（t/R）也随之增加（在球壳内径变化不大的条件下），而且平衡外力的一次膜应力也随之增加，球壳中面应力甚至会超过 $0.85R_{eH}$ 而达到 R_{eH}。这也说明在大深度载荷下，球壳的强度问题逐渐突出。为获得全海深压力下球壳承受外力的一次膜应力（中面应力）与载荷的关系，拟以球壳极限强度破坏模式为依据进行分析，即以危险应力法分析结构的最大主应力或应力强度与材料屈服极限的关系。

基于有限元数值拟合方程式（4.3.10）的拟合参数范围（球壳厚度 t 为 20～90mm、内半径 R_i 为 800～1200mm、局部缺陷 Δ 为 0～4mm）基本达到了全海深载荷下球壳的尺度参数范围；同时，通过式（4.3.10）与所建立的球壳屈曲计算公式计算及模型试验结果比较匹配性较好。因此，利用式（4.3.10）中极限载荷 p_{y3} 与 t/R 及 R_{eH} 的数值拟合方程，建立了全海深载荷范围下的中面应力关系。

首先，由公式（4.3.10）建立应力强度比 σ_e/R_{eH} 与球壳厚度半径比 t/R 的关系，即

$$\frac{\sigma_e}{R_{eH}} = \frac{p_{y3}R}{2tR_{eH}} = \left(2.391/2 - 12.121\frac{R}{2tR_{eH}}\right) \cdot \left(1 - 25.472\frac{\Delta}{R}\right) \tag{4.4.1}$$

绘制不同厚度半径比 t/R 与在极限载荷下所对应的名义中面应力强度比 σ_e/R_{eH} 曲线图，如图 4.14 所示。

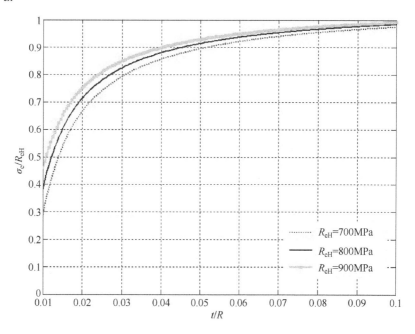

图 4.14　厚度半径比与应力强度比关系曲线

由图 4.14 和式（4.4.1）数值计算得出，对于 R_{eH} =800MPa 级材料，当 $t/R \leqslant$ 0.01（即 $R/t \geqslant$ 100）薄壳时，σ_e/R_{eH} =0.38，与 300 m 级潜艇规范中耐压球面舱壁设计中的许用应力取 0.40 刚好相近；当 t/R 增大至 0.10 时，即使 R_{eH} 在 600～1600MPa 范围内变化，例如 R_{eH} = 700、800、900MPa，都一致使极限载荷下对应的名义中面应力趋向材料的屈服极限 R_{eH}。另外当 t/R 增加至 0.20 时，应力强度比与 t/R 的变化趋势也十分接近图中的曲线关系。

通过进一步分析，在对图 4.14 横坐标 t/R 取 0.01～0.10 的范围、安全系数取 1.50 的情况下，由式（4.4.1）可得出相对于设计工作深度 H_{op} 与应力强度比之间的关系曲线（图 4.15）。

在图 4.15 中，工作深度和应力强度比关系曲线与材料的屈服强度 R_{eH} 无关，只与工作深度有关。下面简述证明过程。

假设初始缺陷 Δ 为一定值，取 $\Delta = 0.004R$。式（4.3.10）可改写成如下形式：

$$p_y = aR_{eH}\frac{t}{R} - b \tag{4.4.2}$$

式中：$a = 2.147$；
　　　$b = 10.88$。

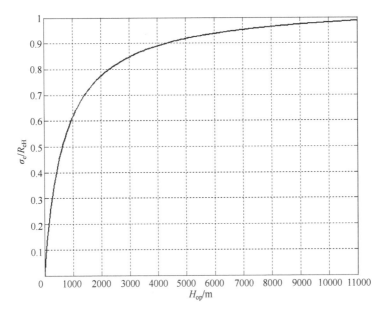

图 4.15 工作深度与应力强度比关系曲线

由式（4.4.2）得中面应力强度比：

$$\sigma_e / R_{eH} = \frac{p_y R}{2t R_{eH}} = \left(\frac{a R_{eH}}{2} - \frac{bR}{2t} \right) \bigg/ R_{eH} = \frac{a}{2} - \frac{b}{2} \frac{a}{p_y + b} \quad (4.4.3)$$

取 p_y 等于 1.10 倍耐压壳体设计计算压力 p_j，其工作深度压力为

$$p_{op} = \frac{1.1 P_j}{1.5} = 0.0101 H_{op} \quad (4.4.4)$$

因此可得

$$\sigma_e / R_{eH} = \frac{a}{2} - \frac{b}{2} \frac{a}{0.0166 H_{op} + b} = f(H_{op}) \quad (4.4.5)$$

根据式（4.4.5）可绘制工作深度与应力强度比的关系曲线，如图 4.15 所示。这样不论球壳所使用何种高强度的材料（$R_{eH} \geqslant 600 \text{MPa}$），只要输入实际产品或模型的设计工作深度就可以得出相应的应力强度比 σ_e / R_{eH}。为验证其适用性，针对不同尺度、不同材料及设计工作深度的实际产品和模型球壳进行比对检验，见表 4.2。

表 4.2 设计产品的工作深度与应力强度比对比表

名称	材料	t/R	式（4.4.3）计算结果	最大工作深度	查图 4.15 曲线结果
模型 1 球壳	高强度钢	0.011	0.455	450	0.44
模型 2 球壳	高强度钢	0.0145	0.605	1000	0.62

（续）

名称	材料	t/R	式（4.4.3）计算结果	最大工作深度	查图 4.15 曲线结果
模型 3 球壳	高强度钢	0.022	0.764	1600	0.73
"深海勇士"号球壳	钛合金	0.0492	0.935	4500	0.91
"阿尔文"号（美）球壳	钛合金	0.0478	0.931	4500	0.91
"蛟龙"号球壳	钛合金	0.0707	0.971	7000	0.95
文献[9]球壳模型	马氏体镍钢	0.0332	0.974	7333	0.96
高强度钛合金球壳模型	钛合金	0.0894	1.00	11000	0.99

从表 4.2 看出，在全海深的各种工作范围内，由不同球壳尺度、材料参数的计算结果和曲线查表结果是比较一致的。

4.4.2 应用关系曲线进行大深度耐压球壳的初步设计计算

由于图 4.15 中的中面应力强度比关系曲线是在球壳初始缺陷取最大允许幅值和极限强度压力取较小值条件下而获得的偏安全的关系曲线，因而可应用于各类大深度潜水器球壳的初步设计计算。即利用该曲线由工作深度得到对应的应力强度比值，进而预估球壳在计算（破坏）压力下的实际中面应力，并以此作为许用应力；然后，依据已知的其他输入条件，包括载荷安全系数、所需容积或内径进行实际球壳的初步设计计算。具体如下。

（1）许用应力的确定。

在球壳的设计计算中，除了已知的设计输入条件外，还应确定球壳校验中的许用应力，包括整球壳中面应力、表面应力和开孔接管处的局部应力。对于中面膜应力的许用应力，可按图 4.15 中的关系曲线确定，即按照设计已知的最大工作深度得出的中面应力作为许用应力$[\sigma]$。

从图 4.15 看出，在潜水器最大工作深度大于 3000m 时，σ_e / R_{eH} 大于 0.85，即球壳的中面应力大于 $0.85 R_{eH}$，当设计工作深度大于 5000m 时，应力强度比已超过 0.90，中面应力接近 R_{eH}。这时，球壳的极限强度问题与屈曲破坏同等重要，在计算校验中应严格控制许用应力衡准。对于工作深度小于 3000m 的球壳，考虑初始缺陷对中面膜应力影响大，许用应力（名义应力）可以都取 $0.85 R_{eH}$，与原潜水器规范许用应力要求一致。

对于球壳的表面最大应力和局部区域的高应力，计算校核许用应力可按 $1.15 R_{eH}$ 值控制；对于局部峰值应力如无法满足要求，可结合疲劳强度控制和加强安全监测措施适当放宽，但不得超过最大工作深度压力下的 $1.0 R_{eH}$。

(2)最小厚度的计算。

确定许用应力后就可参照内压容器的设计计算方法，以安全系数许用应力法显式估算最小厚度，计算方法简单明了。对于球壳初步设计可按下式估算最小厚度：

$$t_\mathrm{m} = \frac{p_\mathrm{j} R_\mathrm{i}}{2[\sigma] - 0.5 p_\mathrm{j}} \tag{4.4.6}$$

式中　t_m——球壳最小厚度；

　　　R_i——球壳内半径；

　　　p_j——计算压力。

应当指出，式中$[\sigma]$根据已知的设计工作深度H_op，由图 4.15 查得的许用应力是在初始缺陷Δ取一固定值条件下得出的。这对于$H_\mathrm{op} \geqslant 3000\mathrm{m}$的中厚壳体，因关系曲线平稳，式（4.4.6）所得出的最小厚度误差不大，因而比较适合$\sigma_\mathrm{e}/R_\mathrm{eH}$大于 0.85 的设计计算；而对于薄壳（$t/R \leqslant 0.01$或$H_\mathrm{op} \leqslant 600\mathrm{m}$），虽然关系曲线对应的值也接近现行潜艇规范许用应力要求，但因曲线梯度变化大，最小厚度的估算可能会带来一定的偏差。

(3)承载能力计算校核。

承载能力计算校核是外压球壳安全性设计和最终确定计算厚度的依据。有了图 4.15 关系曲线就可以类似美国 ABS 规范计算方法（见式（4.3.6））按下潜工作深度和不同的破坏模式进行外压球壳承载能力的分级计算，即对于工作深度小于 3000m 的耐压球壳按式（4.2.23）进行屈曲失稳压力计算，并按 1.0 p_j 进行承载能力控制和最终确定设计计算厚度t（在t_m的基础上增加一定的附加厚度）；对于工作深度大于 3000m，特别是大于 5000m 的壳体，还需同时进行极限强度承载能力校核；对于接近 10000m 的壳体，则主要按式（4.3.3）和式（4.3.10）进行极限强度承载能力计算，并满足 1.10 p_j 校验要求。

(4)强度计算校核。

强度计算校核应与承载能力计算相匹配，即根据设计计算外载所确定的计算厚度按式（4.1.27）和式（4.1.34）进行中面平均应力和表面应力（一次膜应力+弯曲应力）计算校验。对于实际开孔的中厚潜水器球壳，还应进行开孔加强区应力集中系数和复杂应力的有限元数值计算及开孔区破坏压力的校核（详见第 8 章）。

4.5　整球壳模型超高外压下极限强度失效模式检测分析

通过上节球壳极限强度和中面应力分析，说明在大深度载荷条件下球壳很有可能发生强度失效先于球壳的屈曲破坏，这种区别于薄壳失稳的新失效模式的力学特性可通过超高压环境下耐压整球壳模型试验的检测分析得到体现和验证，球壳模型参数和测试方案如下。

材料参数：
屈服强度 930MPa
抗拉强度 1000MPa
弹性模量 1.15×10^5MPa
泊松比 0.30

结构参数：
球壳内径厚度比 21.0
真球度 0.1%

整球壳模型只能外部表面贴片，应变片的测量位置如图 4.16 所示，共 16 片。除赤道焊缝、顶部小开口部位外，整球壳的典型部位共 8 片。

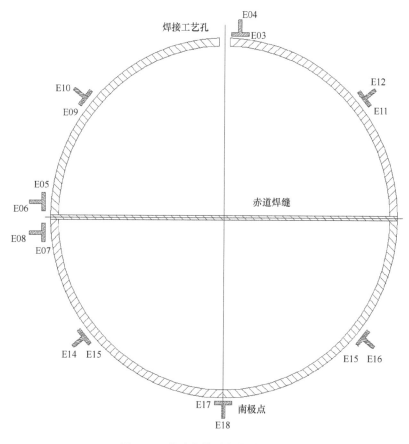

图 4.16 整球壳模型应变片布置图

模型外压试验是在超高压压力筒（深海环境模拟装置）中进行，在中、高压加载弹性应变测试的基础上进行超高压加载检测。为便于与有限元计算值比较，起始压力值取为 110MPa。

4.5.1 应力-应变测试及应变片压力效应的消除

深海环境下的壳体结构应变测试都是采用智能数字应变仪进行测试的，仪器通过长导线与粘贴于壳体表面的电阻应变片相连。在试验加载过程中，壳体在深海环境模拟装置内受水压产生结构变形而引起电阻应变片的电阻变化，仪器据此自动测试和换算出该点的应变和应力。例如，在起始压力 110MPa 压力下，测得图 4.16 整球壳模型各点的应变和应力值，其中 8 片典型部位外表面的应力平均值为 $0.60R_{eH}$，与式（4.1.34）预报值 $0.592R_{eH}$ 十分接近。由此说明，即使在超高压力下的中厚壳模型试验结果也同样验证了简化公式的可靠性。

超高外压模拟环境下的应力检测的主要难点与深海高压力海洋环境下结构安全监测一样，在于补偿块应变片自身的压力效应会明显增加，其产生的附加应变会达到和结构变形引起的应变的同等量级，造成较大的测量误差。例如，在超高压起始压力 110MPa 下，其压力效应的附加应变值会达到模型结构应变的 10%左右。为了准确获得结构应变-应力测量数据和有利于深海环境下的结构安全评估，必须进行压力效应的分析和消除。

所谓压力效应是指粘贴在模型外表面的应变片，由于液压对其补偿块及粘贴在其表面的应变计敏感栅作用会引起应变仪读数中增加难以区分的附加应变，从而导致结构应变测量误差，这种现象称为应变片在液压环境下的压力效应。其补偿原理和消除方法如下。

一般采用内补偿法进行消除，即在进行模型液压试验时，将与模型同材质的上面贴有应变片的补偿块和模型一起放入压力筒中，进行同一压力、温度环境下的应变-应力检测。

在加压时，应变仪上读得的补偿块上应变片的读数为

$$\varepsilon_D = \varepsilon_c + \varepsilon_{pD} + \varepsilon_{tD} \tag{4.5.1}$$

式中　ε_{tD}——由温度变化引起的补偿应变片应变值；

　　　ε_{pD}——由压力环境引起的补偿应变片应变值，它与应变片自身的参数有关；由文献[4]可得 $\varepsilon_{pD} = -2(1+\mu_1)\dfrac{k-2}{kE_1}p$，其中，$E_1$ 为应变计箔材的弹性模量，μ_1 为应变片箔材的泊松比，k 为应变片的灵敏系数。

　　　ε_c——液压载荷作用下补偿试块变形引起的应变值。

根据广义胡克定律按三向均匀受压计算，补偿试块的应变为

$$\varepsilon_c = \dfrac{-1+2\mu}{E}p \tag{4.5.2}$$

式中　μ——补偿块材料的泊松比；

　　　E——补偿块材料的弹性模量；

p ——试验模型液压压力。

而在应变仪上读得的工作应变片的读数为

$$\varepsilon_\mathrm{A} = \varepsilon + \varepsilon_\mathrm{pA} + \varepsilon_\mathrm{tA} - \varepsilon_\mathrm{D} = \varepsilon + \varepsilon_\mathrm{pA} + \varepsilon_\mathrm{tA} - \varepsilon_\mathrm{c} - \varepsilon_\mathrm{pD} - \varepsilon_\mathrm{tD} \tag{4.5.3}$$

式中 ε ——模型外表面应变测点的真实应变值；

ε_tA ——温度变化引起的工作应变片应变值；

ε_pA ——压力效应引起的工作应变片应变值。

在现场实际测量过程中，为了达到两者的压力效应和温度效应引起的应变值相同，补偿块和模型上所采用应变片型号、贴片工艺、密封措施等情况应完全相同，并将补偿块置于工作应变片附近，同时在测量过程中每次测量时间不要过长，这样，就可使工作应变片和补偿应变片处于相同压力、相同工艺和相同温度条件下，两者的压力效应和温度效应引起的应变值相同，即

$$\varepsilon_\mathrm{tD} = \varepsilon_\mathrm{tA}, \quad \varepsilon_\mathrm{pD} = \varepsilon_\mathrm{pA} \tag{4.5.4}$$

则由仪器所测得的 ε_A 可得到模型外表面测点的真实应变值：

$$\varepsilon = \varepsilon_\mathrm{A} + \varepsilon_\mathrm{c} \tag{4.5.5}$$

为换算出压力效应引起的附加应力值，将 ε 代入平面应变下的双向主应力公式，即

$$\sigma_1 = \frac{E}{1-\mu^2}(\varepsilon_1 + \mu\varepsilon_2) = \frac{E}{1-\mu^2}\left[(\varepsilon_{1\mathrm{A}} + \varepsilon_\mathrm{c}) + \mu(\varepsilon_{2\mathrm{A}} + \varepsilon_\mathrm{c})\right] = \frac{E}{1-\mu^2}\left[(\varepsilon_{1\mathrm{A}} + \varepsilon_{2\mathrm{A}}) + \varepsilon_\mathrm{c}(1+\mu)\right] \tag{4.5.6}$$

式（4.5.6）第二项即压力效应引起的附加应力，由式（4.5.2）置换即得

$$\sigma_\mathrm{c} = \frac{E}{1-\mu}\varepsilon_\mathrm{c} = \frac{1-2\mu}{1-\mu}p \tag{4.5.7}$$

对主应力 σ_2 的计算也得出同一的 σ_c 值。由式（4.5.7）中看出，它与补偿块材料泊松比有关：对于钛合金，如取 $\mu = 0.34$，则 $\sigma_\mathrm{c} = 0.485p$；对于高强度钢，如取 $\mu = 0.3$，则 $\sigma_\mathrm{c} = 0.571p$；在文献[9]中，采用三向应力-应变关系推导测量点的应力附加值为 $1.0p$，显然有相差。

得出补偿块压力效应引起的附加应力 σ_c 后，实际的结构真实应力应是仪器得出的应力值与该值叠加，这是用理论公式计算方法来消除压力效应的影响。然而最为可靠的方法是在仪器可以同时测量出补偿块应变片的应变值的条件下，可由仪器测出的应变示值 ε_A 先直接叠加由补偿块应变片测出的 ε_c，然后算出的应力值即为结构的真实应力。

4.5.2　极限强度压力下球壳变形测试结果分析

为获得极限强度压力下的球壳变形曲线，对图 4.16 整球壳模型分别进行 1.54 倍、1.73 倍、1.82 倍起始压力的外压试验。通过应变-应力检测获得了在各

试验压力下的相应应变曲线,其变形过程如下。

(1)当压力加至 1.54 倍起始压力时,应变曲线表明壳体外表面处于材料非线性阶段,如图 4.17 所示。

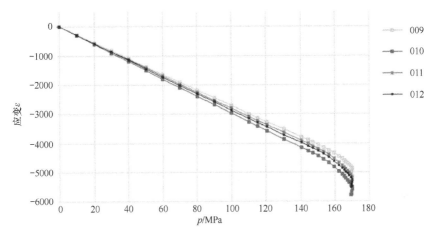

图 4.17　E9~E12 在 1.54 倍起始压力下的曲线

从图 4.17 看出,在此压力下典型部位应变片 E9~E12 的应变曲线已开始"拐弯",4 点都同时出现残余变形,表明整球壳外表面也接近屈服。按照式(4.1.27)计算该压力下的中面应力为 $1.01R_{eH}$,已达到材料的屈服强度,即材料残余变形已进入屈服阶段。

(2)卸载后重新加载至 1.73 倍起始压力时,壳体屈服区域逐渐由中面向外层扩展至外表面,整个壳体处于全屈服状态,其变形也都已达到或超过 0.2%。由于材料处于残余变形的强化阶段,以至于压力仍能缓慢上升,如图 4.18 所示的应变曲线。

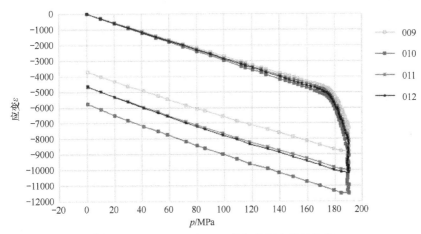

图 4.18　E13~E16 在 1.73 倍起始压力下的曲线

（3）再次卸载后，重新加载至 1.82 倍起始压力，这时已达到 200MPa。应变曲线表明壳体材料处于全塑性流动阶段，这时压力几乎没有上升，如图 4.19 所示。

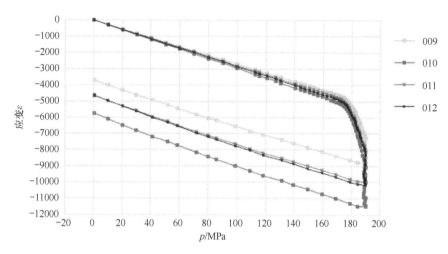

图 4.19　E9～E12 在 200MPa 下的曲线

在 200MPa 压力下，模型虽能继续承压，壳体未被压坏；但变形测量曲线图表明，残余变形明显增加，有些部位残余变形已超过 $10000×10^{-6}\mu\varepsilon$，壳体处于极不稳定状态。

4.5.3　球壳极限强度失效模式分析

从以上整球壳模型试验检测分析充分体现了潜水器球壳极限强度的失效模式过程。首先，在外压的作用下球壳内表面的应力达到材料的屈服极限，然后随着外载压力的增加屈服区域逐渐向外层扩散到中面、外表面，导致全塑形，球壳最终整体进入材料强化和塑性流动阶段。这种变化过程与第 10 章图 10.1 内压容器破坏过程中压力与变形关系及失效过程分析是相当一致的。

外压球壳为什么会出现强度失效模式，并达到材料的强化和塑性流动阶段而还尚未被压坏呢？这是因为壳体为全封闭的整球壳，没有较大开口和加强件，整体处于无矩状态；同时，由于小直径厚球壳，真球度不到 0.1%，初始缺陷影响小。因而，在超高压外压下，结构仍接近于完善的球对称状态，壳体单元的应力也都处于三向受压状态。

例如，在 200MPa 压力下，壳体外表面名义应力 $\sigma_1 = \sigma_2 = -1000\text{MPa}$，$\sigma_3 = \sigma_r = -200\text{MPa}$。

根据强度理论，在三向受压特别是在接近三向均匀受压条件下的壳体，即使是脆性材料也会产生较大的残余塑性变形；因此，对于超高强度、低塑性材料，例如超高强度钛合金、马氏体镍钢（C200～C350）、陶瓷体等也可用于深海球壳结构，就是利用三向压应力状态实现结构的安全设计和可靠应用。

不过应该看到，在模型试验过程中，虽然球壳实际的承压值已超过由"屈曲"理论计算的压力值（计算压力）许多仍未被破坏，但这种超过材料的屈服极限的内力和外力的平衡是不稳定的，仅靠材料强化的残余塑性变形来维持短暂的平衡也是不安定的；它会因高应力下的快速稳态蠕变和反复若干次高应力下的疲劳加载而产生过量塑性垮塌或高外压下爆破失效，这在多次其他全海深模型试验中也得到体现。因此，这时的球壳实际破坏压力值是不能作为验证设计计算压力的依据，而应以在先的极限强度失效的强度条件作为承载能力设计准则的依据。

对于大深度潜水器外压结构的极限强度失效，考虑到结构的安全性及自重的控制，应与内压容器内壁弹性失效判别有所不同，即应和屈曲计算一样，以球壳的中面半径和应力计算得出的极限强度压力作为安全性指标和失效准则较为合理。

参考文献

[1] 丁伯民，黄正林，等. 高压容器[M]. 北京：化学工业出版社，1985.

[2] 伍莉，徐治平，张涛等. 球形大深度潜水器耐压壳体优化设计[J]. 船舶力学，2010，14(5)：509-515.

[3] АЛЕКСАНДРОВ В.Л. ИМНОТОЕ ПРУТОЕ ПРОЕКТИРОВАНИЕ КОНСТРУКЦИЙ ОСНОВНОГО КОРПУСА ПОДВОДНЫХ АППАРАТОВ[M].ИЗДАТЕЛЬСКИЙ ЦЕНТР МОРСКОГО ТЕХНИЧЕСКОГО УНИВЕРСИТЕТА, САНКТ-ПЕТЕРБУРГ, 1994.

[4] 徐秉汉，朱邦俊，欧阳吕伟，等. 现代潜艇结构强度的理论与试验[M]. 北京：国防工业出版社，2007.

[5] 石佳睿，唐文勇. 载人深潜器钛合金耐压球壳极限强度可靠性分析[J]. 船海工程，2014，43(2)：114-118.

[6] Pan B B, Cui WC, Shen YS, et al.Further study on the ultimate strength analysis of spherical pressure hulls[J]. Marine Structures, 2010, 23(4): 444-461.

[7] 中国船级社. 潜水系统和潜水器入级规范[S]. 北京：人民交通出版社，2018.

[8] 王丹，万正权. 考虑初始形状影响的耐压球壳临界载荷简化计算公式[J]. 船舶力学，2014，18(5)：557-564.

[9] 王芳，杨青松，胡勇，等. 全海深载人潜水器载人舱缩比结构模型试验研究[J]. 中国造船，2018，59(2)：62-71.

第 5 章 圆柱壳强度及初挠度影响分析

圆柱壳结构和球壳一样由于它有良好承受均匀外压的力学特性,也是各类大深度潜水器和深海装备采用的主要结构形式。根据使用要求,大多为单跨中、长壳或环肋圆柱壳结构,壳体的长度一般都大于 2～3 倍的柱壳直径,并大多采用单壳体结构。

如概述所论,随着圆柱壳耐压结构潜深增加,不仅壳体厚度增大、环肋圆柱壳肋骨偏心影响也会增加,而且潜水器耐压结构大多采用钛合金、铝合金材料。针对以上结构特点,本章在介绍环肋圆柱壳强度计算一般理论计算方法的基础上,进行钛、铝材料中厚壳的适用性算例分析及肋骨偏心和初挠度对圆柱壳强度影响的计算分析。

5.1 环肋圆柱壳强度计算及钛、铝材料中厚壳适用性分析

5.1.1 圆柱壳弯曲微分方程及其解

圆柱壳,特别环肋圆柱壳结构强度计算,一般的理论求解仍是相当复杂的。理论分析和计算表明,对于一定长度的环肋圆柱壳体,即使中厚度壳的强度也可以用梁的弯曲理论来分析,通常采用其在圆柱壳截面周向取单位宽度的梁带来研究。

对于等厚度正圆形的封闭圆柱壳体,其两端以封头或舱壁为界限并在其整个表面上受到均匀外压力作用,其力学模型如图 5.1 所示。

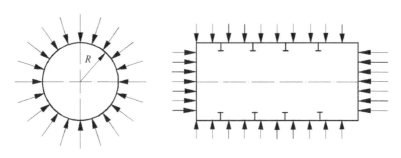

图 5.1 等厚度封闭圆柱形壳受力状态示意图

由于荷重对称于壳的中心轴，且其变形对称于任一直径切面（即位移与 φ 无关），因此可用两个直径面切出一个单位宽度（$\mathrm{d}s = R\mathrm{d}\varphi = 1$）的梁带，作用于梁带上的力如图 5.2 所示。

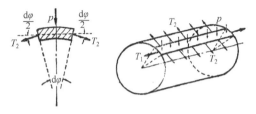

图 5.2　作用于梁带上的力

梁带外表面上的均匀正压力 p，梁带纵向（母线方向）的压缩力 T_1。由平衡条件可得

$$T_1 = -\frac{\pi R^2 p}{2\pi R} = -\frac{1}{2}pR \tag{5.1.1}$$

梁带两侧面上的力（即梁带之间的相互作用力）T_2。其合力的方向与法向压力一致，因此应将该力也包括在所讨论的梁带所受的荷重中。

由于 T_2 是由梁带之间的相互作用（挤压）而产生的，它是一个超静定力，应通过变形的几何关系和胡克定律求出，经变换得

$$T_2 = -Et\frac{w}{R} - \frac{\mu}{2}pR \tag{5.1.2}$$

这样，图中的梁带受到横向荷重 $P_1 = P + T_2/R$ 和纵向力 T_1 的作用，即处于复杂弯曲状态，其弯曲微分方程为

$$D\frac{\mathrm{d}^4 w}{\mathrm{d}x^4} + \frac{pR}{2}\frac{\mathrm{d}^2 w}{\mathrm{d}x^2} + \frac{Et}{R^2}w = p\left(1 - \frac{\mu}{2}\right) \tag{5.1.3}$$

式中　w——沿圆柱壳半径方向的位移；

x——沿圆柱壳母线方向的坐标；

R——圆柱壳的半径；

t——圆柱壳的厚度；

E——圆柱壳材料的弹性模量；

μ——圆柱壳材料的泊松比；

D——圆柱壳的抗弯刚度，$D = \dfrac{Et^3}{12(1-\mu^2)}$；

p——作用于圆柱壳上的静水外压力。

微分方程（5.1.3）按其结构而言，是一个置于连续弹性基础上受复杂弯曲的板条梁的弯曲方程式。弹性基础的刚性系数为 $k = \dfrac{Et}{R^2}$，梁的载荷为 $p\left(1 - \dfrac{\mu}{2}\right)$。

方程式（5.1.3）的解包含两部分，齐次解 w_0 和特解 $w_{\mu p}$。齐次解 w_0 满足微分方程：

$$D\frac{\mathrm{d}^4 w_0}{\mathrm{d}x^4} + \frac{pR}{2}\frac{\mathrm{d}^2 w_0}{\mathrm{d}x^2} + \frac{Et}{R^2}w_0 = 0 \tag{5.1.4}$$

其解可表述成：

$$w_0 = C_1 \cosh\bar{\alpha}x\cos\bar{\beta}x + C_2 \sinh\bar{\alpha}x\cos\bar{\beta}x + C_3 \cosh\bar{\alpha}x\sin\bar{\beta}x + C_4 \sinh\bar{\alpha}x\sin\bar{\beta}x \tag{5.1.5}$$

式中　C_1、C_2、C_3 和 C_4——由边界条件确定的待定常数；

$\bar{\alpha}$、$\bar{\beta}$ 由下式确定：

$$\begin{cases} \bar{\alpha} = \dfrac{\sqrt[4]{3(1-\mu^2)}}{\sqrt{Rt}}\sqrt{1-\gamma} \\[2mm] \bar{\beta} = \dfrac{\sqrt[4]{3(1-\mu^2)}}{\sqrt{Rt}}\sqrt{1+\gamma} \\[2mm] \gamma = \dfrac{\sqrt{3(1-\mu^2)}}{2}\dfrac{pR^2}{Et^2} \end{cases} \tag{5.1.6}$$

由于作用于耐压壳上的静水压力 p 为常量，则由式（5.1.3）显然可见特解 $w_{\mu p}$ 为

$$w_{\mu p} = \frac{pR^2}{Et}\left(1 - \frac{\mu}{2}\right) \tag{5.1.7}$$

将式（5.1.5）与式（5.1.7）相叠加便可导出方程式（5.1.3）的通解，即

$$\begin{aligned} w = w_0 + w_{\mu p} = & C_1 \cosh\bar{\alpha}x\cos\bar{\beta}x + C_2 \sinh\bar{\alpha}x\cos\bar{\beta}x + \\ & C_3 \cosh\bar{\alpha}x\sin\bar{\beta}x + C_4 \sinh\bar{\alpha}x\sin\bar{\beta}x + \frac{pR^2}{Et}\left(1 - \frac{\mu}{2}\right) \end{aligned} \tag{5.1.8}$$

方程解中待定常数由舱壁边界和肋骨根部受力状态确定。

当长圆柱壳采用等间距环形肋骨加强，且两端用舱壁封闭时，它在静水外压作用下，远离端舱壁之处（一跨肋距以外）壳体的径向位移对称于环形肋骨平面，其挠曲后的壳体形状如图 5.3 所示。

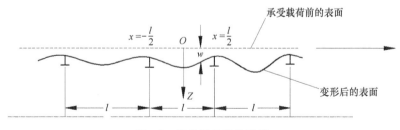

图 5.3　挠曲后的壳体形状

由图5.3可以看出，通过将坐标x的原点置于肋间壳板的中点，考虑如图5.3所示变形的对称性，式（5.1.8）中$C_2 = C_3 = 0$，待定未知常数仅为C_1和C_4。这两个待定常数可由$x = \dfrac{l}{2}$处的边界条件来确定，即

$$\begin{cases} w\Big|_{x=\frac{l}{2}} = w_\mathrm{f} \\ \dfrac{\mathrm{d}w}{\mathrm{d}x}\Big|_{x=\frac{l}{2}} = 0 \end{cases} \tag{5.1.9}$$

w_f表示肋骨的径向位移，它可由下式计算：

$$w_\mathrm{f} = \frac{2DR^2}{EF}\left|\frac{\mathrm{d}^3 w}{\mathrm{d}x^3}\right|_{x=\frac{l}{2}} \tag{5.1.10}$$

式（5.1.10）中F为环形肋骨的剖面面积。将式（5.1.8）代入式（5.1.9），考虑$C_2 = C_3 = 0$和式（5.1.10），便可求得待定常数C_1和C_4，即

$$\begin{cases} C_1 = -\dfrac{2pR^2}{Et}\left(1-\dfrac{\mu}{2}\right)\dfrac{u_1 \cosh u_1 \sin u_2 + u_2 \sinh u_1 \cos u_2}{u_2 \sinh 2u_1 + u_1 \sin 2u_2} e_1 \\ C_4 = -\dfrac{2pR^2}{Et}\left(1-\dfrac{\mu}{2}\right)\dfrac{u_2 \cosh u_1 \sin u_2 - u_1 \sinh u_1 \cos u_2}{u_2 \sinh 2u_1 + u_1 \sin 2u_2} e_1 \end{cases} \tag{5.1.11}$$

式中

$$\begin{cases} u_1 = \dfrac{\overline{\alpha} l}{2} = u\sqrt{1-\gamma} \\ u_2 = \dfrac{\overline{\beta} l}{2} = u\sqrt{1+\gamma} \\ u = \dfrac{\sqrt[4]{3(1-\mu^2)}}{2}\dfrac{l}{\sqrt{Rt}} \end{cases} \tag{5.1.12}$$

挠度函数w确定后，便不难借助轴对称圆柱壳弯曲的几何方程和物理方程导出在静水外压作用下圆柱壳各部位的位移和应力公式。

5.1.2 关键部位位移和应力及中面力的计算

由上节分析，对于一系列等间距、同刚度环肋加强的圆柱壳，在均匀外压力作用下的变形，可以化为两端刚性固定在弹性支座上的复杂弯曲弹性基础梁来研究。两端弹性支座的柔性系数

$$A = \frac{2R^2}{EF} \tag{5.1.13}$$

该等效弹性基础梁如图 5.4 所示。

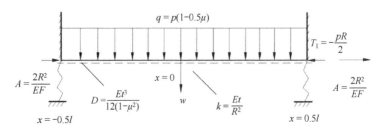

图 5.4　等效弹性基础梁

由图 5.4 看出，由于壳体最大应力可能发生在肋骨跨度中点处（此处径向位移 w 最大，因而膜应力最大），也可能发生在边界处（此处弯曲应力最大）。为此，应对这些高应力点的应力及径向位移进行计算校核。

（1）径向位移。

为具体求得壳体在支座和跨度中点处的径向位移，可将 $x = 0.5l$ 和 $x = 0$ 分别代入式（5.1.8），其中 C_1 和 C_4 积分常数由式（5.1.11）决定，经变换可得

$$\begin{cases} \text{支座处：} \ w_f = w_{x=0.5l} = 0.85 \frac{pR^2}{Et}(1 - e_1) \\ \text{跨度中点处：} \ w_{\max} = w_{x=0} = \frac{pR^2}{Et}(0.85 - e_4) \end{cases} \tag{5.1.14}$$

式中：e_1、e_4 参数见式（5.1.20）。

（2）壳体横截面内的正应力（纵向应力）。

该正应力由壳体沿轴向受压而产生的应力（沿其厚度均匀分布）和因壳体弯曲而产生的应力（沿其厚度按线性规律分布）组合而成。

最大正应力在壳体的外表面和内表面处，其值可按下式决定：

$$\sigma_1 = \frac{T_1}{t} \pm \frac{6M}{t^2} = -\frac{pR}{2t} \pm \frac{6Dw''}{t^2} \tag{5.1.15}$$

壳体横截面内的最大正应力为

$$\begin{cases} \text{在支座截面上：} \ \sigma_1' = \sigma_1|_{x=0.5l} = -\frac{pR}{t}(0.5 \mp e_2) \\ \text{在跨中截面上：} \ \sigma_1'' = \sigma_1|_{x=0} = -\frac{pR}{t}(0.5 \pm e_3) \end{cases} \tag{5.1.16}$$

式中：e_2、e_3 参数见式（5.1.20）。

（3）壳体纵剖面上的正应力（周向应力）。

由于壳体的变形对称于中心轴，且壳体厚度与半径相比较甚小，所以壳体在

子午线方向的应变 ε_2 沿壳体厚度可认为不变，并等于壳体中面应变的相应应变 ε_2^0，即

$$\varepsilon_2 = \varepsilon_2^0 = \frac{2\pi(R-w) - 2\pi R}{2\pi R} = -\frac{w}{R}$$

同时，壳体处于双向应力状态，其应力与应变之间的关系为

$$\sigma_2 = E\varepsilon_2 + \mu\sigma_1 = -E\frac{w}{R} + \mu\sigma_1 \tag{5.1.17}$$

将式（5.1.14）和式（5.1.16）代入式（5.1.17），即可得壳体纵剖面上的正应力：

$$\begin{cases} 支座处：\sigma_2' = -\frac{pR}{t}(1-0.5\mu)(1-e_1) + \mu\sigma_1' \\ 跨度中点处：\sigma_2'' = -\frac{pR}{t}(1-e_4 \pm \mu e_3) \\ 跨度中点壳的中面应力：\sigma_2^0 = -\frac{pR}{t}(1-e_4) \end{cases} \tag{5.1.18}$$

（4）肋骨横剖面上的正应力。

肋骨的应变与该处壳板的周向应变相同，因此肋骨内的应力等于该处壳板纵剖面上的相当应力，即

$$\sigma_f = -E\frac{w_1}{R} = \sigma_2' - \mu\sigma_1' = -\frac{pR}{t}(1-0.5\mu)(1-e_1) \tag{5.1.19}$$

上列各式中的 $e_1 \sim e_4$ 参数由文献[1]可得

$$\begin{cases} e_1 = \dfrac{1}{1+\dfrac{lt}{F}F_1(u_1,u_2)}, \quad e_2 = e_1 F_2(u_1,u_2) \\ e_3 = e_1 F_3(u_1,u_2), \quad e_4 = e_1 F_4(u_1,u_2) \\ F_1(u_1 u_2) = \sqrt{1-\gamma^2}\,\dfrac{\cosh 2u_1 - \cos 2u_2}{F_5(u_1 u_2)} \\ F_2(u_1 u_2) = \dfrac{3(1-0.5\mu)(u_2 \sinh 2u_1 - u_1 \sin 2u_2)}{\sqrt{3(1-\mu^2)}\,F_5(u_1 u_2)} \\ F_3(u_1 u_2) = \dfrac{6(1-0.5\mu)(u_1 \cosh u_1 \sin u_2 - u_2 \sinh u_1 \cos u_2)}{\sqrt{3(1-\mu^2)}\,F_5(u_1 u_2)} \\ F_4(u_1 u_2) = 2(1-0.5\mu)\dfrac{u_1 \cosh u_1 \sin u_2 + u_2 \sinh u_1 \cos u_2}{F_5(u_1 u_2)} \\ F_5(u_1 u_2) = u_2 \sinh 2u_1 + u_1 \sinh 2u_2 \end{cases} \tag{5.1.20}$$

基于上述分析，环肋圆柱壳关键部位的应力计算包括：相邻肋骨跨中壳板的周向中面应力 σ_2^0（最大膜应力）、肋骨处壳板内表面的纵向应力 σ_1'（最大的合成应力）以及肋骨平均应力 σ_f。为此，通过进一步变换，其关键部位应力表达式可写成如下形式，即

$$\begin{cases} \sigma_2^0 = -K_2^0 \dfrac{pR}{t} \\ \sigma_1' = -K_1 \dfrac{pR}{t} \\ \sigma_f = -K_f \dfrac{pR}{t} \end{cases} \tag{5.1.21}$$

式中，应力系数函数表达式为

$$\begin{cases} K_1 = 0.5 + e_2 = 0.5 + \dfrac{F_2(u_1 u_2)}{1 + \beta F_1(u_1 u_2)} \\ K_2^0 = 1 - e_4 = 1 - \dfrac{F_4(u_1 u_2)}{1 + \beta F_1(u_1 u_2)} \\ K_f = \left(1 - \dfrac{\mu}{2}\right)(1 - e_1) = \left(1 - \dfrac{\mu}{2}\right)\dfrac{\beta F_1(u_1 u_2)}{1 + \beta F_1(u_1 u_2)} \\ \beta = \dfrac{lt}{F} \end{cases}$$

由以上各关键部位应力表达式看出，在进行壳板和肋骨关键部位的应力计算时，首先要计算 $e_1 \sim e_4$ 值，即辅助函数 $F_1(u_1 u_2) \sim F_4(u_1 u_2)$，计算工作十分繁琐。为使设计计算方便，进行简化处理：取纵向力 T_1 对梁带弯曲影响的最大值，即取表征梁带"梁柱效应"的复杂弯曲参数 $\eta = 2u\gamma = 1$，并将这些辅助函数仅作为参数 u 和 β 的函数，可事先算出并绘制图谱。这样，需要计算 K_2^0、K_1、K_f 时，便可根据环肋圆柱壳结构参数 u 和 β 查图得到。

（5）壳体纵截面中面力的计算。

由于肋骨的存在，破坏了圆柱壳的无矩应力状态，使得肋间壳板纵剖面的中面力，即周向中面力 T_2 沿肋距是变化的，而且是一个超静定的力。为有利于壳体纵截面中面力的简化计算，假定壳板受外压的挠度 w 可以近似表示为

$$w = w_f - \dfrac{1}{2}(w_f - w_{\max})\cos\dfrac{2\pi x}{l} \tag{5.1.22}$$

式中　w_f ——跨端壳板（$x = \dfrac{l}{2}$）处的壳板挠度；

　　　$w_{\max}$ ——跨中壳板（$x = 0$）处的壳板挠度。

由式（5.1.2）可分别得壳板纵剖面支座端部和跨中的周向中面力表达式：

$$\begin{cases} T_2' = -\dfrac{Et}{R}w_f - \mu\dfrac{pR}{2} \\ T_2^0 = -\dfrac{Et}{R}w_{\max} - \mu\dfrac{pR}{2} \end{cases} \tag{5.1.23}$$

将式（5.1.14）的 w_f、$w_{\max}$ 代入式（5.1.23），借肋于应力系数变换可得

$$\begin{cases} T_2' = -K_2'pR \\ T_2^0 = -K_2^0 pR \end{cases} \tag{5.1.24}$$

将式（5.1.24）代入式（5.1.23）得

$$\begin{cases} w_f = \left(K_2' - \dfrac{\mu}{2}\right)\dfrac{pR^2}{Et} \\ w_{\max} = \left(K_2^0 - \dfrac{\mu}{2}\right)\dfrac{pR^2}{Et} \end{cases} \tag{5.1.25}$$

由式（5.1.25）代入式（5.1.22）可以求得 w，进而代入式（5.1.2）即可得圆柱壳受外压纵剖面的周向中面力：

$$T_2 = -\left[\dfrac{1}{2}(K_2' + K_2^0) + \dfrac{1}{2}(K_2' - K_2^0)\cos\dfrac{2\pi x}{l}\right]pR \tag{5.1.26}$$

壳体纵向截面中面力的计算有利于初挠度附加弯矩的计算和壳体的稳定性分析。

5.1.3 钛材和铝材中厚壳应力近似计算的适用性分析

在我国潜艇规范和 CCS 规范中，能够十分方便地采用式（5.1.21）和应用应力系数曲线图表进行环肋圆柱壳的应力计算；然而，规范中的应力系数曲线图表是采用钢的材料性能参数 E、μ 计算得出的，对钛材和铝材中厚壳结构应力的简化计算能否适用？则应进行适用性分析。其主要原因在于图 5.2 中梁带复杂弯曲的梁柱效应对壳体应力计算的影响与材料性能有关，在复杂弯曲参数 $\eta = 2u\gamma$ 中：

$$\begin{cases} u = \dfrac{\sqrt[4]{3(1-\mu^2)}}{2}\dfrac{l}{\sqrt{Rt}} \\ \gamma = \dfrac{m}{n} = \sqrt{\dfrac{R^2 D}{Et}}\cdot\dfrac{pR}{4D} = -\dfrac{1}{2}\dfrac{T_1}{\sqrt{kD}} = \dfrac{1}{2}\sqrt{3(1-\mu^2)}\dfrac{p}{E}\left(\dfrac{R}{t}\right)^2 \end{cases} \tag{5.1.27}$$

从式（5.1.27）中看出，它们不仅与结构参数有关，而且与材料的弹性模量 E 和泊松比 μ 有关。

对于一般圆柱壳而言，η 大约在 0~1 之间变化。当 $\eta=0$，即 $T_1 = -\dfrac{pR}{2} = 0$，表明完全忽略梁柱效应的影响，例如高压容器中厚壁圆柱壳应力简化计算。当 $\eta=1$，表明取高极值、偏安全考虑梁柱效应的影响，例如潜艇和潜水器规范中圆柱壳应力简化计算方法。在这些钢制规范中取 $\eta=1$，还在于钢材 E 值大，按纵向力对弯曲影响的最大可能值进行偏安全简化处理，因而获得广泛的应用。

对于钛、铝合金材料，由于 E 值比钢材小 1/2~1/3，泊松比也有差别（钛合金 μ 可达 0.34），这样能否和钢材一样按纵向力对弯曲影响的最大可能值来进行偏安全简化处理呢？邱昌贤分析得出：纵向力不仅对构成板条梁的弯曲要素及纵向弯曲挠度产生显著影响，而且影响弹性基础梁的横向载荷；并认为在外压的条件下，由于纵向力对横向载荷有叠加作用，梁柱效应不应被忽略。

因而，应对钛、铝合金材料性能和中厚壳引起复杂弯曲参数的变化，进而引起应力计算的变化进行误差分析。参照文献[1]和文献[2]中通过钢材薄壳实例计算比较的验证办法，即以材料屈服强度为 600MPa 和 800MPa 级的高强度钢进行算例计算的比较方法，说明其误差范围。在此，以潜水器耐压结构模型所采用的高强度钛合金、铝合金材料为例，分别对精确解和两种近似解进行计算比较分析，计算算例见附录 C。

通过三组钛合金和铝合金算例（模型结构参数分别为 $u=1.45$、6.10、4.17，$\beta=2.4$、4.0、7.25，$t/R=0.0286$、0.223、0.0723），在 $\eta=0$ 和 $\eta=1$ 两种极端情况下进行应力简化计算，并与精确解的结果比较表明：除钛合金模型 1 的肋骨根部外表面应力在 $2u\gamma=1.0$ 情况下，近似解与精确解误差稍超过 5.0%外，其他都在 3.4%以内。这说明对于钛合金和铝合金材料的环肋圆柱壳，虽然弹性模量下降（即刚度下降），但仍能按复杂弯曲弹性基础梁的简化力学模型进行强度计算，其弹性基础梁的刚度仍足够大，梁柱效应对弯曲的影响仍在工程误差范围内。而对于中厚壳体，由于壳体增厚，弯曲刚度加大，轴向力的影响相对减弱，因而梁柱效应较小，这从钛材算例 2 与算例 1 的误差比较明显看出。因此钛、铝材料的中厚壳体结构在 $u>1.50$ 的条件下仍可以和钢材一样取偏安全的高 η 值来考虑梁柱效应的影响和进行 σ_i 的简化计算。

于是，也同样在取 $\eta=1$ 的条件下，绘制出以 u、β 参数为变量的应力系数 K_1、K_2^0、K_f 的曲线图表。这样在实际结构设计计算中，可通过结构参数 u、β 查曲线图表直接得出应力系数，而无需繁冗的辅助函数 $F_i(u_1u_2)$ 的计算。由于潜水器耐压结构尺度变化大，u、β 参数范围幅度大，在曲线图绘制过程中，还扩大了 u、β 的范围，便于实际使用。

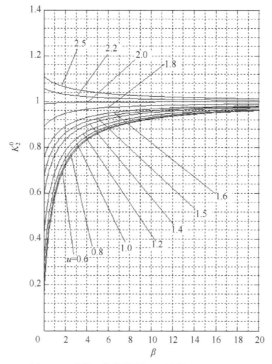

图 5.5　系数 K_2^0 曲线图（u 取值 0.6～2.5）

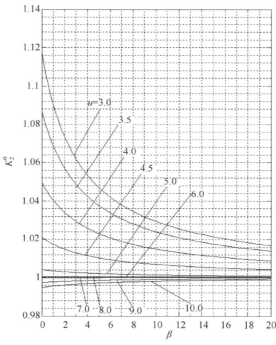

图 5.6　系数 K_2^0 曲线图（u 取值 3.0～10.0）

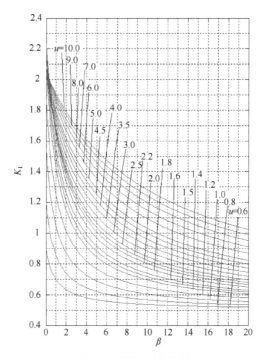

图 5.7 系数 K_1 曲线图

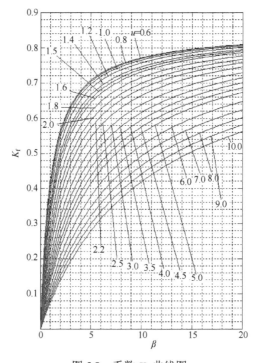

图 5.8 系数 K_f 曲线图

5.2 考虑内、外肋骨配置的环肋圆柱壳强度计算及其简化方法

受静水外压力的环肋圆柱壳，在 5.1 节的分析方法是将圆柱壳视作两端刚性固定在弹性支座上的复杂弯曲弹性基础梁来研究。这里所说的弹性支座是建立在肋骨横剖面尺寸远小于圆柱壳半径基础上的。这种方法实质上是假定环肋的形心与壳板形心重合，环肋的全部面积都集中在壳板的中曲面上，所以无论是内肋骨还是外肋骨，无论肋骨腹板的高与低，只要肋骨横剖面面积相同，其结果都一样。这种不考虑肋骨形心偏离影响及内、外肋骨差异的假定显然是不合理的；特别对于大深度潜水器和深海装备耐压结构，它与潜艇相比，圆柱壳体直径相对较小，但潜深却大大增加，必然会使肋骨腹板高度半径比 H/R 有所增加或肋骨面板有所加宽，进而对环肋圆柱壳的强度计算带来较大的偏心影响。

为准确分析内、外肋骨配置和高腹板带来的影响范围和程度，采用文献[3]中一种较为精确的计算方法，即将环肋圆柱壳分解为肋骨腹板、肋骨翼板（面板）和圆柱壳三个部分进行联立求解，不仅可以计算圆柱壳各校核部位的应力，还可以计算内、外肋骨各部位的应力；并在此基础上，通过计算比较提出工程实用的简化计算方法。

5.2.1 考虑内、外肋骨配置的计算力学模型及求解

受静水压力 p 作用的具有多跨同刚度等间距肋骨加强的圆柱壳，以 T 型肋骨剖面为例，可分解为以下 3 部分，如图 5.9 所示。

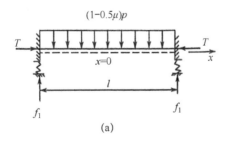

(a)

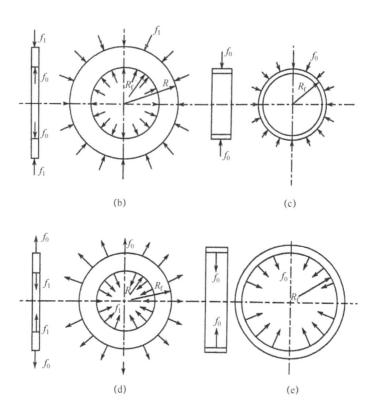

图 5.9 T 型肋骨剖面环肋圆柱壳受静水压力 p 作用示意图

(a) 圆柱壳板；(b) 内肋腹板；(c) 内肋翼板；(d) 外肋腹板；(e) 外肋翼板。

（1）圆柱壳板的解。

圆柱壳梁带求解与 5.1.1 节基本相同，仅边界条件有所不同，即圆柱壳板在静水压力 p 和纵向压力 T 联合作用下，其微分方程为

$$Dw'''' + Tw'' + \frac{Et}{R^2}w = p - \mu\frac{T}{R} \tag{5.2.1}$$

式中：R、t、D、T、p 及 w 的定义均与式（5.1.3）相同。

将坐标原点设在肋骨跨度中央，圆柱壳板结构及载荷沿每档肋骨对称，当 $x = \pm\frac{l}{2}$ 时，转角 $w' = 0$、肋骨腹板与壳板相互作用力为 f_1。因此，圆柱壳板边界条件为

$$\begin{cases} w' = 0 \\ 2Dw''' = f_1 \end{cases} \quad x = \pm\frac{l}{2} \tag{5.2.2}$$

微分方程（5.2.1）的解为

$$w = w^* + c_1 \cosh\alpha_1 x \cos\alpha_2 x + c_4 \sinh\alpha_1 x \sin\alpha_2 x \tag{5.2.3}$$

式中：$w^* = \dfrac{pR^2}{Et}(1-0.5\mu) = \dfrac{0.85pR^2}{Et}$ （$\mu = 0.3$ 时）；

$\alpha_1 = \alpha\sqrt{1-\gamma}$，$\alpha_2 = \alpha\sqrt{1+\gamma}$，$\alpha = \dfrac{1.285}{\sqrt{Rt}}$；

$\gamma = \dfrac{\sqrt{3(1-\mu^2)}}{2}\dfrac{pR^2}{Et^2} = \left(\dfrac{0.205}{100}\dfrac{R}{t}\right)^2 p$ （$E = 1.96\times 10^5\,\mathrm{MPa}$，$\mu = 0.3$ 时）。

c_1、c_4 为待定系数，由边界条件式（5.2.2）确定。

$$\begin{cases} c_1 = -\dfrac{R^2 f_1}{Etl}\dfrac{u\left(\dfrac{1}{\sqrt{1-\gamma}}\sinh u_1 \cos u_2 + \dfrac{1}{\sqrt{1+\gamma}}\cosh u_1 \sin u_2\right)}{\sinh^2 u_1 + \sin^2 u_2} \\ \\ c_4 = -\dfrac{R^2 f_1}{Etl}\dfrac{u\left(\dfrac{1}{\sqrt{1-\gamma}}\cosh u_1 \sin u_2 - \dfrac{1}{\sqrt{1+\gamma}}\sinh u_1 \cos u_2\right)}{\sinh^2 u_1 + \sin^2 u_2} \end{cases} \quad (5.2.4)$$

式中：$u = \dfrac{\alpha l}{2}$，$u_1 = u\sqrt{1-\gamma}$，$u_2 = u\sqrt{1+\gamma}$。

将式（5.2.4）代入式（5.2.3），壳板挠度可写成

$$w = w^* - g(x)f_1 \quad (5.2.5)$$

（2）肋骨腹板的解。

肋骨腹板设定为平面应力状态，并受 f_1 和 f_0 的作用，见图 5.9（b）、（d）。

在极坐标求解轴对称平面问题的相容方程为

$$\left(\dfrac{\mathrm{d}^2}{\mathrm{d}r^2} + \dfrac{1}{r}\dfrac{\mathrm{d}}{\mathrm{d}r}\right)^2 \varphi = 0 \quad (5.2.6)$$

式中 φ ——应力函数。

根据弹性力学基本理论求出应力，并应用胡克定律可以求得肋骨腹板径向位移表达式：

$$u(r) = \dfrac{1}{E}\left[\mp\dfrac{(1+\mu)R_\mathrm{f}^2 R^2 + (1+\mu)R^2 r^2}{(R^2 - R_\mathrm{f}^2)\delta r}f_1 \pm \dfrac{(1+\mu)R_\mathrm{f}^2 R^2 + (1+\mu)R_\mathrm{f}^2 r^2}{(R^2 - R_\mathrm{f}^2)\delta r}f_0\right] \quad (5.2.7)$$

式中 δ ——腹板厚度；

"$\mp$"或"$\pm$"符号，上符号为外肋骨、下符号为内肋骨。

（3）肋骨翼板圆环的解。

肋骨翼板圆环在 f_0 作用下，其挠度为

$$w_\mathrm{f} = \dfrac{R_\mathrm{f}^2}{EF_\mathrm{f}}f_0 \quad (5.2.8)$$

式中　F_f ——肋骨翼板横剖面面积，对于球扁钢为球缘面积。

联立求解 f_0 和 f_1：根据肋骨腹板 $r=R_f$ 处的 $u(R_f)$ 与翼板圆环位移 w_f 相等、$r=R$ 处的 $u(R)$ 与圆柱壳板挠度 $w\left(\dfrac{l}{2}\right)$ 相等，可以求出 f_0 和 f_1。

$$\begin{cases} f_0 = Q_0 p \\ f_1 = Q_1 p \end{cases} \quad (5.2.9)$$

式中

$$\begin{cases} Q_0 = \dfrac{\dfrac{w^* M}{p}}{J \cdot M - \left[K + g\left(\dfrac{l}{2}\right)\right]\left[L - \dfrac{R_f^2}{EF_f}\right]} \\[4mm]
Q_1 = \dfrac{\dfrac{-w^*}{p}\left(L - \dfrac{R_f^2}{EF_f}\right)}{J \cdot M - \left[K + g\left(\dfrac{l}{2}\right)\right]\left[L - \dfrac{R_f^2}{EF_f}\right]} \\[4mm]
J = \pm \dfrac{R}{E\delta}\dfrac{2R_f^2}{(R^2 - R_f^2)} = \pm \dfrac{R}{E\delta}\cdot\dfrac{2m^2}{1-m^2} \\[3mm]
M = \mp \dfrac{R}{E\delta}\dfrac{2RR_f}{(R^2 - R_f^2)} = \mp \dfrac{R}{E\delta}\cdot\dfrac{2m}{1-m^2} \\[3mm]
L = \pm \dfrac{R}{E\delta}\dfrac{(1+\mu)RR_f + (1-\mu)R_f^3/R}{(R^2 - R_f^2)} = \pm \dfrac{R}{E\delta}\dfrac{(1+\mu)m + (1-\mu)m^3}{1-m^2} \\[3mm]
K = \mp \dfrac{R}{E\delta}\dfrac{(1+\mu)R_f^2 + (1-\mu)R^2}{(R^2 - R_f^2)} = \mp \dfrac{R}{E\delta}\dfrac{(1-\mu) + (1+\mu)m^2}{1-m^2} \\[3mm]
m = \dfrac{R_f}{R} \\[3mm]
g\left(\dfrac{l}{2}\right) = \dfrac{R^2}{Etl}F_9(u,\gamma) \end{cases}$$

式中："±" 或 "∓" 符号，上符号为外肋骨，下符号为内肋骨。

对于无翼板的矩形肋骨，$f_0 = 0$、$Q_0 = 0$，且：

$$Q_1 = \frac{\dfrac{w^*}{p}}{G + g\left(\dfrac{l}{2}\right)} \tag{5.2.10}$$

5.2.2 内、外肋骨和壳板应力计算

（1）圆柱壳板应力。

① 跨端壳板纵向应力：

$$\sigma_1\left(\frac{l}{2}\right) = \sigma_1^0 \pm \frac{6Dw''\left(\dfrac{l}{2}\right)}{t^2} = \left\{-0.5 \pm 1.815 \frac{Q_1}{l} F_{12}(u,\gamma)\right\} \frac{pR}{t} \tag{5.2.11}$$

② 跨端壳板周向应力：

$$\sigma_2\left(\frac{l}{2}\right) = -\frac{Ew}{R} + \mu\sigma_1\left(\frac{l}{2}\right) = \left\{-1 + \frac{Q_1}{l} F_9(u,\gamma) \pm 0.545 \frac{Q_1}{l} F_{12}(u,\gamma)\right\} \frac{pR}{t} \tag{5.2.12}$$

③ 跨中壳板纵向应力：

$$\sigma_1(0) = \sigma_1^0 \pm \frac{6Dw''(0)}{t^2} = \left\{-0.5 \pm 1.815 \frac{Q_1}{l} F_{11}(u,\gamma)\right\} \frac{pR}{t} \tag{5.2.13}$$

④ 跨中壳板周向应力：

$$\sigma_2(0) = -\frac{Ew(0)}{R} + \mu\sigma_1(0) = \left\{-1 + \frac{Q_1}{l} F_{10}(u,\gamma) \pm 0.545 \frac{Q_1}{l} F_{11}(u,\gamma)\right\} \frac{pR}{t} \tag{5.2.14}$$

式中："±"符号，上符号为内表面、下符号为外表面。

$$\begin{cases} F_9(u,\gamma) = \dfrac{u(\sqrt{1+\gamma}\sinh u_1 \cosh u_1 + \sqrt{1-\gamma}\sin u_2 \cos u_2)}{\sqrt{1-\gamma^2}(\sinh^2 u_1 + \sin^2 u_2)} \\[2mm] F_{10}(u,\gamma) = \dfrac{u(\sqrt{1+\gamma}\sinh u_1 \cos u_2 + \sqrt{1-\gamma}\cosh u_1 \sin u_2)}{\sqrt{1-\gamma^2}(\sinh^2 u_1 + \sin^2 u_2)} \\[2mm] F_{11}(u,\gamma) = \dfrac{u(\sqrt{1-\gamma}\cosh u_1 \sin u_2 - \sqrt{1+\gamma}\sinh u_1 \cos u_2)}{\sqrt{1-\gamma^2}(\sinh^2 u_1 + \sin^2 u_2)} \\[2mm] F_{12}(u,\gamma) = \dfrac{u(\sqrt{1-\gamma}\sin u_2 \cos u_2 - \sqrt{1+\gamma}\sinh u_1 \cosh u_1)}{\sqrt{1-\gamma^2}(\sinh^2 u_1 + \sin^2 u_2)} \end{cases}$$

（2）肋骨应力。
① 肋骨翼板应力：

$$\sigma_f = -\frac{Ew_f}{R_f} = -\frac{Q_0 p R_f}{F_f} = -\frac{f_0 R_f}{F_f} \tag{5.2.15}$$

对于无翼板的矩形肋骨，其顶部应力即肋骨腹板顶部的应力。

② 肋骨腹板应力：
由弹性力学圆对称平面问题可以求解肋骨腹板上任意一点的应力：

$$\begin{cases} \sigma_r = \pm \dfrac{\left(1 - \dfrac{R_f^2}{r^2}\right)}{(1-m^2)\delta} f_1 \pm \dfrac{\left(\dfrac{R^2}{r^2} - 1\right)m^2}{(1-m^2)\delta} f_0 \\[2ex] \sigma_\theta = \pm \dfrac{\left(1 + \dfrac{R_f^2}{r^2}\right)}{(1-m^2)\delta} f_1 \mp \dfrac{\left(\dfrac{R^2}{r^2} + 1\right)m^2}{(1-m^2)\delta} f_0 \\[2ex] \sigma_r + \sigma_\theta = \pm \dfrac{2}{(1-m^2)\delta} f_1 \mp \dfrac{2m^2}{(1-m^2)\delta} f_0 \end{cases} \tag{5.2.16}$$

式中："±"或"∓"符号，上符号为外肋骨、下符号为内肋骨。

对于矩形肋骨 $f_0 = 0$，且当 $r = R_f$ 时，其 $\sigma_\theta(R_f)$ 为矩形肋骨顶部应力。

5.2.3 "精确解"与现行规范计算方法比较

5.2.2 节计算方法相对于现行的潜水器和潜艇结构规范计算方法可以算是一个"精确解"。因为在实际应用的规范方法中，除将环肋作为弹性支座、不考虑肋骨形心偏离影响的假定之外，还如 5.1.2 节所述，取 $\eta = 2u\gamma = 1$，将环肋圆柱壳中的主要应力作简化处理（见式（5.1.21）），其中 K_i 应力系数仅是 u、β 的函数，只与肋骨面积数值有关，与形式无关，这些都有可能影响计算精度。

为比较"精确解"与现行规范计算方法的差异，下面以文献[3]中实例计算结果作一比较分析，设一圆柱壳半径 $R = 1200\text{mm}$、壳板厚度 $t = 10\text{mm}$、肋骨间距 $l = 189\text{mm}$、肋骨面积 $F = 735\text{mm}^2$、计算压力 $p = 6.4\text{MPa}$。为观察肋骨偏心影响和内、外肋骨差异，分别对内肋骨和外肋骨，并改变肋骨腹板高度（肋骨面积不变），作一系列计算，其腹板高度 H 与壳体半径 R 之比分别为 0.04、0.06、0.09、0.12 和 0.20，应力和位移计算结果见表 5.1。

第5章 圆柱壳强度及初挠度影响分析

表 5.1 "精确解"与规范方法及简化公式的计算结果比较

单位：MPa

应力与挠度	位置	规范方法	"精确解"计算方法									
			外肋骨②					内肋骨①				
			I15×49	T$\frac{7\times35}{7\times70}$	I7×105	I5×147	I3×245	I15×49	T$\frac{7\times35}{7\times70}$	I7×105	I5×147	I3×245
跨中壳板应力 σ_2^0	内表面	-612.10（中面）	-550.17	-567.77	-568.78	-575.86	-587.44	-566.38	-562.30	-561.04	-555.05	-547.66
	外表面		-651.65	-661.03	-661.60	-665.38	-671.62	-660.30	-658.12	-657.46	-654.25	-650.27
	中面		-600.91	-614.40	-615.19	-620.62	-629.53	-613.34	-610.21	-609.25	-604.65	-598.96
肋骨根部圆柱壳板纵向应力 σ_1	内表面	-688.90（内表面）	-701.65	-675.92	-674.53	-664.24	-647.27	-677.99	-683.98	-685.82	-694.50	-705.33
	外表面		-66.36	-92.08	-93.47	-103.76	-120.70	-90.01	-84.02	-82.18	-73.50	-62.67
	中面		-384.00	-384.00	-384.00	-384.00	-384.00	-384.00	-384.00	-384.00	-384.00	-384.00
肋骨应力 σ_f	肋骨根部	-443.33（平均）	-423.38	-435.58	-436.57	-439.65	-442.39	-460.94	-454.24	-453.03	-458.55	-457.72
	肋骨顶部（或翼缘）		-403.06	-409.93	-396.74	-385.88	-358.19	-470.54	-476.13	-494.39	-518.14	-560.49
	肋骨平均正应力		-413.22	-422.76	-416.66	-412.77	-400.29	-465.74	-465.19	-473.71	-488.35	-509.10
肋骨挠度 w_f	肋骨根部	2.66	2.58	2.69	2.69	2.74	2.81	2.68	2.65	2.64	2.64	2.56
	肋骨顶部（或翼缘）		2.54	2.62	2.61	2.62	2.61	2.71	2.69	2.71	2.73	2.68
简化方法	肋骨顶部（或翼缘）	应力	-424.2	-414.51	-406.1	-393.49	-366.89	-464.23	-475.88	-488.07	-507.63	-560.0
		偏差/%	4.76	1.03	2.11	1.72	1.96	1.42	0.06	1.42	2.37	0.11

① T型外/内肋骨截面尺寸简写形成为 T$\frac{t_m \times l_m}{t_f \times l_f}$ (mm)，其中面板厚度为 t_m、宽度为 l_m；腹板厚度为 t_f、高度为 l_f；矩形肋骨截面尺寸简写形式为 I$t\times l$，其中板面厚度为 t、宽度为 l。

分析表 5.1 中的数据可以得出下面一些结论：

（1）跨中壳板内表面、外表面和中面周向应力随外肋骨腹板高度的增加而增加，随内肋骨腹板高度的增加而减小，但增减值都很小，其中面周向应力 σ_2^0 与规范方法相比误差都不大，可不予考虑。另外还可以发现，无论是外肋骨还是内肋骨，以及不同的腹板高度，其跨中壳板的周向弯曲应力都约为中面周向应力的 8%。

（2）肋骨根部壳板内表面纵向应力 σ_1' 随外肋骨腹板高度增加而减小，随内肋骨腹板高度增加而增加，但增减值也不大，与规范方法比较相差也不大，可不予考虑。

（3）外肋骨最大应力在肋骨根部，内肋骨最大应力在肋骨顶部（翼板）；根部应力与顶部应力的差别随腹板高度增加而增加；内肋骨应力比外肋骨应力大，其平均正应力比外肋骨大 10%以上；与规范方法相比，外肋骨平均正应力与规范计算值基本一致，但略小；而内肋骨平均正应力均大于规范计算值并随腹板高度增加而增加，相差比较大，应引起注意。

（4）外肋骨其根部挠度大于顶部，而内肋骨则顶部挠度大于根部。但顶部与根部相差不大，与规范方法计算值也比较一致。

5.2.4　内、外肋骨翼板应力计算简化公式与比较

"精确解"算例计算和比较表明：肋骨内、外布置方式及肋骨腹板高度的变化对环肋圆柱壳结构壳板几个主要应力影响不大，仅对肋骨的平均应力和翼板应力影响较大。为了更直观体现该算例中内、外肋骨的影响，用图 5.10 表示翼板应力相对值随肋骨形心偏离的变化关系：由图 5.10 看出，翼板顶部应力与规范计算的平均应力相差达 26%。

上述精确解计算方法和比较分析结果为环肋圆柱壳考虑内、外肋骨配置的强度简化计算和实际工程应用提供了理论依据。由此可认为，考虑内、外肋骨布置的环肋圆柱壳应力分析，实际上可直接简化为内、外肋骨的应力（主要是翼板应力）分析，即按式（5.2.15）或式（5.2.16）的肋骨应力公式进行分析。由式（5.2.15）变换可得肋骨翼板的应力具体计算式如下：

$$\sigma_f = \frac{0.85MR^2}{Et\left\{J \cdot M - \left[G + g\left(\frac{l}{2}\right)\right]\left(L - \frac{R_f^2}{E \cdot E_f}\right)\right\}} \quad (5.2.17)$$

式中：系数 J、M、L、G、R_f、$g\left(\dfrac{l}{2}\right)$ 的说明见式（5.2.9）。

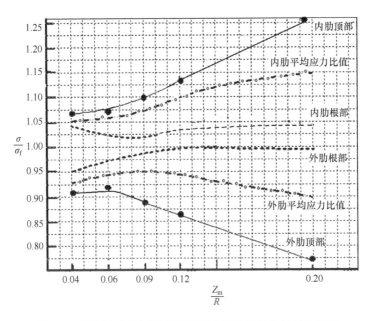

图 5.10 翼板应力相对值随肋骨形心偏离的变化关系曲线图

由式（5.2.17）可以看出，肋骨翼板应力计算不仅与尺度，材质系数 J、M、L、G、R_f 有关，而且与肋骨处的弹性位移 $g\left(\dfrac{l}{2}\right)$ 有关，计算较为复杂。为便于潜水器实际环肋结构的设计计算，现引入文献[4]中肋骨翼板应力计算的简化公式：

$$\sigma_f' = \dfrac{K_f}{1 \pm \dfrac{Z_m}{R}} \cdot \dfrac{pR}{t} \tag{5.2.18}$$

式中　p、R、t 同式（5.2.17）；

　　　Z_m——圆柱壳壳板中面到肋骨翼板（翼缘的顶部）的距离，如图 5.11 所示。

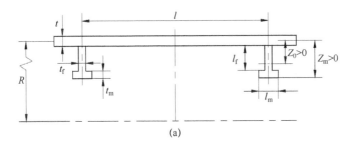

(a)

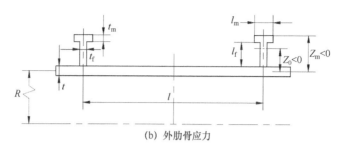

(b) 外肋骨应力

图 5.11 内、外肋骨翼板距离示意图

(a) 内肋骨应力；(b) 外肋骨应力。

式（5.2.18）是在环肋圆柱壳肋骨平均应力计算，即由结构参数 u、β 所确定的应力系数 K_f 的基础上直接计入内、外肋骨腹板高度加翼板厚度的影响，亦即考虑了内、外肋骨偏心的影响。

现比较简化式（5.2.18）与精确解式（5.2.17）的相差，根据表 5.1 的同一参数代入两式计算肋骨翼板应力，其结果相差都在 5%以内；另外从图 5.10 中看出，内、外肋骨顶部精确解曲线与简化公式计算的值（图 5.10 中"●"点的值）十分接近。

在表 5.1 中，肋骨翼板应力简化公式与精确解比较仅是一个薄壳算例（厚度半径比 t/R=0.0084，T 型肋骨 H/R=0.068）的比较。为进一步验证简化公式的可靠性和大深度载荷（大于 1000m 级）下的适用性，引用邱昌贤在考虑柱壳体增厚和 t/R 增大的高腹板环肋圆柱壳强度的理论分析结果，其在精确解的基础上，提出了一种可考虑肋骨偏心的理论计算模型——将肋骨腹板和翼板分别考虑为双向应力状态的梁，虽然解法更为复杂，但挠度和应力的计算精度得到了进一步提高。

通过大深度载荷下 T 型环肋圆柱壳结构的翼板应力计算结果比较，简化公式与邱昌贤和文献[3]的计算结果也很接近，详见表 5.2。另外，多只 T 型环肋圆柱壳结构模型（H/R 达 0.155）的试验结果也检验该简化公式是可行的。

表 5.2 不同方法环肋圆柱壳内肋骨翼板应力比较

结构参数		高强度钢内肋骨环肋圆柱壳结构				钛合金内肋骨环肋圆柱壳结构	
	参数	参数1	参数2	参数3	参数4	参数I	参数II
模型结构参数	内肋骨截面尺寸① T$\dfrac{t_m \times b_m}{t_f \times h_f}$ (mm)	T$\dfrac{7.1 \times 18}{6.1 \times 47}$	T$\dfrac{7.1 \times 18}{6.1 \times 70}$	T$\dfrac{7.1 \times 18}{6.1 \times 95}$	T$\dfrac{7.1 \times 18}{6.1 \times 164}$	T$\dfrac{36 \times 60}{24 \times 112}$	T$\dfrac{22 \times 36}{14 \times 72}$
	Z_m/R	0.063	0.090	0.120	0.200	0.154	0.151
	结构参数 β	2.576	1.925	1.51	0.946	2.60	2.59
	肋骨应力系数 K_f	0.589	0.536	0.481	0.38	0.55	0.54

（续）

结构参数		高强度钢内肋骨环肋圆柱壳结构			钛合金内肋骨环肋圆柱壳结构		
计算方法比较	简化公式（5.2.18）计算结果/MPa	299	280	263	225	329	328
	文献[2]中计算结果/MPa	301	279.7	260	220	314	313
	精确解公式计算结果/MPa	297	276	257	217	305	302
	有限元计算结果/MPa	303	281	262	222	320	321

① T 型内肋骨截面尺寸简写形式为：T$\frac{t_m \times l_m}{t_f \times l_f}$（mm），其中面板厚度为 t_m、宽度为 l_m，腹板厚度为 t_f，高度为 l_f。

由以上分析可知，肋骨内、外布置的环肋圆柱壳应力变化较大的部位是内肋骨，特别是翼板应力增加较大。因此，在结构设计计算和强度校核中，除对环肋圆柱壳各典型部位进行应力校验外，还应对内肋骨翼板按式（5.2.18）进行应力计算和控制。

5.3 圆柱壳与舱壁（封头）连接边缘强度计算

对于受外压的圆柱壳结构，两端都应采用封头或舱壁进行耐压密封。这时，封头和舱壁同为受压元件，需按耐压结构进行设计计算；同时由于连接处变形不协调会产生局部高应力，还应进行壳体局部强度计算校验。

5.3.1 圆柱壳与球形封头连接部位应力分析及设计说明

球形封头与圆柱壳连接处的受力分析如图 5.12 所示。

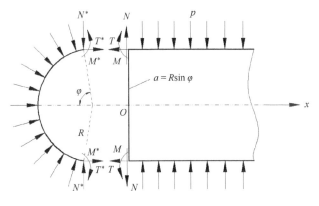

图 5.12 球形封头与圆柱壳连接处的受力分析

设 N、M、T 分别表示圆柱壳部分在边界连接处的横向剪力、弯矩和轴向力，它们与球壳在该处的径向力 N^*、力矩 M^* 和轴向力 T^* 分别相等，即

$$N=N^*，\quad M=M^*，\quad T=T^*=-\frac{pa}{2}$$

根据连接条件，在结合处有

$$\begin{cases} w_{球}=w_{柱} \\ \left(\dfrac{\mathrm{d}w}{\mathrm{d}x}\right)_{球}=\left(\dfrac{\mathrm{d}w}{\mathrm{d}x}\right)_{柱} \end{cases} \tag{5.3.1}$$

将球壳和柱壳在结合处的挠度和转角代入式（5.3.1），即可得

$$\begin{cases} N=\dfrac{\sqrt{\sin\varphi}}{1+\sqrt{\sin\varphi}}\cdot\dfrac{pa}{2}\left[\cot\varphi+\dfrac{\left(1-\dfrac{\mu}{2}\right)-\dfrac{1-\mu}{2\sin\varphi}}{a\beta\sqrt{\sin\varphi}}\right] \\ M=-\dfrac{\sqrt{\sin\varphi}}{1+\sqrt{\sin\varphi}}\cdot\dfrac{pa}{4\beta_0}\cot\varphi \end{cases} \tag{5.3.2}$$

式中：$\beta_0=\sqrt[4]{3(1-\mu^2)}/\sqrt{at}$。

当球壳为半球，即 $\varphi=\dfrac{\pi}{2}$ 时，则

$$\begin{cases} N=\dfrac{p}{8\beta_0} \\ M=0 \end{cases} \tag{5.3.3}$$

图 5.13（a）和（b）分别表示 $\dfrac{a}{t}=100$、$\mu=0.3$、$\varphi=\dfrac{\pi}{2}$ 和 $\varphi=\dfrac{\pi}{4}$ 两种球壳在结合处的 M 和 N 的分布情况。图 5.13（a）表明：在 $\varphi=\dfrac{\pi}{2}$ 时，圆柱壳和半球形封头在连接处附近壳体产生一定的局部弯曲应力，但随着与连接处的距离增大，内力较快地衰减至无矩状态。所以在潜水器设计中，一般都采用半球形封头，在连接处附近壳体上不至于产生过大的弯曲应力，半球形封头的强度计算、校验都可参照第 4 章整球壳的设计计算。

有时因使用上的要求，不得不采用图 5.13（b）所示的结构形式，即 $\varphi<\dfrac{\pi}{2}$，这时会产生很大的局部峰值应力。为使连接处不致因过大的应力集中而遭到破坏，则应在圆柱壳和球壳之间增加过渡锥环结构，或采用类似潜艇端部舱壁的"三心球"封头。其强度计算较为复杂，详见文献[2]中的计算分析和强度校验。

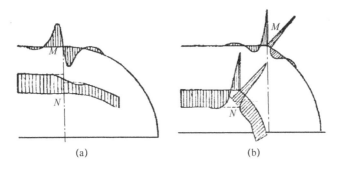

图 5.13　圆柱壳和球封头连接处受力状态

（a）$\varphi=\dfrac{\pi}{2}$；(b) $\varphi=\dfrac{\pi}{4}$。

5.3.2　圆柱壳与刚性平封头连接处壳体应力分析及改善措施

耐压圆柱壳采用平封头密封时，为保证强度和密封性，封头按 10.3.2 节方法进行强度设计。相对于圆柱壳的纵向刚度，封头接近刚性，连接处必然产生除膜应力外的很大附加弯曲应力和边缘力矩，如图 5.14 所示。

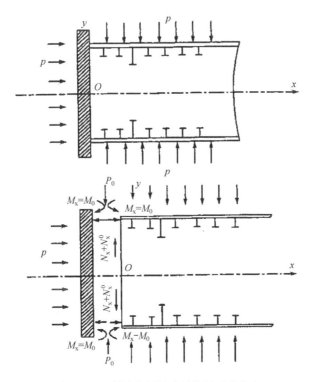

图 5.14　平封头与圆柱壳连接处受力状态

在静水外压力 p 的作用下，平封头与圆柱壳连接处边缘附近壳体产生的总应力为

$$\begin{cases} \sigma_1 = \sigma_1^0 + \dfrac{N_x}{t} \pm \dfrac{6M_x}{t^2} \\ \sigma_2 = \sigma_2^0 + \dfrac{N_\theta}{t} \pm \dfrac{6M_\theta}{t^2} \end{cases} \quad (5.3.4)$$

为了保持连接边缘的变形连续，必定存在边缘力 P_0 和边缘力矩 M_0，它们是沿连接处平行圆圆周线均匀分布的，以作用在单位圆周长度上的力和力矩表示。

在边缘力 P_0 和边缘力矩 M_0 的作用下，圆柱壳的边缘弯曲解为

$$\begin{cases} w = \dfrac{1}{2k^3 D} e^{-kx} \left[kM_0(\cos kx - \sin kx) + P_0 \cos kx \right] \\ \dfrac{dw}{dx} = -\dfrac{1}{2k^2 D} e^{-kx} \left[2kM_0 \cos kx + P_0(\cos kx + \sin kx) \right] \\ N_x = 0 \\ N_\theta = 2kR e^{-kx} \left[P_0 \cos kx + kM_0(\cos kx - \sin kx) \right] \\ M_x = \dfrac{1}{k} e^{-kx} \left[kM_0(\cos kx + \sin kx) + P_0 \sin kx \right] \\ M_\theta = \mu M_x \end{cases} \quad (5.3.5)$$

式中：$k = \dfrac{\sqrt[4]{3(1-\mu^2)}}{\sqrt{Rt}}$；

$D = \dfrac{Et^3}{12(1-\mu^2)}$。

由于平封头刚度足够大，在圆柱壳与平封头连接处可视作刚性固定，在 $x=0$ 处：

$$\begin{cases} w_{\text{模型}} = w_{\text{封头}} = 0 \\ w'_{\text{模型}} = w'_{\text{封头}} = 0 \end{cases} \quad (5.3.6)$$

利用式（5.3.5）的前二式和计入薄膜解可求得边缘处的 M_0、P_0：

$$\begin{cases} M_0 = -k^2 D \dfrac{pR^2}{Et}(2-\mu) \\ P_0 = 2k^3 D \dfrac{pR^2}{Et}(2-\mu) \end{cases} \quad (5.3.7)$$

将 M_0、P_0 代入式（5.3.5），得

$$\begin{cases} N_x = 0 \\ N_\theta = \dfrac{1}{2}pR(2-\mu)\mathrm{e}^{-kx}(\cos kx + \sin kx) \\ M_x = Dk^2\dfrac{pR^2}{Et}(2-\mu)\mathrm{e}^{-kx}(\sin kx - \cos kx) \\ M_\theta = \mu Dk^2\dfrac{pR^2}{Et}(2-\mu)\mathrm{e}^{-kx}(\sin kx - \cos kx) \end{cases} \quad (5.3.8)$$

下面进行边缘连接处壳体应力的计算。令 $x=0$，将式（5.3.8）代入式（5.3.4）并置换 k、D、μ 值后得：

$$\begin{cases} \sigma_1(0) = -\dfrac{pR}{2t} \pm 1.55\dfrac{pR}{t} = \begin{cases} +1.05\dfrac{pR}{t} & \text{（外表面）} \\ -2.05\dfrac{pR}{t} & \text{（内表面）} \end{cases} \\ \sigma_2(0) = -\dfrac{pR}{t} + 0.85\dfrac{pR}{t} \pm 0.47\dfrac{pR}{t} = \begin{cases} +0.32\dfrac{pR}{t} & \text{（外表面）} \\ -0.62\dfrac{pR}{t} & \text{（内表面）} \end{cases} \end{cases} \quad (5.3.9)$$

式（5.3.9）表明，边缘连接处内表面轴向应力最大，为周向膜应力 pR/t 的 2.05 倍，这说明边缘轴向弯曲应力影响最为明显，不过从图 5.15 看出，边缘弯曲应力只存在于边缘附近的局部区域，离开边缘稍远一些，它就沿模型壳体轴线按函数 e^{-kx} 呈波形迅速衰减。

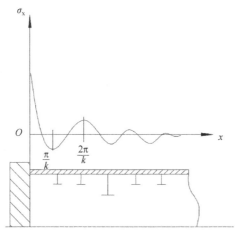

图 5.15 环肋圆柱壳刚性封头边界处轴向弯曲应力

由于平封头连接使圆柱壳根部内表面产生很大的纵向峰值应力，因此在实际的设计中，应根据边缘应力的局部性和自限性的特性及耐压结构材料性能的不同进行具体处理：对那些采用高强度、低塑性材料的钛合金、铝合金的结构，为避免在过大的边缘应力情况下可能引起强度或疲劳破坏，要尽可能地改进边缘连接的结构形式，包括加过渡斜边圆环或边缘区局部加强，以减少纵向应力峰值，达到强度校核要求；另外，还应保证边缘区焊缝质量，降低边缘区残余应力，以及在边缘区内要尽可能地避免附加其他局部应力或开孔等。

对于那些由塑性较好的材料，例如低碳钢、奥氏体不锈钢等制成的容器，在静载荷作用下一般可不考虑边缘应力的影响。因为，在这类容器中，即使局部产生了塑性变形，周围尚未屈服的弹性区也能抑制塑性变形的扩展而使容器处于安定状态。

5.3.3 圆柱壳与舱壁或框架强肋骨连接处壳板应力计算分析

对于平面舱壁或强框架肋骨与圆柱壳交接处的受力分析，可以用无限长弹性基础梁在集中力作用下的弯曲求解来近似计算，即把在均匀外压力作用下的圆柱壳简化成无限长的弹性基础梁、把平面舱壁看成该梁的一个附加弹性支座，并产生一个支座反力 q_0，其力学模型如图 5.16 所示。

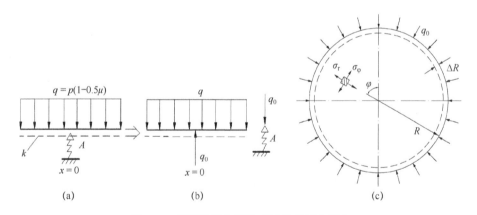

图 5.16　平面舱壁与圆柱壳连接处受力状态

为求得该弹性支座的柔性系数 A，把平面舱壁当作一块圆平板来研究（如考虑舱壁上水平和垂直加强材，则可按面积相当的等效圆平板计算），该圆平板在它的圆形周界上受到外力（舱壁平面内的压力）的作用。它处于双向应力状态，应力为

$$\sigma_r = \sigma_\varphi = \frac{q_0}{t_k} \quad (5.3.10)$$

式中　t_k——舱壁平板的厚度。

其应变为

$$\varepsilon_r = \frac{1}{E}(\sigma_r - \mu\sigma_\varphi) = \frac{q_0}{Et_k}(1-\mu) = \frac{0.7q_0}{Et_k} \quad (5.3.11)$$

而圆形周界的径向位移（圆半径的减小值）为

$$\Delta R = \varepsilon_r R = \frac{0.7q_0 R}{Et_k} = Aq_0 \quad (5.3.12)$$

因此，弹性支座的柔性系数为

$$A = \frac{\Delta R}{q_0} = \frac{0.7R}{Et_k} \quad (5.3.13)$$

图 5.16 所示的弹性基础梁，在 $x=0$ 处的挠度可通过叠加原理求得，其值为

$$w_{x=0} = \frac{q}{k} - \frac{q_0\alpha}{2k} \quad (5.3.14)$$

弹性支座在集中力 q_0 的作用下，其挠度为

$$w_{x=0} = Aq_0 = \frac{0.7R}{Et_k}q_0 \quad (5.3.15)$$

令式（5.3.14）和式（5.3.15）相等，则得

$$q_0 = \frac{q}{\dfrac{\alpha}{2} + \dfrac{0.7Rk}{Et_k}} \quad (5.3.16)$$

将 $q = 0.85p$，$\dfrac{\alpha}{2} = 0.643\dfrac{1}{\sqrt{Rt}}$，$k = \dfrac{Et}{R^2}$ 代入式（5.3.16），则得

$$q_0 = \frac{0.85pR}{0.643\dfrac{R}{\sqrt{Rt}} + \dfrac{0.7t}{t_k}} \quad (5.3.17)$$

这里 q_0 既是作用在舱壁圆形周界上的外力，也是舱壁对圆柱壳的反力。对于圆柱壳在框架肋骨处的强度问题，其力学模型也如图 5.16 所示。区别仅在于弹性支座的柔性系数为

$$A_k = \frac{R^2}{EF_k} \quad (5.3.18)$$

式中　F_k——框架肋骨（不计带板）剖面积。

用上面相同的方法，可求得框架肋骨处的集中反力为

$$P_k = \frac{0.85p}{\dfrac{t}{F_k} + \dfrac{\alpha}{2}} \quad (5.3.19)$$

对于一个如图 5.16 所示的无限长弹性基础梁，在 $x=0$ 处受集中力 P_k 作用。其梁的各弯曲要素的计算公式为

$$\begin{cases} \text{挠度} \quad w = \dfrac{P_k}{8\alpha^3 EI}\sqrt{2}W_3(\alpha x) \\ \text{转角} \quad w' = \dfrac{P_k}{4\alpha^2 EI}W_2(\alpha x) \\ \text{弯矩} \quad M = EIw'' = \dfrac{P_k}{4\alpha}\sqrt{2}W_1(\alpha x) \\ \text{剪力} \quad N = EIw''' = \dfrac{P_k}{2}W_0(\alpha x) \end{cases} \quad (5.3.20)$$

式中：$\alpha = \sqrt[4]{\dfrac{3(1-\mu^2)}{R^2 t^2}}$，对于钢材 $\alpha = \dfrac{1.285}{\sqrt{Rt}}$。

$W_i(\alpha x)$ 称为克利舍维奇函数，这里 $\alpha^4 = k/4EI$，k 为弹性基础的刚度。在集中力 P_k（$x=0$）作用下，挠度和弯矩的绝对值最大；离开集中力作用处，即当 αx 略为增大时，挠度和弯矩都迅速衰减到零。

在 $x=0$，$\sqrt{2}W_3(\alpha x) = 1$，$\sqrt{2}W_1(\alpha x) = -1$，则最大弯矩为

$$|M_{\max}| = \dfrac{P_k}{4\alpha} = \dfrac{0.85 p / 2\alpha^2}{\dfrac{2t}{\alpha F_k} + 1} \quad (5.3.21)$$

再将 $\alpha^2 = \left(\dfrac{1.285}{\sqrt{Rt}}\right)^2 = \dfrac{1.65}{Rt}$，$\dfrac{\alpha}{2} = \dfrac{u}{l}$ 代入式（5.3.1），则得

$$|M_{\max}| = \dfrac{0.85 pRt}{3.30(1 + \beta_k / u)} \quad (5.3.22)$$

式中：$\beta_k = \dfrac{lt}{F_k}$。

故壳体横剖面上的最大应力为

$$|\sigma_1'| = \dfrac{pR}{2t} + \dfrac{6|M_{\max}|}{t^2} = \dfrac{pR}{2t}\left(1 + \dfrac{3.09}{1 + \beta_k / u}\right) \quad (5.3.23)$$

当舱壁或框架肋骨特别强时，即 $F_k \to \infty$，则舱壁处壳板横剖面上的最大应力由式（5.2.23）变换可得

$$|\sigma_1'| = 4.09 \dfrac{pR}{2t} = \dfrac{2.045 pR}{t} \quad (5.3.24)$$

式（5.3.24）与平封头和圆柱壳交接处内表面应力（5.3.9）式完全一致，即这时的舱壁或强框架肋骨刚度很大，已变成绝对刚性边界，这是设计中应尽量避免的。在现行规范中，此处的强度校核也参照环肋圆柱壳一般肋骨根部相一致的校验标准。

5.4 初始缺陷对圆柱壳强度的影响及超差加强分析

圆柱壳和环肋圆柱壳结构在加工、装配和焊接等工艺过程中由于各种因素的影响，其实际形状与强度计算中采用的理想力学模型形状之间总会产生偏差，这种偏差通常称为初始缺陷或初挠度（以下称初挠度）。

在载荷安全系数的确定中，基于整体柱壳结构随机初挠度的数理统计，考虑了其随机分布特征值对结构安全性的影响。在本节则具体研究近似失稳波形的单个初挠度及其形式对结构承载能力（稳定性破坏模式）和静强度的影响，及与强度标准、结构尺度、材料性能的相互关系。

大深度潜水器和深海装备耐压壳体由于结构参数和壳板厚度变化范围大，并且大多采用高强度钛合金等新材料和加工新工艺，因而，也十分需要进行壳板和肋骨初挠度对结构强度的影响分析。它既有助于实际结构的加工验收初挠度允许标准的合理确定和超差加强分析，也有利于建造新工艺与强度标准的协调和强度与承载能力之间的匹配。

5.4.1 初挠度壳板应力近似计算与强度许用标准关系

5.4.1.1 初挠度形式和附加弯矩的计算

耐压结构初挠度实际形状是很复杂的，在理论上分析大致有两种：一种是轴对称形状，常发生在短环肋圆柱壳焊接加工中，由于壳板和肋骨焊接时会产生收缩变形，造成外肋骨的壳板初挠度凸起，内肋骨的壳板初挠度凹陷；另一种则是多波初挠度，主要是壳板的局部凹凸、棱角及差边等，这类初挠度在壳体加工中是比较普遍的，也是初挠度许用标准分析的重点。这两种初挠度形式都可以用三角函数叠加来表示：对于在一个肋间内多波初挠度形状可由下式近似表达：

$$w_0(x) = \frac{w_\mathrm{a}}{2}\left(1 - \cos\frac{2\pi x}{l}\right) \tag{5.4.1}$$

其在肋间沿纵向按三角函数形式的分布见图 5.17。

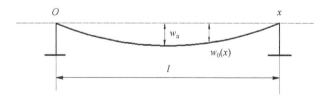

图 5.17 肋间初挠度三角函数形式的分布示意图

由于非轴对称的多波初挠度对壳体强度和承载能力的影响分析十分复杂，在以往的理论分析中都采用近似计算法，其要点就是当壳板有初挠度以后，认为只在周向产生附加弯矩，而该弯矩只决定于初挠度大小及壳板承受的周向力。

按此假定就可求得在中面周向力的作用下，由初挠度引起的作用于全跨的周向附加弯矩，即

$$M = \int_0^l T_2 w_0(x) \mathrm{d}x \tag{5.4.2}$$

将式（5.1.26）和式（5.4.1）代入式（5.4.2）可得

$$M = 0.5 pRlw_a \left(\frac{K_2' + 3K_2^0}{4} \right) \tag{5.4.3}$$

通过计算分析，环肋圆柱壳结构的 K_2' 虽都小于 K_2^0，但两者比较接近。为便于计算分析，进行偏于安全的简化，取 $K_2' = K_2^0$，则

$$M = 0.5 pRlK_2^0 w_a \tag{5.4.4}$$

该弯矩公式考虑了 K_2^0 即肋骨的影响。它与以往结构规范由近似假定壳板承受全跨总周向力的 90%，即 $T_2 = 0.9 pRl$ 所得出弯矩公式 $M = 0.45 pRlw_a$，也基本一致。

5.4.1.2 初挠度壳板应力近似计算公式与强度标准的关系分析

假设周向附加弯矩只由壳板来承受，则初挠度引起的弯曲应力（绝对值）由式（5.4.4）可得

$$\sigma_w = \frac{M}{W} = \frac{0.5 pRlK_2^0 w_a}{\frac{lt^2}{6}} = \left(\frac{3 w_a}{t} \right) K_2^0 \frac{pR}{t} \tag{5.4.5}$$

因此壳板表面的最大总应力为

$$\sigma_{\max} = \sigma_2^0 + \sigma_w = \left(1 + 3.0 \frac{w_a}{t} \right) K_2^0 \frac{pR}{t} \tag{5.4.6}$$

该公式已广泛应用于现行结构规范的设计计算方法中，它是实际结构强度计算校验和壳体加工超差加强判断的基本依据公式（见式（5.4.28））。壳板强度的控制可参照第 10 章（10.1.3.2 节）的应力分类控制要求，一次弯曲应力应小于或等于 $1.5 S_m$。对于环肋圆柱壳稳定性破坏模式，计算载荷下壳体对应的中面应力一般不超过 $0.85 R_{eH}$，故初挠度处的最大表面应力强度控制标准可取 $[\sigma]_{\max} \leqslant 1.5 S_m = 1.275 R_{eH}$。因此，对于壳板初挠度处表面总应力强度标准取小于 $1.275 R_{eH}$ 的某一值都是可行和偏于安全的。令初挠度允许相对值 $\bar{f} = \frac{w_a}{t}$，则由式（5.4.6）得

$$\overline{f} = \frac{w_a}{t} = \frac{[\sigma]t}{3K_2^0 pR} - \frac{1}{3} \tag{5.4.7}$$

式中：$\overline{f}$ 不仅与结构尺度参数和对应的中面应力有关，而且与表面应力的许用标准 $[\sigma]$ 有关。$[\sigma]$ 的取值在结构规范中依据壳体的受力状态各有不一，例如：对于薄圆柱壳结构可取 $[\sigma]=1.25R_{eH}$，对于采用高强度材料的耐压结构可取 $[\sigma]=1.0 \sim 1.15R_{eH}$。以上几种许用应力条件下的关系曲线如图 5.18 所示。

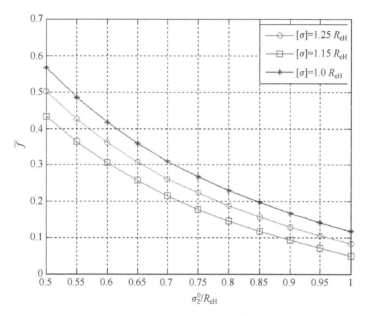

图 5.18　不同许用应力条件下的 $\overline{f}$ 关系曲线

图 5.18 中三条曲线表明了 $\overline{f}$ 和 σ_2^0 / R_{eH} 在不同许用应力条件下的变化关系。它为确定不同设计要求和使用条件下的圆柱壳板初挠度许用标准提供了参考依据。对于大深度耐压结构，计算压力下壳体对应的中面应力可能超过 $0.85R_{eH}$，达 $0.90R_{eH}$；这时从图 5.18 曲线看出，$\overline{f}$ 值呈下降趋势。当 σ_2^0 大于 $0.90R_{eH}$ 后，壳体趋向极限强度破坏模式，$\overline{f}$ 值会越来越小。

5.4.2　初挠度壳板应力计算及与结构和材料参数的关系

5.4.2.1　考虑复杂弯曲影响的跨中壳板应力计算

为进一步探讨钢材及钛、铝材料壳体初挠度对结构强度的综合影响及与各结构参数的关系，引用朱邦俊考虑复杂弯曲影响的"精确解"分析：假定耐压壳板初挠度相对于壳板厚度为一小值，初挠度引起的附加力和附加弯矩是一个局部范围的自身平衡体系，可以由一般的薄壳理论平衡方程获得初挠度引起的附加力和附加弯矩的平衡方程。

通过对附加力的平衡方程和相应的附加力与附加位移关系的物理方程联立求解，得出跨中壳板凹陷处和肋骨根部跨端剖面的附加应力和总应力（详见附录D）。

（1）轴对称失稳状态应力。

肋间跨中的弯曲应力为

$$\sigma_1^m = \pm K_M^0 \frac{pR}{t}, \quad \sigma_2^m = \pm \mu K_M^0 \frac{pR}{t} \tag{5.4.8}$$

跨中应力总和为

$$\text{中面应力：} \sigma_{1t}^0 = \frac{pR}{2t}, \quad \sigma_{2t}^0 = \pm K_M^0 \frac{pR}{t}(K_2^0 + 0.826\overline{f}\eta) \tag{5.4.9}$$

在凹陷区的外表面：

$$\begin{cases} \sigma_{1t}^{Hap} = \frac{pR}{t}\left(0.5 + K_M^0 + 1.85\frac{\overline{f}\eta}{u^2}\right) \\ \sigma_{2t}^{Hap} = \frac{pR}{t}\left(K_2^0 + \mu K_M^0 + 0.826\overline{f}\eta + 0.555\frac{\overline{f}\eta}{u^2}\right) \end{cases} \tag{5.4.10}$$

（2）多波失稳状态时应力。

中面应力总和为

$$\begin{cases} \sigma_{1t}^0 = \frac{pR}{t}\left[0.5 + \frac{\lambda^2}{(1+\lambda^2)^2}\frac{\overline{f}\eta}{\varphi}\right] \\ \sigma_{2t}^0 = \frac{pR}{t}\left[K_2^0 + \frac{1}{(1+\lambda^2)^2}\frac{\overline{f}\eta}{\varphi}\right] \end{cases} \tag{5.4.11}$$

凹陷区域外表面应力总和为

$$\begin{cases} \sigma_{1t}' = \frac{pR}{t}\left\{0.5 + K_M^0 + \frac{\overline{f}\eta}{\varphi}\left[\frac{\lambda^2}{(1+\lambda^2)^2} + 2.24\frac{(1+\mu\lambda^2)}{u^2}\right]\right\} & \text{纵向} \\ \sigma_{2t}' = \frac{pR}{t}\left\{K_2^0 + \mu K_M^0 + \frac{\overline{f}\eta}{\varphi}\left[\frac{1}{(1+\lambda^2)^2} + 2.24\frac{(\mu+\lambda^2)}{u^2}\right]\right\} & \text{周向} \end{cases} \tag{5.4.12}$$

式中　$\eta = 1 \Big/ \left(1 - \dfrac{p}{p_E}\right)$;

$\alpha = \dfrac{\pi R}{l}$;

$\lambda = \dfrac{n}{\alpha}$;

$\overline{f} = \dfrac{w_a}{t}$;

p_E——壳体多波失稳理论临界压力，$p_E = \varphi(u,\beta) E \left(\dfrac{t}{R}\right)^2$;

$\varphi(u,\beta) = \dfrac{1}{K_2^0(u,\beta)\lambda^2 + 0.5} \left[0.373 \dfrac{(1+\lambda^2)^2}{u^2} + 0.246 \dfrac{u^2}{(1+\lambda^2)^2}\right]$。

由式（5.4.9）～式（5.4.12）看出，初挠度尤其是多波初挠度形状与壳板失稳形状一致时，复杂弯曲不仅引起弯曲应力的显著增加，而且也引起膜应力的明显增加。通过算例分析表明：在同样的 $\overline{f}$ 值下，多波初挠度引起的表面总应力比轴对称初挠度引起的应力要大很多，但中面应力几乎一样。

在应力计算中，需要注意的是确定与压力 p 及 p_E 有关的巴泼柯维奇复杂弯曲系数 η 的参数范围。结构确定后，p_E 是确定的，但 η 对 p 是非常敏感的，只有在小挠度和 $p/p_E < 0.5 \sim 0.8$，即 η 在 2.0～5.0 范围内才是正确的。这在式（5.4.14）初挠度允许值计算中也同样应引起注意。

5.4.2.2　初挠度允许值与结构和材料性能参数关系

上述考虑复杂弯曲的初挠度对跨中壳板和肋骨的应力影响还是比较明显的，必须用应力允许标准来限制壳板的初挠度。对于采用高强度材料设计制造的大深度中厚圆柱壳体，在一般情况下都是以结构不发生塑性变形为原则而确定强度条件的，即跨中壳板凹陷外表面总应力和肋骨面板（翼板）总应力应不大于材料的屈服极限 R_{eH}。

根据上述强度条件，令跨中壳板凹陷外表面总应力 $\sigma_{2t}' = R_{eH}$，由式（5.4.12）第二式可得

$$\overline{f} = \dfrac{\dfrac{R_{eH}}{pR} - K_2^0 - \mu K_M^0}{\dfrac{\eta}{\varphi}\left[\dfrac{1}{(1+\lambda^2)^2} + \dfrac{2.24(\mu+\lambda^2)}{u^2}\right]} \quad (5.4.13)$$

式中　p——最大工作压力。

根据潜水器耐压壳体安全性设计要求，圆柱壳结构的一次膜应力一般都取 $\dfrac{p_E R}{t} \approx 0.60 R_{eH}$，则式（5.4.13）变换为

$$\overline{f} \leqslant \dfrac{1.667 - K_2^0 - \mu K_M^0}{\dfrac{1}{\varphi - 3.0 \times 10^{-6} R_{eH} \dfrac{R}{t}} \left[\dfrac{1}{(1+\lambda^2)^2} + \dfrac{2.24(\mu + \lambda^2)}{u^2} \right]} \tag{5.4.14}$$

式（5.4.14）即考虑复杂弯曲所得出壳板初挠度允许标准的表达式，允许值 $\overline{f}$ 不仅与结构强度和承载能力系数都存在解析关系，而且还与材料的屈服极限 R_{eH} 有关。式中 K_2^0、K_M^0、φ 均为 u、β 的函数，λ 是 $C_1 = 2K_2^0$ 和 u 的函数，则 $\overline{f}$ 为 R/t、R_{eH}、u、β 的函数。对于具体结构，R/t、R_{eH} 已为定值。因此，$\overline{f}$ 的主要影响参数是 u 和 β。对于轴对称波形初挠度，取 $\lambda = 0$、$\varphi = 1.21$。为便于直观分析，绘成 $\overline{f} - u$ 关系曲线进行比较，若以 $R/t = 108$、$R_{eH} = 800$MPa 为例，允许值 $\overline{f}$ 与 u、β 参数变化关系见图 5.19。

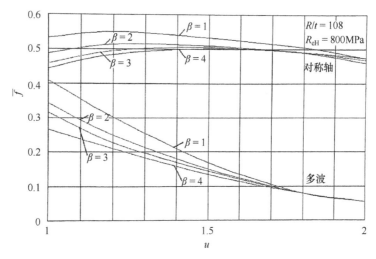

图 5.19 钢制壳体初挠度允许值 $\overline{f}$ 和 u、β 参数变化关系曲线

由图 5.19 算例关系曲线更可看出：在相同应力强度条件下，轴对称初挠度允许值比多波初挠度大很多；对于多波初挠度，参数 u、β，尤其是 u 对初挠度允许值的影响是显著的。式（5.4.14）和图 5.19 表明了初挠度允许值 $\overline{f}$ 与壳体结构参数和材料性能的解析关系，为分析不同结构和材料的壳体初挠度允许标准提供了参考依据。

5.4.3 肋骨初挠度对强度和承载能力的影响分析

5.4.3.1 初挠度引起的肋骨附加力

环肋圆柱壳肋骨初挠度和壳板初挠度分布一样也是十分复杂的，为便于定值理论分析，也把复杂的肋骨初挠度采用三角函数正弦波的叠加来表示。为了简化问题，通常也认为初挠度形状与失稳波形一致，并以实际最大的初挠度 w_a 作为初挠度函数 w 的幅值，即

$$w = w_a \sin n\varphi \tag{5.4.15}$$

式中　w_a——肋骨初挠度最大值。

耐压壳体舱段结构，在其跨度足够大时，两端横舱壁对于肋骨的稳定性影响已很小了。因此每档肋骨可简化为在均匀外压作用下孤立圆环的力学模型。由环肋圆柱壳变换成孤立圆环失稳临界压力公式，如式（6.1.9）所示，即

$$p_E' = \frac{EI}{R^3 l}(n^2 - 1) = \frac{3EI}{R^3 l} \tag{5.4.16}$$

式中　EI——圆环的横断面刚度；

　　　p_E'——孤立圆环理论临界压力；

　　　n——失稳波数。对圆环来说，波数恒等于 2。

对于在具有三角函数初挠度 $w = w_a \sin n\varphi$ 的情况下，圆环将改变无矩状态，在断面产生附加弯曲力矩和附加弯曲弹性位移，根据巴泼柯维奇的复杂弯曲求解公式，可得附加弯曲弹性位移公式：

$$w_f = \frac{w_a}{\frac{EI}{pR^3}(n^2-1) - 1} = \frac{w_a}{\frac{p_E'}{p} - 1} \tag{5.4.17}$$

则壳体径向总位移（挠度总和）为

$$w = w_a + w_f = w_a + \frac{w_a}{\frac{p_E'}{p} - 1} = \eta' w_a \tag{5.4.18}$$

式中：$\eta' = 1 \Big/ \left(1 - \frac{p}{p_E'}\right)$。

由于 pR 是圆环横截面上的单位作用力，而 $\eta' w_a$ 为复杂弯曲条件下圆环径向位移的总和，则宽度为 l 的圆环总弯曲力矩为 $M_{max} = pRl\eta' w_a$，其初挠度引起的总弯曲应力为

$$\overline{\sigma_{\bar{f}}} = \frac{M_{max}}{W_{min}} = \frac{pRl\eta' w_a}{W_{min}} \tag{5.4.19}$$

式中 $W_{\min}$——带附连翼板的肋骨横剖面最小剖面模数。

由此，肋骨面板（翼板）的最大应力（总应力）为

$$\sigma_{\max} = \sigma_f + \overline{\sigma}_2^0 + \overline{\sigma}_{\bar{f}} = \sigma_f + \overline{\sigma}_2^0 + \frac{M_{\max}}{W_{\min}} \quad (5.4.20)$$

式中 σ_f——肋骨中面应力，参见式（5.1.21）；

$\overline{\sigma}_2^0 = \dfrac{\overline{T}_2}{t + F/l}$ 为肋骨附加中面应力。

5.4.3.2 基于肋骨强度控制条件的初挠度对总体承载能力的影响分析

由于初挠度的存在，肋骨增加了一个附加弯曲应力，当初挠度增大时，肋骨面板的总应力将会随之增加。肋骨强度控制条件就是在计算压力下按其总应力不超过材料的屈服强度 R_{eH} 为判据。由式（5.4.20）忽略 $\overline{\sigma}_2^0$（一般情况下 $\overline{\sigma}_2^0$ 都比较小）即得

$$\sigma_{\max} = \sigma_f + \frac{M_{\max}}{W_{\min}} \leqslant 1.0 R_{eH} \quad (5.4.21)$$

这样就可在满足此强度条件下进行肋骨初挠度与承载能力的关系分析[5]，令

$$\begin{cases} A = K_f \dfrac{R}{t} \\ B = \dfrac{EI}{R^2}(n^2 - 1) \times \dfrac{1}{W_{\min}} \end{cases} \quad (5.4.22)$$

于是式（5.4.21）可写成

$$AP + B \frac{p w_a}{p_E - P} \leqslant 1.0 R_{eH}$$

或

$$p^2 - p \left(\frac{1.0 R_{eH}}{A} + p_E + \frac{B w_a}{A} + \frac{1.0 R_{eH}}{A} \right) + 1.0 R_{eH} p_E \leqslant 0 \quad (5.4.23)$$

求解一元二次方程得

$$p \leqslant \frac{1}{2} \left[\left(\frac{R_{eH}}{A} + p_E + \frac{B w_a}{A} \right) \pm \sqrt{ \left(\frac{R_{eH}}{A} + p_E + \frac{B w_a}{A} \right)^2 - 4 \frac{R_{eH}}{A} p_E } \right]$$

由于 p 只能小于 p_E'，根式前取"+"号，没有实际意义。

因此承载能力 p 与 w_a 的关系式最后写成为

$$2p \leqslant \left(\frac{R_{eH}}{A} + p_E + \frac{Bw_a}{A}\right) - \sqrt{\left(\frac{R_{eH}}{A} + p_E + \frac{Bw_a}{A}\right)^2 - 4\frac{R_{eH}}{A}p_E} \quad (5.4.24)$$

显然肋骨初挠度对承载能力的影响与肋骨的膜应力 σ_f、壳体参数及材料性能 R_{eH} 都有关。对于不同结构参数环肋圆柱壳模型，根据式（5.4.21）可得图（5.20）中的关系曲线。

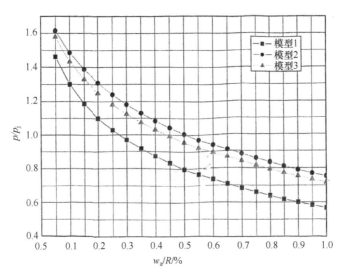

图 5.20 肋骨初挠度与 p/p_j 关系曲线

从图 5.20 看出，当压力 p 接近计算压力 p_j，即 $p/p_j=1.0$ 时，w_a/R 接近 0.3%～0.5%；当 $p/p_j \geqslant 1.20$ 时，模型曲线 1 和模型曲线 2 的 w_a/R 值尚能达到 0.25%的许用标准要求，模型曲线 3 则不满足要求。这说明根据实际的尺度参数和承载系数，应用式（5.4.24）和图 5.20 的关系曲线就可进行相应结构的肋骨许用初挠度分析。

5.4.4 不同材料壳体初挠度许用标准及超差加强分析

5.4.4.1 壳板初挠度允许标准分析

钢制壳板初挠度许用标准已在结构规范中明确，钛、铝材料及中厚壳体允许标准尚难以确定；由于问题的复杂性只能引用个别算例进行具体分析，在此引进由黄进浩应用式（5.4.7）、式（5.4.14）所进行的初挠度允许值的计算算例，其结构参数 $u=1.25$、$\beta=2.5$、$R_{eH}=785\mathrm{MPa}$，极限工作压力下取无初挠度时跨中壳板中面周向应力为 $0.60R_{eH}$、计算压力下取 $0.90R_{eH}$，即安全系数取 1.5，计算结果见表 5.3。

表 5.3 不同条件下壳板初挠度允许值

弹性模量/GPa	结构参数	极限工作压力下不大于 1.0 R_{eH}				计算压力下不大于 1.25 R_{eH}			
		多波初挠度公式（5.4.14）	轴对称初挠度	近似计算式①	近似计算式（5.4.7）	多波初挠度公式（5.4.14）	轴对称初挠度	近似计算式①	近似计算式（5.4.7）
196	$R/t=100$	0.239	0.529	0.202	0.222	0.119	0.299	0.118	0.130
	$R/t=50$	0.291	0.593	0.202	0.222	0.169	0.360	0.118	0.130
115	$R/t=100$	0.161	0.434	0.202	0.222	0.048	0.209	0.118	0.130
	$R/t=50$	0.252	0.545	0.202	0.222	0.133	0.315	0.118	0.130

① 按附加弯矩 $M=0.45pRlw_a$ 计算；

② 轴对称初挠度允许值还可以用式（5.4.10）计算。

该算例分别对采用不同材料、不同方法、不同尺度及不同强度条件的初挠度进行允许值的计算，由表中的数值结果分析如下：

（1）通过算例的"精确解"计算，壳板轴对称初挠度允许值 $\overline{f}$ 如图 5.19 中曲线所示的值一样，远大于多波状态。这和前述的应力计算中，轴对称初挠度引起的表面总应力比多波初挠度引起的应力要小很多是相对应的。同时说明，确定许用标准主要是针对多波初挠度状态。

（2）近似解计算初挠度 $\overline{f}$ 值是以公式（5.4.7）不考虑结构参数影响（$K_2^0=1.0$）得出的计算值，即与结构尺度、材料参数无关。从精确解计算和图 5.19 看出，结构参数 u 影响很大，在 u 较小的情况下，随着尺寸参数 t/R 的增大，$\overline{f}$ 值有所增加；随着结构参数 $u \geq 1.50$，$\overline{f}$ 值明显减小，并与 β 取值无关。

（3）在结构材料性能方面，由式（5.4.14）和表 5.3 看出，针对同一结构参数，随着材料的弹性模数 E 的下降，$\overline{f}$ 值也呈减少趋势。这是因为在同样的应力水平下，弹性模量较小的材料，其结构由初挠度引起的附加挠度和弯矩增加，导致总应力提高。

（4）从表 5.3 计算的 $\overline{f}$ 值看出，采用极限工作压力下不大于 $1.0R_{eH}$ 的标准与现行钢结构规范标准（$\overline{f}=0.15 \sim 0.20$）相比，稍偏宽松；而采用计算压力下不大于 $1.25 R_{eH}$ 的标准，则偏严。说明在现行钢结构规范中的允许 $\overline{f}$ 值，兼顾了两者的应用。

总之，通过以上分析表明：对于大深度潜水器耐压结构，由于结构尺度、参数范围变化大和采用不同的材料，制订许用标准应区别对待。例如：对于一般冷作加工的钢质中、短壳体，初挠度允许标准 $\overline{f}$ 可与现行结构规范标准一致，取 0.15~0.20；对于大深度采用高强度材料，初挠度宜取 0.10~0.15；对钛合金壳体可取 0.10 左右；对于铝合金和结构参数 u 大于 2.0 的中长壳体，在加工工艺水平允许的条件下,初挠度更要严格控制。

5.4.4.2 肋骨初挠度允许标准估算

限制肋骨初挠度允许标准是以肋骨不发生塑性变形为原则,即由式(5.4.21)可得

$$\frac{pR}{t}K_\mathrm{f} + \frac{pRl}{W_{\min}}w_\mathrm{f}\eta' \leqslant R_{\mathrm{eH}} \tag{5.4.25}$$

式中:$\eta' = 1 \bigg/ \left(1 - \dfrac{p}{p_\mathrm{E}'}\right)$。

由于潜水器耐压结构参数范围大,只能针对一般常用的结构尺度进行估算。假设壳板平均应力 $\dfrac{pR}{t}$ 在计算压力下也接近材料的屈服极限 R_{eH},则

$$w_\mathrm{f} \leqslant \frac{(1-K_\mathrm{f})H}{\dfrac{FH}{W_{\min}}\beta\eta'} \tag{5.4.26}$$

式中 H——肋骨高度,一般不超过 $0.15R$;
      F——肋骨自身面积。

根据耐压结构的设计算例统计估算,$\dfrac{FH}{W_{\min}}=2\sim4$,参数 β 范围大多在 $2.0\sim3.0$,因而可以设定 $\dfrac{FH}{W_{\min}}\cdot\beta\approx10$。另外,$K_\mathrm{f}$ 值一般在 $0.55\sim0.65$,η'(p 值取计算压力 p_j)也大多在 $1.6\sim2.2$,H 的均值也约在 $0.10\sim0.13$。若取三系数均值,则

$$w_\mathrm{f} \leqslant \frac{0.13(1-K_\mathrm{f})R}{10\eta'} = 0.00274R \tag{5.4.27}$$

参照图 5.20 中相关模型曲线和参考式(5.4.27)的估算值表明:结构规范中肋骨初挠度标准取 $0.25\%R\sim0.275\%R$ 对一般尺度的潜水器耐压结构的设计计算是可行的。

5.4.4.3 环肋圆柱壳和锥壳超差加强分析

环肋柱、锥壳超差加强首先按强度条件进行判断是否需要加强。考虑到壳板在失稳前已处于深塑性状态,为和肋骨强度条件相协调,壳板初挠度允许值按极限工作压力下不超过 R_{eH} 进行控制。其强度判断条件(以钢制壳体为例)如下。

对壳板局部凹凸和沿纵焊缝的凹陷和突起:

$$K_2^0 \cdot \frac{p_e \cdot R}{t \cdot \cos\gamma}\left[1+\frac{3w_a}{t}\eta\right] \leqslant R_{eH} \tag{5.4.28}$$

沿纵焊缝的板壁差：

$$K_2^0 \cdot \frac{p_e \cdot R}{t \cdot \cos\gamma}\left[1+\frac{3w_a}{t}\right] \leqslant R_{eH} \tag{5.4.29}$$

沿环焊缝的板壁差：

$$\frac{p_e \cdot R}{2t \cdot \cos\gamma}\left[1+\frac{3w_a}{t}\right] \leqslant R_{eH} \tag{5.4.30}$$

式中 γ ——锥壳体的半锥角；

$\eta = \dfrac{1}{(1-p_e/p_E)}$ ；

w_a ——肋间壳板局部凹凸度最大值。

对于肋骨超差的加强条件的判断：在计算压力下，肋骨翼板（面板）最大应力不超过 $1.0R_{eH}$，即

$$\frac{p_j \cdot R}{t \cdot \cos\gamma}\left(K_f \pm \frac{l \cdot t}{W_{\min}} w_f \eta'\right) \leqslant R_{eH} \tag{5.4.31}$$

式中 w_f ——肋骨径向偏差值。其中："+"号表示为内肋骨、"–"号表示为外肋骨。

经过以上各式判断后，如不能满足要求则需要超差加强，以保证结构的稳定性和强度。在潜水器结构安全设计中，耐压壳体是以控制壳板失稳破坏为依据的，从理论上讲应该以如何保证壳板稳定性条件作为确定超差加强的基础；但由于加强区域复杂结构的稳定性很难从理论上进行精确分析，因此耐压结构壳板不论初挠度允许标准或是超差加强标准的确定，基本上是在稳定性和强度匹配设计的条件下，采用以强度允许标准为主进行分析和超差区域表面应力的校核，以保证结构强度不先于稳定性失效；在此基础上，以基于初挠度影响的几何非线性修正来满足结构稳定性的要求。

柱、锥壳板超差加强一般是采用加强筋对局部壳板超差进行加强计算分析，加强筋的大小，主要从保证壳板局部强度来考虑。局部加强后，表面最大应力不超过规定的许用应力 R_{eH}，则认为壳板强度和稳定性是有保证的。

肋骨初挠度超过允许标准后，也和壳板一样需要局部加强。其加强的依据不仅需要从强度的观点来考虑，而且需要从总体稳定性要求来处理。因为耐压壳体肋骨的作用不仅支撑船体壳板，而且对舱段总体稳定性起骨干作用。按强度要求进行加强只表明在计算压力作用下，肋骨面板表面应力最大值不超过屈服强度 R_{eH}，但要形成塑性铰破坏，还应有一定的储备。而此时稳定性是否能达到舱段

总体稳定性要求，即大于 1.2 倍以上的计算压力尚缺乏足够的依据，必须对加强后由初挠度所引起附加弹性挠度进行校核，如仍不大于由允许初挠度所引起的附加弹性挠度，则认为稳定性也是有保证的。因此，从稳定观点来处理超差加强，实际上是从限制变形的角度提出加强要求。

上述从初挠度对强度和承载能力影响的理论分析说明超差加强的作用和方法。但从实际加强工艺分析则应尽量减少局部加强。因此，对较小的耐压结构、精车加工的结构及球壳结构都尽量避免采用超差加强方法保证其结构安全可靠性；对于大型复杂的环肋圆柱壳焊接结构局部超差则应进行加强，其具体加强办法及初挠度测量方法可参考钢制潜艇结构规范。

参考文献

[1] 许辑平, 等. 潜艇强度[M]. 北京: 国防工业出版社, 1980.

[2] 施德培, 李长春. 潜水器结构强度[M]. 上海: 上海交通大学出版社. 1991.

[3] 朱邦俊, 万正权. 环肋圆柱壳应力分析的一种新方法[J]. 船舶力学, 2004, 8(4): 61-67.

[4] АЛЕКСАНДРОВ В. Л.И МНОГОЕ ЛРУГОЕ. ПРОЕКТИРОВАНИЕ КОНСТРУКЦИЙ ОСНОВНОГО КОРПУСА ПОДВОДНЫХ АППАРАТОВ[M]. ИЗДАТЕЛЬСКИЙ ЦЕНТР МОРСКОГО ТЕХНИЧЕСКОГО УНИВЕРСИТЕТА, САНКТ-ПЕТЕРБУРГ.

[5] 谢祚水, 王自力, 吴剑国. 潜艇结构分析. 武汉: 华中科技大学出版社. 2003.

第 6 章　圆柱壳承载能力及优化计算

圆柱壳承载能力计算是保证结构安全性设计的主要依据,因而成为外压结构强度计算的主要内容和结构规范设计准则的主要体现。潜水器和深海装备各类圆柱壳结构的承载能力计算,也和球壳一样,包括稳定性(屈曲)和极限强度计算。其稳定性计算中包括单跨的局部稳定性计算和环肋圆柱壳的总体稳定性计算及考虑内、外肋骨配置的总体稳定性修正计算,并在此基础上对复杂的环肋圆柱壳结构进行优化设计计算。

6.1　环肋圆柱壳稳定性理论方程

6.1.1　环肋圆柱壳的失稳模态

对于两端采用舱壁或加强肋骨支撑的环肋圆柱壳结构,在均匀外压力作用下的失稳破坏模式有肋间壳板失稳(单跨局部失稳)和肋骨失稳(舱段多跨总体失稳)两种。

(1)肋骨间壳板失稳。

当肋骨的刚度足够大时,随着外载荷的增加,壳板首先在肋骨之间开始丧失稳定性。这时,肋骨(端部边界)仍保持本身的圆形,壳板被肋骨分割成一段段单独的壳圈,每一段都以圆形肋骨作为自己的刚性支持周界。肋骨之间的薄板壳体纵向形成一个半波(多波失稳),周向形成若干个连续凹凸交替的半波,纵向半波在不同肋骨间距内也是凹凸交替的。

(2)肋骨失稳。

肋骨虽然起着支撑壳板的作用,但当其刚度小于临界刚度和外压力超过其临界压力时,肋骨将连同壳板一起丧失稳定性;除两端横舱壁和框架肋骨仍保持原来的圆形外,整个舱段的壳体,沿母线方向一般都形成一个半波($m=1$),在圆周方向形成两个、三个或四个整波($n=2$、3 或 4)。

耐压圆柱壳不论出现哪种失稳模态,都将在壳内产生很大的弯曲应力,从而使壳体失稳破坏。因而,在潜水器的结构强度设计计算中,必须采用可靠的稳定性理论方法及相应的计算校验准则。

6.1.2 环肋圆柱壳稳定性理论方程分析及应用

对于环肋圆柱壳在静水外压力下的总体失稳临界压力理论方程是采用李茨能量法求解和建立的，稳定性方程[1]的基本形式为

$$T_1 m^2 \alpha^2 + T_2 (n^2 - 1) = \frac{D}{R^2}(m^2\alpha^2 + n^2 - 1)^2 + \frac{Etm^4\alpha^4}{(m^2\alpha^2 + n^2)^2} + \frac{EI}{R^2 l}(n^2 - 1)^2 \quad (6.1.1)$$

式中　R——壳体的中面半径；

　　　t——壳体的厚度；

　　　l——肋骨间距；

　　　E——材料弹性模量；

　　　$\alpha = \dfrac{\pi R}{L'}$，$L$——两横舱壁间的间距；

　　　D——壳体抗弯刚度，$D = \dfrac{Et^3}{12(1-\mu^2)}$；

　　　m——壳体失稳时沿壳纵向形成的半波数；

　　　n——壳体失稳时沿壳周向形成的半波数。

　　　I——计及带板的肋骨组合惯性矩。

对于 T 型肋骨（图 6.1），可按式（6.1.2）计算：

$$I = I_0 + \frac{lt^3}{12} + \left(y_0 + \frac{t}{2}\right)^2 \frac{ltF}{lt+F} \quad (6.1.2)$$

式中　I_0——肋骨型材的自身肋骨惯性矩；

　　　y_0——肋骨型材中和轴距壳体表面距离；

　　　F——肋骨型材剖面积。

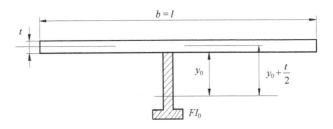

图 6.1　计及带板的肋骨惯性矩

式（6.1.1）中，T_1、T_2 为环肋圆柱壳失稳前的纵向力和纵剖面上的周向力，如取 $T_1 = 0.5pR$，T_2 按式（5.1.26），即

$$T_2 = \left[\frac{1}{2}(K_2' + K_2^0) + \frac{1}{2}(K_2' - K_2^0)\cos\frac{2\pi x}{l}\right]pR \qquad (6.1.3)$$

参考文献[2]，导出环肋圆柱壳理论临界压力显示方程（6.1.1）变为

$$p_E = \frac{1}{(n^2-1)\dfrac{K_2^0 + K_2'}{2} + \dfrac{1}{2}m^2\alpha^2} \times \left[\frac{D}{R^3}(n^2-1+m^2\alpha^2)^2 + \frac{Et}{R}\frac{m^4\alpha^4}{(n^2+m^2\alpha^2)^2} + \frac{EI}{R^3l}(n^2-1)^2\right] \qquad (6.1.4)$$

通过对环肋耐压壳体 $R/t = 110$、$l/R = 0.22$、$L/R = 3.0$ 的计算算例分析，计及周向中面力沿肋距分布不均匀性后的总体稳定性压力，较之取圆柱壳无矩内力 $T_2 = pR$ 时的总体稳定性理论临界压力提高了 16.1%，不过经过非线性修正后的实际临界压力的增加不会很大。在公式（6.1.4）中，跨端根部应力系数 K_2' 要专门计算，不如 K_2^0 查表方便，在一些计算中又取 $K_2' \approx K_2^0$，即 $(n^2-1)\dfrac{K_2^0 + K_2'}{2} = (n^2-1)K_2^0$。

对于潜水器和深海装备而言，由于 u 的变化范围大，通常大于 2.0，系数 K_2^0 接近 1.0～1.05。所以在潜水器规范中，从偏安全考虑可以不计 K_2^0 的影响。这时环肋圆柱壳总体稳定性理论临界压力公式为

$$p_E = \frac{1}{n^2-1+0.5m^2\alpha^2}\left[\frac{D}{R^3}(n^2-1+m^2\alpha^2)^2 + \frac{Et}{R}\frac{m^4\alpha^4}{(n^2+m^2\alpha^2)^2} + \frac{EI}{R^3l}(n^2-1)^2\right] \qquad (6.1.5)$$

式中 m、n ——由壳体结构尺度决定的纵向和周向失稳半波数。其值由式（6.1.5）取最小值的条件确定。

如果环肋圆柱壳极短或纵向刚度不足，会发生"异常"现象[3]，其表现之一就是 p_E 取极小值时，$m \neq 1$，且 m 与 α 有关。例如按 6.5.1.4 节分析，当 α 大于某一特征值 α^*，即在极短壳的情况下，增大肋骨 I 对理论临界压力影响不大，壳体就像无肋骨的光滑壳一样。然而在一般情况下潜水器和深海装备结构设计不会出现此类结构。因此，在大多数实际尺度范围通常是 p_E 取极小值时，$m = 1$。由方程（6.1.5）可得

$$p_E = \frac{1}{n^2-1+0.5\alpha^2}\left[\frac{D}{R^3}(n^2-1+\alpha^2)^2 + \frac{Et\alpha^4}{R(n^2+\alpha^2)^2} + \frac{EI}{R^3l}(n^2-1)^2\right] \qquad (6.1.6)$$

在式（6.1.6）中，右边方括号内的各项分别表示壳板抗弯刚度、壳板抗压刚度和肋骨抗弯刚度对理论临界压力的影响。对一般环肋圆柱壳而言，壳板抗弯刚

度 D 远小于 EI/l，且可认为 $(n^2-1+\alpha^2)^2$ 与 $(n^2-1)^2$ 是同量级的。因而方括号内的第一项与第三项相比可忽略。于是式（6.1.6）可进一步简化为

$$p_E = \frac{1}{n^2-1+0.5\alpha^2}\left[\frac{Et\alpha^4}{R(n^2+\alpha^2)^2} + \frac{EI}{R^3 l}(n^2-1)^2\right] \quad (6.1.7)$$

式（6.1.7）即现行潜水器结构规范中总体稳定性理论临界压力的计算公式。

另外，为有利于总体稳定性的简化计算，便于实际应用，把 $EI/R^3 l$ 提至方括号外面，式（6.1.7）可改写成

$$p_E = \frac{3EI}{R^3 l}\chi \quad (6.1.8)$$

式中：$\chi = \frac{1}{3(n^2-1+0.5\alpha^2)}\left[\frac{10^4 \alpha^4 \beta_e}{(n^2+\alpha^2)^2} + (n^2-1)^2\right]$，$\alpha = \frac{\pi R}{L}$，$\beta_e = \frac{lt\left(\frac{R}{100}\right)^2}{I}$。

系数 χ 是 α、β_e 和 n 的函数，可根据 α、β_e 值查图 6.2 确定，这样可使计算理论临界压力的工作量大为减少。

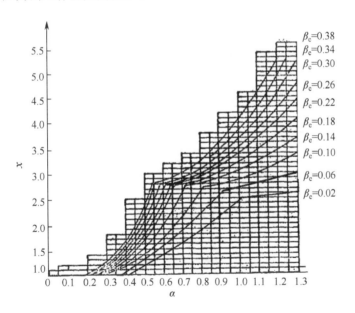

图 6.2 系数 χ 曲线图

χ 表达式的物理意义体现了横舱壁对肋骨总体稳定性的影响。由图 6.2 可以看出：α 加大，χ 也随之增大，两端舱壁影响增加；如果 α 减小，即舱段跨度增大，舱壁影响减弱；当舱段长度大于 5 倍耐压壳体直径时，两端横舱壁对肋骨的稳定性几乎没有什么影响，每档肋骨好像孤立地起作用，环肋圆柱壳在舱段内的

总稳定性也就转化为每档肋骨孤立圆环的稳定性。这时令 $L \to \infty$，$\alpha = \dfrac{\pi R}{L} \to 0$，代入式（6.1.8）可得

$$p'_E = \frac{EI}{R^3 l}(n^2-1) = \frac{3EI}{R^3 l} \tag{6.1.9}$$

式（6.1.9）由 M.列维在研究均匀外压作用下圆环的稳定性时求得，通常称为列维公式，也可称为孤立环肋的稳定性公式。该公式的应用见 7.4.2 节和 9.4.3 节。

6.2 单跨圆柱壳屈曲承载能力计算方法

单跨圆柱壳屈曲承载能力计算方法，包括环肋圆柱壳的肋骨之间壳圈局部稳定性（屈曲）计算，也包括两头采用封头（半球形壳或平封头）连接密封的单跨圆柱壳计算，两者屈曲计算公式完全一样，仅在封头边界处理上有所区别。同时，考虑到圆柱壳内置各种设备及使用的多样性使结构尺度长短不一，因而在式（6.1.5）的基础上进行简化，分别得到了短、中、长壳的屈曲承载能力计算简化公式（此时的 $\alpha = \pi R/l$，l 为肋骨间距或圆柱壳的长度）。

6.2.1 短、中、长壳体理论临界压力计算简化公式

6.2.1.1 短壳结构简化公式及壳长判据

潜水器和深海装备由于特殊使用要求或受到总体布置空间的限制，有可能采用短圆柱形结构，由于单跨圆柱壳长度 l 很小，致使 $\alpha = \pi R/l \gg 1$；短单跨结构由于边界的影响，一般屈曲破坏时 $n \to 0$，因此式（6.1.5）在 $I=0$ 的情况下可简化为

$$p_E = 2\frac{D}{R^3}m^2\alpha^2 + 2\frac{Et}{R}\frac{1}{m^2\alpha^2} \tag{6.2.1}$$

式（6.2.1）的极小值可用 $p_E(m)$ 对于 m 的一阶导数等于零来获得，即当 $\dfrac{\mathrm{d}p_E(m)}{\mathrm{d}m}=0$ 时得

$$m = \frac{1}{\alpha}\sqrt[4]{\frac{Et/R}{D/R^3}} = \frac{1}{\alpha}\sqrt[4]{\frac{EtR^2}{D}} \tag{6.2.2}$$

将式（6.2.2）和 α 代入式（6.2.1），整理后可得计算短壳理论临界压力的极小值公式：

$$P_E = \frac{2}{\sqrt{3(1-\mu^2)}} E\left(\frac{t}{R}\right)^2 \quad (6.2.3)$$

肋间壳板通常会发生轴对称失稳形态,其结构尺度判据可如下推导得出[4]。

肋间壳板发生非轴对称失稳时,由于$n>10$,则失稳理论临界压力公式由式(6.1.6)简化为

$$p_E = \frac{E}{n^2+0.5\alpha^2}\left[\frac{t\alpha^4}{R(n^2+\alpha^2)^2} + \frac{t^3}{12R^3(1-\mu^2)}(n^2+\alpha^2)^2\right] \quad (6.2.4a)$$

由式(6.2.4a)和式(6.2.3)可以得到肋间壳板发生轴对称失稳的条件为

$$\frac{E}{n^2+0.5\alpha^2}\left[\frac{t\alpha^4}{R(n^2+\alpha^2)^2} + \frac{t^3}{12R^3(1-\mu^2)}(n^2+\alpha^2)^2\right] > \frac{2}{\sqrt{3(1-\mu^2)}} E\left(\frac{t}{R}\right)^2 \quad (6.2.4b)$$

式(6.2.4b)中的n使其左边为最小值。

在通常情况下,$0.6 < \frac{\alpha}{n} < 1.0$,取平均值$\frac{\alpha}{n} = 0.8$。这样,式(6.2.4b)经运算整理后可改写成以下形式:

$$\frac{18.6\left(\frac{100t}{R}\right)^{3/2}\left(\frac{100t}{l}\right)}{1-0.61\frac{\sqrt{Rt}}{l}} > \frac{400}{\sqrt{3(1-\mu^2)}}\left(\frac{100t}{R}\right)^2 \quad (6.2.4c)$$

经进一步运算整理可简化为

$$\frac{0.643l}{\sqrt{Rt}} < 0.88 \quad (6.2.4d)$$

因此,耐压壳体的结构参数满足式(6.2.4d)条件时,肋间壳板局部稳定性将会发生轴对称失稳形态。定义l_c^0为短壳的判别长度,由式(6.2.4d)可得

$$l_c^0 < \frac{0.88}{0.643}\sqrt{Rt} = 1.37\sqrt{Rt} \quad (6.2.4e)$$

如判别长度用结构参数u表示,则可近似地认为$u<1.0$为短壳。短壳通常发生轴对称凹陷屈曲,当$\mu=0.3$时,其理论临界压力公式为

$$p_E \approx 1.21E\left(\frac{t}{R}\right)^2 \quad (6.2.5)$$

6.2.1.2 中长壳体结构简化公式

对于单跨中长圆柱壳体,其失稳破坏模式是周向多波失稳,即壳板失稳时在圆周上形成的波数n往往大于10,可令$n^2-1 \approx n^2$,则由式(6.1.6)得出

$$p_E = \frac{1}{n^2+0.5\alpha^2}\left[\frac{D}{R^3}(n^2+\alpha^2)^2 + \frac{Et}{R}\frac{a^4}{(n^2+\alpha^2)^2}\right] \quad (6.2.6a)$$

式（6.2.6a）是米西斯（Von Mises）在 1929 年首先导得的，故称米西斯公式，该式波数 n 由 p_E 的最小值条件确定。由于 n 比较大，又难以正确估计。因此，用该式直接计算过于繁琐，需进一步简化。

设 $A=\dfrac{n^2}{\alpha^2}$，则式（6.2.6a）可改写成

$$p_E = \frac{D\alpha^2}{R^3}\cdot\frac{1}{A+0.5}\left[(A+1)^2 + \frac{EtR^2}{D\alpha^4}\cdot\frac{1}{(A+1)^2}\right] \quad (6.2.6b)$$

对于一般的钢材，$\mu=0.3$，$u=\dfrac{0.643l}{\sqrt{Rt}}$，$\dfrac{D\alpha^2}{R^3}=\dfrac{Et^2}{R^2}\cdot\dfrac{0.373}{u^2}$，则

$$\frac{EtR^2}{D\alpha^4} = 0.657u^4 \quad (6.2.6c)$$

并近似地取 $A+1=1.346u$ [5]，将式（6.2.6c）代入式（6.2.6b）的改写式中，并经化简可得

$$p_E = \frac{0.603}{u-0.371}\cdot\frac{Et^2}{R^2} \approx \frac{0.6}{u-0.37}\cdot\frac{Et^2}{R^2} \quad (6.2.7)$$

对于钛、铝合金材料，其泊松比与钢材相比有些变化。例如，某些高强度钛合金材料，μ 值偏高，可达 0.34，可能会对理论临界压力系数有影响，此时经过上述类似的推导，其简化式（6.2.7）中理论临界压力系数会增大约 1.5%，影响很小。因此在应用式（6.2.7）计算 p_E 时可以不考虑材料泊松比的影响。

大量的设计计算表明，相对于其他的米西斯简化公式，式（6.2.7）既简便又有较高的计算精度。

6.2.1.3 长壳体结构简化公式及壳长判据

将参数 D 和 α 表达式代入米西斯公式（6.2.6），则可得

$$p_E = \frac{Et}{R(n^2-1)\left[1+\left(\dfrac{nl}{\pi R}\right)^2\right]^2} + 0.73E\left(\frac{t}{2R}\right)^3 \times \left[\frac{2n^2-1-\mu}{1+\left(\dfrac{nl}{\pi R}\right)^2} + (n^2-1)\right] \quad (6.2.8)$$

式（6.2.8）与米西斯原式的误差在 0.5% 以内，且对中、长圆柱壳均适用。

若 l/R 很大，则分母中含有 $(nl/\pi R)^2$ 的两项可忽略；如 $\mu=0.3$，则得到一般常见的长圆柱壳计算公式，这时中壳和长壳的判别按式（6.2.9）进行判断：

$$l_c = 1.17D\sqrt{D/t} = 2.34R\sqrt{2R/t} \approx 3.309R\sqrt{R/t} \quad (6.2.9)$$

当 $l > l_c = 3.309R\sqrt{R/t}$ 时，则为长壳，其理论临界压力计算公式为

$$p_E = 0.73(n^2-1)\left(\frac{t}{2R}\right)^3 \tag{6.2.10}$$

在式（6.2.8）中，当 $n=2$ 时 p_E 为最小，故可得

$$p_E = 2.19E\left(\frac{t}{2R}\right)^3 = 0.274E\left(\frac{t}{R}\right)^3 \tag{6.2.11}$$

式（6.2.11）即布瑞斯-勃瑞恩（Bresse-Bryan）的长壳临界应力计算公式。从公式（6.2.11）看出，临界应力与长度无关，且失稳半波数为2。

上述3个局部稳定性简化公式也参照总体稳定性计算，不计周向中面力沿肋距分布不均匀性的影响。应力系数 K_2^0 对局部失稳临界压力的影响，А.И.ШИТОВ[6] 通过对含有 K_2^0 的局部失稳临界压力公式进行计算分析得出 $p_{kp} = E\left(\dfrac{t}{R}\right)\varphi(u,\beta)$，式中的临界压力系数 $\varphi(u,\beta)$（见式（5.4.12））的关系曲线如图6.3所示。

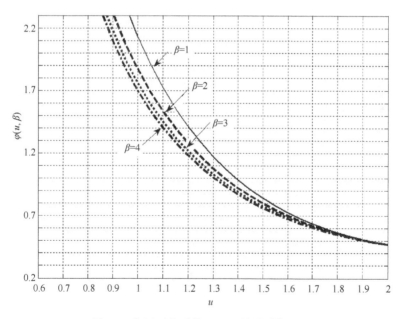

图6.3 临界压力系数 $\varphi(u,\beta)$ 的关系曲线图

由图6.3看出，$\varphi(u,\beta)$ 仅在 $u=0.7\sim1.8$ 范围内，p_{kp} 的计算误差会随着参数 β 的变化而有所差别，K_2^0 的影响在 7%~15%的误差范围内。因而，对结构参数 u 变化范围很大的潜水器和深海装备耐压结构尺度而言，从偏安全考虑均未计

K_2^0 的影响。

3 个简化公式计算屈曲压力也和圆柱壳强度计算一样，可分别适用于钢材及铝合金、钛合金材料；在计算公式中已忽略了 μ 的影响，只将不同的材料 E 值代入即可。

6.2.2 圆柱壳体实际临界压力计算及几何非线性修正分析

单跨圆柱壳实际临界压力的计算是在完善壳体理论临界压力 p_E 的基础上进行物理和几何非线性修正而得出的，即

$$p_{cr} = C_g C_S p_E \tag{6.2.12}$$

式中：C_S 为物理非线性修正系数，由公式（2.2.18）给出，即 $C_S = 1/\sqrt[4]{1+(\sigma_e/R_{eH})^4}$。

几何非线性修正系数 C_g 是表征实际结构所存在的初始缺陷（初挠度）对结构稳定性的影响系数。C_g 值的确定是以耐压壳体加工制造满足初挠度允许标准或超差加强为前提的，其定义为

$$C_g = \frac{\text{有初挠度的圆柱壳壳板理论临界压力}}{\text{理想圆柱壳壳板理论临界压力}} \tag{6.2.13}$$

它表示壳体在弹性失稳状态下，初挠度对理论临界压力的影响和修正。如 5.4 节分析：初挠度的影响不仅与其形状和壳体结构、材料参数有关，而且实际结构的初挠度由图 3.3 看出是随机的、不规则的，分散性比较大。这些因素致使理论分析确定壳体初挠度对稳定性的影响十分困难，故只能做某种近似假定或限制条件，分别进行修正系数 C_g 与各主要因素的关系分析。

例如，文献[5]在 u 值一定的情况下通过薄壳弹性失稳计算获得了 C_g 与初挠度 $\bar{f} = f/t$ 的关系曲线，见图 6.4 中的"轴对称""非轴对称"曲线。

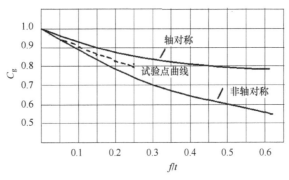

图 6.4　C_g 和初挠度 $\bar{f}$ 的关系曲线

又如，引用柯依脱（Koiter）的理论求解，得到了在初挠度允许值 $\bar{f}=0.20$ 的条件下 C_g 和参数 u 的关系曲线，如图 6.5 所示：

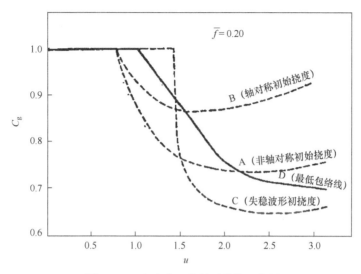

图 6.5　C_g 和参数 u 的关系曲线示意图

由图 6.5 曲线看出：当结构参数 u 很小时（$u<1.0$）初挠度对壳板稳定性几乎没有影响；在 $1.0 \leqslant u \leqslant 2.5$ 范围内，初始缺陷对结构稳定性的影响最为敏感，C_g 变化最大；当 $u>2.5$ 后，C_g 由最小值缓慢上升，随 u 变大而趋向平缓；对于非轴对称 A 曲线基本趋势在 $C_g=0.75$ 上下变化，对于轴对称 B 曲线则趋至 0.90 上下；当 u 值很大值，C_g 值会回升到接近 1.0；而最低的柯依脱理论 C 曲线则在 $C_g=0.65$ 上下变化。

大量的模型试验结果基本体现了理论计算曲线的变化规律，例如潜艇结构规范编制说明以大量的试验点验证了图 6.5 中 A 曲线和最低包络 D 曲线的变化趋势。图 6.4 中的试验曲线（虚线）虽然在数值上随着 $\bar{f}$ 增大而与非轴对称理论曲线有所差别，但变化趋势也是基本一致的，从而证明了弹性失稳理论分析确实反映了一定的客观规律。这也说明初挠度对稳定性影响的定量修正，最终还是要结合实物和在模型试验来确定。模型试验确定的 C_g 值可通过壳体失稳实际临界压力公式（6.2.12）反算得出，即

$$C_g = \frac{p_{cr}}{C_s p_E} \tag{6.2.14}$$

式中　p_{cr}——模型试验破坏得到的实际临界压力；
　　　p_E——按相同模型的几何尺寸计算得到的理论临界压力。

由式（6.2.14）和模型试验结果看出，结构模型大多为弹塑性失稳破坏，因

而 C_g 的确定还与 C_S 值有关，壳体的几何非线性和物理非线性是相互影响的。这从西曼斯基的单向压杆稳定理论确定 C_S 的历史发展来看也得到说明，虽然早期"切线模量理论"与"双模量理论"这两种理论中都存在着矛盾，但后来这一问题在湘利的压杆稳定性理论和库特林的试验结果中已得到说明，认为"切线模量理论"更符合试验结果。用切线模量理论的 C_S 曲线重新处理了库特林的试验结果，其计算结果表明：C_g 取 0.75 是比较保守的；如果取 C_g =0.85 或 0.9，则用切线模量理论的 C_S 曲线将得到与库特林进行的试验符合得更好的结果，并且认为，当 C_S 曲线采用切线模量理论时，修正系数 C_g 将更趋稳定。

上述这些理论分析和试验结果，为我国潜艇和潜水器结构规范中 C_g 的确定提供了参考依据和取值范围。例如，在我国潜艇规范中，在 $1.0<u<2.0$ 范围，直接应用图 6.5 中所示最低包络 D 曲线确定 C_g 值（C_g 随 u 的增大而线性下降）；而在 $u \geqslant 2.0$ 后，基于图 6.5 中所示的结果和相应分析，C_g 值与 u 值的大小关系不明显，取 C_g 为 0.75 定值。

对于大深度潜水器耐压结构，不仅几何尺度参数 u 变化大、壳体相对厚度增加而且壳体失稳都处于弹塑性状态，壳板临界应力强度 σ_e / R_{eH} 可达 0.95～1.50，这时初始缺陷敏感度大为降低，即初挠度对稳定性影响随各参数变化要比弹性失稳小。此外，图 6.5 的理论分析结果是在许用初挠度 $\bar{f} = 0.20$ 的条件下得出的，而按 5.4.4 节的分析，大深度潜水器耐压结构的初挠度许用标准大多小于该值。

基于上述分析和简化计算，可考虑 C_g 取定值：对于中、长壳体的稳定性计算，参照初挠度许用标准和图 6.4 宜取 C_g =0.85；对于轴对称和局部凹陷屈曲计算，可取 C_g =0.90。

6.2.3　单跨圆柱壳屈曲计算方法比较及长壳模型试验验证

为有利于单跨圆柱壳屈曲（稳定性）计算方法的应用和检验其可靠性及实用性，也和球壳一样，引用俄罗斯潜水器的规范方法和相关模型试验结果进行比较。

6.2.3.1　现行俄罗斯潜水器规范（单跨圆柱壳计算方法）

俄罗斯潜水器规范计算方法是基于圆柱壳屈曲破坏模式，采用线弹性稳定性方程加上物理和几何非线性组合修正方法而建立的，并以 u 值的大小判断进行短、中、长壳屈曲计算。

计算公式如下：

$$\begin{cases} p_{1K} = \eta' p_1' \\ p_1' = 0.944E\left(\dfrac{t}{R}\right)^2 \quad u \leqslant 1 \\ p_1' = 0.59E\left(\dfrac{t}{R}\right)^2 \dfrac{1+\dfrac{0.4}{u}+\dfrac{0.2}{u^2}}{u} \quad 1 < u < u_g \\ p_1' = 0.275E\left(\dfrac{t}{R}\right)^3 \quad u > u_g \\ u_g = 2.15\dfrac{R}{t} \end{cases} \quad (6.2.15)$$

式中：η'根据u值的大小分别确定，如表6.1所列。

表6.1 η'计算表

u 值	η' 计算公式
$u \leqslant 0.1u_g$	$\eta' = \eta_k = \eta_1 \Big/ \sqrt[4]{1+\dfrac{2}{3}\left[\eta_1(1+\overline{f})\overline{\sigma}\right]^4}$
$0.1u_g < u < u_g$	$\eta' = \dfrac{\eta_k}{1+3(\eta_k/\eta_g-1)\left[(u-0.1u_g)/0.9u_g\right]^2\left[1-\dfrac{2}{3}\left(\dfrac{u-0.1u_g}{0.9u_g}\right)\right]}$
$u \geqslant u_g$	$\eta' = \eta_g = \dfrac{1}{2}\left\{1+(1+5\overline{f}\overline{\sigma})\Big/\sqrt[4]{1+(2/3)\overline{\sigma}^4} - \sqrt{\left[1+(1+5\overline{f}\overline{\sigma})\Big/\sqrt[4]{1+(2/3)\overline{\sigma}^4}\right]^2 - 4\Big/\sqrt[4]{1+(2/3)\overline{\sigma}^4}}\right\}$

① $\overline{f} = f/t$；

② $\eta_1 = \dfrac{1}{1+1.35\left[\overline{f}/(1.57\overline{f}+1)\right]^{2/3}}$；

③ $\overline{\sigma} = K_2^0 \dfrac{p_1' R}{tR_{eH}}$。

6.2.3.2 计算方法比较分析

单跨圆柱壳计算方法与俄罗斯规范方法的比较分析主要是针对中壳计算方法的比较，它体现在两个方面。首先，在屈曲理论临界压力计算公式中，两种公式都是从原型的Mises基本公式采用不同的简化假定得出的单跨圆柱壳体局部失稳压力计算简化公式，也都未考虑K_2^0系数对临界压力系数$\varphi(u)$的影响。虽然两公式的形式各不相同，但在$1 \leqslant u \leqslant 12$的很大范围内，通过计算比较相差是不大的，都在工程误差范围内。

其次，关于非线性的综合修正，单跨圆柱壳计算方法与俄罗斯潜水器规范方法在概念上是相一致的，但为有利于简化计算，单跨圆柱壳计算方法不采用俄罗斯潜水器规范中根据不同的结构参数和初始缺陷 $\overline{f}$ 计算得出的耦合非线性修正方法；而是 C_g 采用定值（例如对局部失稳 $C_g=0.85$），C_S 采用二参数拟合公式。从表 6.1 中看出，俄罗斯规范的耦合修正系数 $\eta'=f(u,\overline{f},\overline{\sigma})$ 最为详细和精确，但也较为复杂，不过二者在一定的参数条件下的计算结果还是相近的。例如式（6.1.12）中，组合修正系数 $C_S \cdot C_g$ 表达式为 $C_S \cdot C_g = 0.85 \big/ \sqrt[4]{1+(\sigma_e/R_{eH})^4}$，俄罗斯 RS 规范的综合修正方法 $\eta'=f(u,\overline{f},\overline{\sigma})$ 关系式见表 6.1，当固定 η' 中的某个自变量（例如 $u=2$）时，两者可进行 $C_S \cdot C_g$ 二者的比较，并绘成图 6.6 中的曲线进行比较。

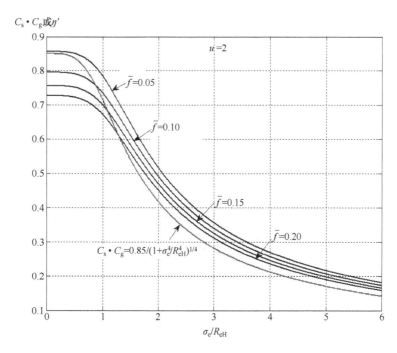

图 6.6 稳定性计算综合修正曲线比较图

从图 6.6 中看出，综合修正曲线在 $u=2.0$、$\overline{f}=0.15\sim0.2$ 时，两者是比较接近的。

6.2.3.3 长圆柱壳模型试验结果比较

潜水器和深海装备结构尺度大多为中、长壳体。中壳公式的可靠性已通过大量的潜艇和大深度潜水器模型破坏试验所验证。在此，仅对大深度长壳计算公式进行可靠性检验。采用一只超长型模型（参数见表 6.2）在超高压压力筒内进行破坏试验，其压坏形状为两个半波的扁平状，属于典型的屈曲破坏，破坏压力下

的周向中面应力为 $0.87R_{eH}$。同时，根据模型结构尺度、材料及初挠度参数（$\bar{f}=0.15$），按式（6.2.12）和式（6.2.15）计算实际临界压力值，其计算值和试验结果见表 6.2。

表 6.2 长圆柱壳模型公式计算结果和破坏压力对比表

结构参数		材料		计算结果/MPa		模型破坏压力/MPa
t/R	u	名称	R_{eH}/MPa	式（6.2.12）	式（6.2.15）	
0.168	35	35CrMo 钢	830	116.7	71.1	122

从表 6.2 中看出：式（6.2.15）由于综合修正系数的影响，计算值偏小；而式（6.2.12）的计算结果与试验值是比较符合的。这也说明该屈曲计算公式在大深度载荷下的超长壳失稳计算中也是基本可行的，C_g 可取 0.85，而不必采用俄罗斯潜水器规范中十分复杂的综合修正方法。当然，这仅仅是一只模型破坏试验结果，其可靠性有待进一步检验。因此，在应用该公式进行实际产品设计时尚需结合模型试验验证。

6.3 考虑内、外肋骨配置的总体稳定性计算方法

大深度耐压环肋圆柱壳的肋骨内、外配置不仅对环肋圆柱壳肋骨强度计算带来较大的影响，同时对稳定性计算也会有较大的差别，主要表现在肋骨的偏心率增大对总体稳定性理论临界压力的影响。例如在 $u=2.0\sim4.0$、$\beta\leqslant 3.0$ 范围，如采用外肋骨加强其理论临界压力有可能会相差两倍多，比中面应力系数 K_2^0 和肋骨附连面板有效宽度对理论临界压力的影响要大得多。这说明大深度环肋圆柱壳结构如仍采用现行结构规范中同一公式计算内、外肋骨配置的总体稳定性，则必然会引起较大的偏差。因此，为保证环肋圆柱壳总体稳定性计算方法的可靠性和实用性，应建立适用于内、外肋骨加强的计算方法。

6.3.1 考虑内、外肋骨配置的稳定性计算方程和简化公式

6.3.1.1 考虑内、外肋骨偏心影响的总体稳定性计算方程及应用

首先，对式（6.1.2）中计及附连翼板肋骨惯性矩公式进行变换，得出 I 与肋骨偏心距 Z_0 和肋骨系数 β 的解析关系式，即

$$I=I_0+\frac{lt^3}{12}+\frac{FZ_0^2}{1+\dfrac{1}{\beta}} \quad (6.3.1)$$

式中　$\beta = lt/F$；

Z_0——肋骨形心到壳板中面的距离（偏心距），即 $Z_0 = y_0 + \dfrac{t}{2}$。

对于环肋圆柱壳总体稳定性影响的准确计算，尼本亚林诺夫的专著[7]中介绍了 B.M.里亚博维姆在考虑了肋骨的不间断性和偏心距 Z_0 的影响后，获得的在肋骨内置或外置不同条件下的临界压力计算方程：

$$p_E = \dfrac{E}{n^2-1+\dfrac{\alpha^2}{2}} \left\{ \dfrac{I_0(n^2-1)^2}{R^3 l} \cdot \dfrac{\beta+u+0.25}{1+\beta+H_1^2(u-0.75)} + \dfrac{t^3(n^2-1)^2}{12R^3} + \dfrac{t}{R} \dfrac{\left[\dfrac{Z_0}{R}(n^2-1) + \dfrac{\mu n^2 - \alpha^2}{(n^2+\alpha^2)^2}\alpha^2\right]^2}{1+\beta+H_1^2(u-0.75)} + \dfrac{t}{R}\dfrac{\alpha^4}{(n^2+\alpha^2)^2} \right\} \quad (6.3.2)$$

式中　$u = \dfrac{0.643l}{\sqrt{Rt}}$；

　　　$\alpha = \dfrac{\pi R}{L}$；

　　　$H_1 = 1 + \dfrac{|Z_0|}{R}(n^2-1)$；

　　　μ——泊松比。

对照一般环肋圆柱壳总体稳定性方程（6.1.7），方程（6.3.2）中由于肋骨偏心的影响，在肋骨刚度项中多了一个修正表达式，并且增加了壳板压缩刚度附加项，它们都是有包含肋骨偏心距 Z_0 影响的解析表达式。虽然式（6.3.2）较为复杂，但它准确、全面地反映了肋骨内、外配置偏心距和环肋圆柱壳各结构参数对承载能力的影响。因而在俄罗斯 RS 规范中，该公式经变换和完善后用作环肋圆柱壳总体稳定性的计算校验公式，即

$$p''_{cr} = \eta'' p'_2 \quad (6.3.3)$$

$$p'_2 = \dfrac{E}{n^2-1+\dfrac{\alpha_1^2}{2}} \left[\dfrac{\overline{I}_0(n^2-1)^2}{R^3 l} + \dfrac{t^3(n^2-1+\alpha_1^2)^2}{10.9R^3} + \dfrac{t\alpha_1^4}{R(n^2+\alpha_1^2)^2} + \dfrac{F\left(1-\dfrac{Z_0}{R}\right)\left[\dfrac{Z_0}{R-Z_0}(n^2-1) + \dfrac{(0.3n^2-\alpha_1^2)\alpha_1^2}{(n^2+\alpha_1^2)^2}\right]^2}{lR\left(1+1/\beta_{lo}\right)} \right] \quad (6.3.4)$$

式中　$\alpha_1 = \dfrac{\pi R}{L_d}$，$L_d$——舱段长度，如有椭球或球形封头加其深度的 1/2；

n——失稳波数，$n=2$，3，…（p_2'取最小值的n数）；

$\bar{I}_0 = I_0\left(1 + 3\dfrac{Z_0}{R} + 6\dfrac{Z_0^2}{R^2}\right)$，对外肋骨 $Z_0 < 0$，对内肋骨 $Z_0 > 0$；

$\beta_{1o} = \dfrac{l_{np}t}{F\left(1 - \dfrac{Z_0}{R}\right)}$，$l_{np}$ 由表 6.3 参数确定。

表 6.3　参数 l_{np} 的确定

u 值	内肋骨（$Z_0 > 0$）	外肋骨（$Z_0 < 0$）
$u \leqslant 0.75$	$l_{np} = l$	$l_{np} = l$
$0.75 < u \leqslant 1$	$l_{np} = l$	$l_{np} = l/[1 + H_1^2(u - 0.75)]$
$u > 1$	$l_{np} = 1.55\sqrt{Rt}$	$H_1 = 1 + [|Z_0|/(R + |Z_0|)](n^2 - 1)$ ①

①当 $Z_0 < 0$ 时，l_{np} 是为每个 n 计算的。

$$\eta'' = \dfrac{1}{2}\left[1 + (1+m)\Big/\sqrt[4]{1 + (2/3)\bar{\sigma}^4} - \sqrt{1 + (1+m)\Big/\sqrt[4]{1 + (2/3)\bar{\sigma}^4} - 4\Big/\sqrt[4]{1 + (2/3)\bar{\sigma}^4}}\right]$$

（6.3.5）

式中　$m = 0.75\dfrac{E|f_2 Z_1|(n^2 - 1)t}{kP_2' R^3}C_1$，$Z_1 = Z_{fr} - [Z_0/(1 + \beta_1)][(1 - Z_{fr}/R)(1 - Z_0/R)]$，$Z_{fr}$ 为壳板中面到肋骨球缘的距离；

　　$\bar{\sigma}$——应力强度，取 $\bar{\sigma}_1$（壳板）和 $\bar{\sigma}_2$（肋骨）的最大值，$\bar{\sigma}_1 = K_2^0 p_2' R/tR_{eH}$，

　　$\bar{\sigma}_2 = \sqrt[4]{3/2}\dfrac{kp_2' R}{(1 - Z_{fr}/R)tR_{eH}^{fr}}$。

C_1 是根据 $\bar{\sigma}$ 指定的：

当 $\bar{\sigma} = \bar{\sigma}_1 \geqslant 1$ 时，$C_1 = R_{eH}/R_{eH}^{fr}$　（R_{eH}^{fr} 为肋骨材料屈服极限）；

当 $\bar{\sigma} = \bar{\sigma}_1 < 1$ 时，$C_1 = \bar{\sigma} R_{eH}/R_{eH}^{fr}$；

当 $\bar{\sigma} = \bar{\sigma}_2 \geqslant 1$ 时，$C_1 = 1$；

当 $\bar{\sigma} = \bar{\sigma}_2 < 1$ 时，$C_1 = \bar{\sigma}$。

从俄罗斯 RS 规范公式（6.3.4）看出：肋骨内、外配置对总体稳定性理论临界压力的影响是通过建立肋骨惯性矩 $\bar{I}_0 = I_0\left(1 + 3\dfrac{Z_0}{R} + 6\dfrac{Z_0^2}{R^2}\right)$ 的关系式和在确定 l_{np} 参数中（表 6.3）而体现 Z_0 的影响。另外，从综合修正系数 η'' 表达式（6.3.5）看出，俄罗斯规范考虑了多种因素，包括不圆度偏差 f_2、肋骨和壳板理论临界应力以及材料屈服强度等参数的影响，以致于修正方法十分复杂。

6.3.1.2 肋骨偏心对总体稳定性通用方程影响的分析

由于肋骨偏心距的影响,方程(6.3.2)相对于方程(6.1.7)增加了相应的附加项和表达式。为有利于简化计算,需对肋骨偏心影响和方程(6.3.2)作如下具体分析。

(1)偏心距Z_0对肋骨抗弯刚度的作用和影响。

在式(6.3.1)中,附连面板惯性矩$lt^3/12$相对于I_0为小量,因此可将式(6.3.1)简化成下列形式:

$$I = I_0 + \frac{FZ_0^2}{1+\dfrac{1}{\beta}} = I_0 + \frac{ltZ_0^2}{1+\beta} \tag{6.3.6}$$

由式(6.3.6)明显看出,肋骨带附连面板的惯性矩I主要由肋骨自身惯性矩I_0和附连面板面积(lt)对偏心距Z_0的惯性矩两部分组成。由于通常情况下附连面板面积lt都比肋骨面积F大 2~3 倍以上,因此该项所占份额较大,即表明偏心距Z_0对惯性矩I的影响是比较大的;更由于肋骨刚度项在总体稳定性临界压力计算中起决定性作用,因而更应当考虑肋骨偏心距Z_0的修正影响。这与环肋圆柱壳强度计算中,考虑肋骨高度偏心矩Z_m对内、外肋骨翼板应力计算是相互匹配的。这也说明在环肋圆柱壳刚度分析中,应该真实地体现出肋骨截面几何形状(形心)和尺度所构成的偏心距及惯性矩对总体稳定性的影响。

(2)对方程(6.3.2)中第一项I_0修正表达式的分析。

可用λ表示第一项I_0的修正表达式,即

$$\lambda = \frac{\beta + u + 0.25}{1 + \beta + H_1^2(u - 0.75)} \tag{6.3.7}$$

λ值不仅与结构参数u、β有关,而且与Z_0和参数n有关。

由式(6.3.7)看出:当$u = 0.75$时,$\lambda = 1.0$,即表明该u值为相对于修正系数λ计算的基准和界面;当$u > 0.75$且在$H_1 = 1 + \dfrac{|Z_0|}{R}(n^2 - 1)$计算中$Z_0$取绝对值时,$\lambda < 1$,即对外肋骨偏心起修正作用。

(3)关于壳板压缩刚度附加项的影响分析。

为便于计算分析和比较,将式(6.3.2)中的第三项,即壳板压缩刚度项的修正表达式用λ_0表示,可得

$$\lambda_0 = \frac{\left[\dfrac{Z_0}{R}(n^2-1) + \dfrac{\mu n^2 - \alpha^2}{(n^2+\alpha^2)^2}\alpha^2\right]^2}{1 + \beta + H_1^2(u - 0.75)} \tag{6.3.8}$$

将式（6.3.7）中 λ 并入式（6.3.8），并略去高阶项，λ_0 表达式可写成

$$\lambda_0 = \frac{\lambda}{1+\beta}\left\{\frac{\left(\mu\dfrac{n^2}{\alpha^2}-1\right)}{\left(\dfrac{n^2}{\alpha^2}+1\right)^2 \alpha^2}\left[2\frac{Z_0}{R}(n^2-1)+\frac{\left(\mu\dfrac{n^2}{\alpha^2}-1\right)}{\left(\dfrac{n^2}{\alpha^2}+1\right)^2 \alpha^2}\right]\right\} \quad (6.3.9)$$

通过采用不同的 u、β、Z_0 及 α 值的系列计算表明，λ_0 值都很小。例如，在取 $u=2.0$、$\beta=3.0$、$Z_0/R=0.05$ 时的 λ_0 曲线见图 6.7。由图中看出，仅在 $\alpha > 3.00$ 的短舱段壳体稍大些，但都不超过 2%。

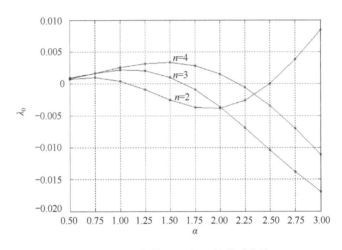

图 6.7 不同条件下 λ_0 与 α 的关系曲线

这说明在总体稳定性计算中，肋骨偏心对壳板压缩刚度项影响很小。因此，相比未受修正影响的壳板压缩刚度项，即方程（6.3.2）中第三项、第四项可完全忽略。

6.3.1.3 考虑内、外肋骨的总体稳定性计算的简化公式

由俄罗斯规范公式（6.3.3）～式（6.3.5）看出，直接应用方程（6.3.2）建立考虑内、外肋骨的总体稳定性计算公式是十分复杂的。基于上节各点的分析并考虑式（6.3.2）第二项为壳板抗弯刚度项，由于 $D \ll EI/l$，它与式（6.1.6）中第一项一样可近似忽略。因此，便不难理解和推荐由 B.B 诺沃日洛夫所建立的考虑肋骨偏心影响的总体稳定性计算简化公式[7]，它是在对 B.M.里亚博维姆方程做进一步计算分析和简化得出的：

$$p_E = \frac{E}{n^2 - 1 + \frac{\alpha^2}{2}} \left\{ \frac{t}{R} \frac{\alpha^4}{(n^2 + \alpha^2)^2} + \frac{\lambda I (n^2 - 1)^2}{R^3 l} \right\} \quad (6.3.10)$$

式中：$\lambda = \dfrac{1+\beta}{1+\beta+(u-0.75)H_1^2} = \dfrac{1}{1+\omega H_1^2}$，$\omega = \dfrac{u-0.75}{1+\beta}$，对内肋骨以及 $u < 0.75$ 时的外肋骨 $\omega = 0$、$\lambda = 1.0$。

式（6.3.10）在俄罗斯潜水器和潜艇结构专业领域内被称为著名的 B.B 诺沃日洛夫公式。在通常情况下，潜水器环肋圆柱壳结构都能满足 $1 + Z_o / R \approx 1$ 的工程误差条件，因此应用简化公式（6.3.10）进行肋骨偏心修正是具有足够精度的。

由式（6.3.10）看出：当 $u > 0.75$ 时，λ 为小于 1.0 的系数，即可对由外肋骨加强的环肋圆柱壳临界压力计算公式中的肋骨刚度项进行修正；对内肋骨，$\omega = 0$、$\lambda = 1.0$，即无需修正，这是对内肋骨偏安全的简化处理；而对于 $u \leqslant 0.75$ 时的外肋骨，则属于极短壳，由 6.4.1.4 节分析可知，该肋骨刚度的修正对总体稳定性计算无实际意义。

修正系数 λ 与 β、u、Z_0、n 参数都有关系，为便于全面了解各因素的关系和方便应用，绘制 $\lambda = f(\beta, u)$ 和 $\lambda = f(Z_0 / R)$ 曲线图，见图 6.8、图 6.9。

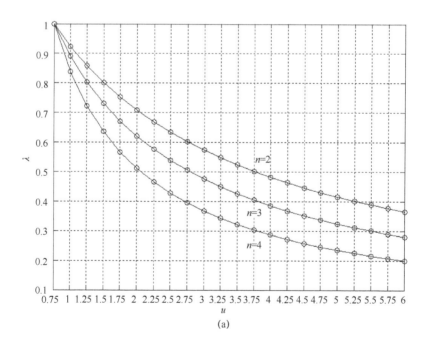

(a)

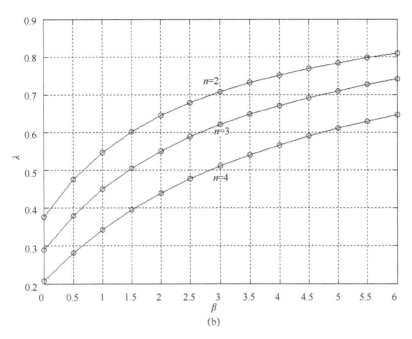

图 6.8　u、β 与偏心修正系数 λ 的关系曲线图

(a) $\beta = 3.0$、$Z_0/R = 0.05$；(b) $u = 2.0$、$Z_0/R = 0.05$。

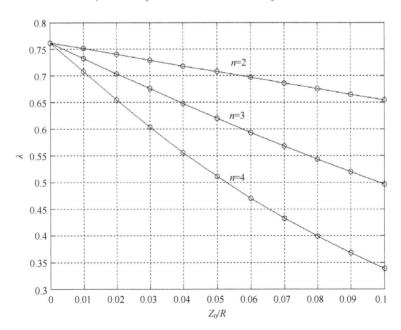

图 6.9　Z_0/R 与偏心修正系数 λ 的关系曲线（图中 $u = 2.0$、$\beta = 3.0$）

系数 λ 随 u 和 Z_0/R 的增大而减小，即肋骨偏心修正增大，λ 随 β 的增加而上升，即肋骨对环肋圆柱壳影响减弱，偏心修正变小。

考虑肋骨偏心影响的环肋圆柱壳总体稳定性计算方法也同样适用于带有强肋骨的长舱段和锥壳体舱段。对于带有强肋骨的长舱段（为普通舱段长度 2～3 倍）结构，非常有利于深海装备和潜水器的总体设计及大型设备的布置，具有空间利用率高、结构容重比小等优势，但它与一般舱段相比总体稳定性矛盾更为突出。因此，更要考虑肋骨偏心影响的设计计算。

当强肋骨（框架肋骨）的刚度小于临界刚度，整个舱段的总体失稳仍为一个纵向半波时，按式（6.3.11）修正：

$$p_{\mathrm{E}} = \frac{E}{n^2-1+\dfrac{\alpha^2}{2}} \left\{ \frac{t}{R} \frac{\alpha^4}{(n^2+\alpha^2)^2} + \frac{\lambda(n^2-1)^2}{R^3}\left[\frac{I}{l} + \frac{2(I_k-I)}{L}\sin^2\frac{\pi\alpha}{L}\right] \right\} \quad (6.3.11)$$

式中 I_k——强肋骨（框架肋骨）的惯性矩；

L——舱段长度；

$\lambda = \dfrac{1}{1+\omega H_1^2}$，其中，$\omega = \dfrac{u-0.75}{1+\beta}$，$H_1 = 1 + \dfrac{Z_0}{R}(n^2-1)$。

当框架肋骨的刚度达到和大于临界刚度时，框架肋骨起到分舱的作用，它在失稳瞬间沿周向基本保持正圆形，整个舱段的总体失稳在纵向形成两个以上的半波，此时应按式（6.3.10）进行修正计算，总体失稳压力为各分舱段失稳压力的最小值。

6.3.2　总体稳定性实际临界压力计算校验和模型试验比较

6.3.2.1　总体稳定性实际临界压力计算校验

总体稳定性实际临界压力 p'_{cr} 按下式进行计算：

$$p'_{\mathrm{cr}} = C_S C_g p'_{\mathrm{E}} \quad (6.3.12)$$

式中：$C_S = \dfrac{1}{\sqrt[4]{1+\left(\dfrac{\sigma_{\mathrm{e}}}{R_{\mathrm{eH}}}\right)^4}}$。

总体稳定性几何非线性修正系数 C_g 的取值，可参考 C_g 与 u 的变化关系曲线图[3]，如图 6.10 所示。

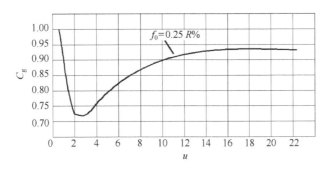

图 6.10　C_g 与 u 的变化关系

由图 6.10 看出，u 小于 8 时初始缺陷的敏感度变化较大。而潜水器和深海装备的总体结构几何特征参数 u 一般都大于 10，对于长舱段则 u 大于 20，此时 C_g 在 0.90 上下平稳变动；另外，结构总体失稳时已处深塑性应力状态，即 σ_e'/R_{eH} 可达 1.20～1.80，初始缺陷影响会更小。因此，C_g 可取 0.90。

在总体稳定性实际临界压力计算中，对应的理论临界应力 σ_e' 同局部失稳应力计算一样按湘利的平均应力概念采用壳板和肋骨的相当厚度叠加，即 $\bar{t}=t+F/l$ 来计算：

$$\sigma_e'=\frac{p_E'R}{\left(t+\dfrac{F}{l}\right)} \quad (6.3.13)$$

至此，实际临界压力的计算公式为

$$p_{cr}'=0.9C_S p_E' \quad (6.3.14)$$

总体稳定性计算校验的目的是既要保证环肋圆柱壳舱段结构强度，又要对每跨肋间壳板局部失稳起端部支撑作用，即在肋间壳板失稳瞬间，两边肋骨剖面应保持正圆形。为达到此要求，在潜水器和潜艇规范中明确规定：总体失稳压力储备应满足设计计算压力 1.2 倍的要求，对于舱段间有加强肋骨时则应取 1.3 倍，以使舱段结构有更高的安全性等级。

上述总体稳定性计算校验中，需要满足相应储备系数及肋骨临界刚度的要求，也往往可以通过模型试验失稳破坏形式分析得到体现：在肋间壳板丧失稳定性破坏时，失稳破坏位置（或破口附近）的几档肋骨可能会随着扭斜，但所有肋骨不会出现沿长度（母线）方向呈现凹陷波，未丧失总体稳定性，也即表明在壳体失稳时肋骨有一定的总强度储备。当然也有个别模型会发生局部壳板失稳同时带动总体失稳，这说明肋骨强度储备不足，达不到临界刚度的要求。

6.3.2.2 肋骨偏心修正的模型试验比较分析

环肋圆柱壳采用外肋骨加强后对总体稳定性计算方法的影响可通过模型试验来验证，为此引用两组模型试验进行实例分析，详见表 6.4。

表 6.4 外肋骨偏心修正与模型试验比较

序号	肋骨剖面形式	尺度参数		Z_0/R	λ 修正系数	p'_{cr}/p_{ex}	模型材料
		u	β				
1	T 型	0.7	3.83	0.051	1.0	0.97	高强度钢
2	T 型	1.162	2.54	0.056	0.806	1.02	高强度钢
3	矩型	2.179	2.333	0.04	0.667	0.91	高强度钛合金
4	矩型	3.938	2.182	0.05	0.463	0.89	高强度钛合金

由表 6.4 看出，除模型 1 因 $u<0.75$，按公式要求不进行修正外，其他都进行了外肋骨偏心修正，才使得实际临界压力计算值与试验破坏压力比较接近，相差都在 10%以内，而且大多是偏安全的。这说明即使在偏心率 Z_0/R 不太大，约为 0.05 的情况下，其偏心修正的作用也是十分明显的；如果不考虑外肋骨的修正，则公式计算的实际临界压力与试验破坏压力相差最大达 20%，而且计算预报值都是偏危险的。由此更说明，在大深度条件下，肋骨偏心率 Z_0/R 将会增大，即对总体稳定性的影响会更大，特别是对长舱段外肋骨结构。因此，这时更应当针对具体产品的设计参数进行环肋圆柱壳承载能力的修正计算及方法探讨。

6.4 圆柱壳极限强度承载能力计算分析

在大深度载荷下，随着圆柱壳 t/R 的增加和高强度材料的应用，圆柱壳也和球壳一样，很有可能发生极限强度破坏；由于圆柱壳结构复杂及受不同的连接封头边界支撑和环肋加强的影响，其极限强度破坏模式也有所不同。为有利于大深度耐压圆柱壳极限强度失效机理和方法探讨，也引入美国 ABS 潜水器规范方法进行比较分析。

6.4.1 环肋圆柱壳极限强度计算及简化公式

为求得环肋圆柱壳极限强度承载能力计算方法，在此引用文献[6]希多夫和朱邦俊的研究成果，其基本理论方法和 5.4.2 节初挠度对壳板强度影响分析一样：假定结构初挠度与失稳波形（壳体变形）一致，基于巴泼柯维奇的复杂弯曲解，求出由初挠度引起的附加力、附加力矩及跨中壳板凹陷处剖面的总应力。在此基础上，通过分析弹性和塑性力学应力-应变关系及力的表达式，建立了跨中壳板凹陷中心的全塑性条件，即

$$T_{1a}\chi_{1a} + T_{2a}\chi_{2a} = R_{eH}(e_i^{Hap} - e_i^{BH}) \tag{6.4.1}$$

这是截面整个厚度满足屈服条件时，力与应变之间的关系式。

式（6.4.1）中 $T_{1a} = T_1 + \overline{T_1}$；$T_{2a} = T_2 + \overline{T_2}$；$\chi_{1a} = \chi_1 + \overline{\chi_1}$；$\chi_{2a} = \chi_2 + \overline{\chi_2}$；

T_1、T_2、χ_1、χ_2——没有初挠度的壳板的力和曲率增量；

$\overline{T_1}$、$\overline{T_2}$、$\overline{\chi_1}$、$\overline{\chi_2}$——附加力和附加曲率增量；

e_i^{Hap}——壳板塑性状态下外表面应变强度；

e_i^{BH}——内表面应变强度。

基于力的静定性及简单加载时力与应变的不变关系，当所有力与应变依赖于静水压力一个参数时，在分别求得式（6.4.1）中各参变量的力与应变之间的关系式后，可以近似估算壳体丧失承载能力的极限强度临界压力，即建立了跨中壳板极限强度承载能力计算公式如下（详见附录 D）：

$$p_y^0 = \frac{4}{\sqrt{3}} \frac{R_{eH}t}{R} \frac{1}{\overline{B_1} + \overline{B_2}} \tag{6.4.2}$$

式中

$$\begin{cases} \overline{B_1} = \sqrt{\left\{0.5 - K_M^0 + \frac{\overline{f}\eta}{\varphi}\left[\frac{\lambda^2}{(1+\lambda^2)^2} - \frac{2.72}{u^2}(1+0.5\lambda^2)\right]\right\}^2 + \frac{4}{3}\left\{(K_2^0 - 0.25) + \frac{\overline{f}\eta}{\varphi}\left[\frac{1-0.5\lambda^2}{(1+\lambda^2)^2} - \frac{2.04}{u^2}\lambda^2\right]\right\}^2} \\ \overline{B_2} = \sqrt{\left\{0.5 + K_M^0 + \frac{\overline{f}\eta}{\varphi}\left[\frac{\lambda^2}{(1+\lambda^2)^2} + \frac{2.72}{u^2}(1+0.5\lambda^2)\right]\right\}^2 + \frac{4}{3}\left\{(K_2^0 - 0.25) + \frac{\overline{f}\eta}{\varphi}\left[\frac{1-0.5\lambda^2}{(1+\lambda^2)^2} + \frac{2.04}{u^2}\lambda^2\right]\right\}^2} \end{cases}$$

其中 $\eta = 1 \Big/ \left(1 - \dfrac{p}{p_E}\right)$；

$\alpha = \dfrac{\pi R}{l}$；

$$\lambda = \frac{n}{\alpha};$$

K_2^0 由结构参数 u、β 查图 5.5 可得；

K_M^0、φ、λ 可由图 6.11 中的各曲线关系确定。如 $u<1.0$ 则参考图 6.3 或式（5.4.12）确定 φ 值；

初挠度 $\overline{f}$ 由壳体实测或采用许用标准值确定。

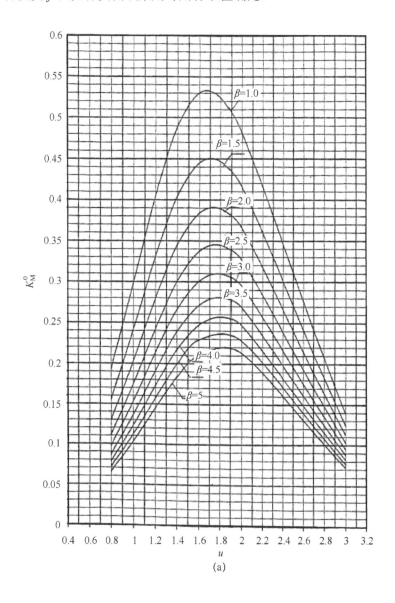

(a)

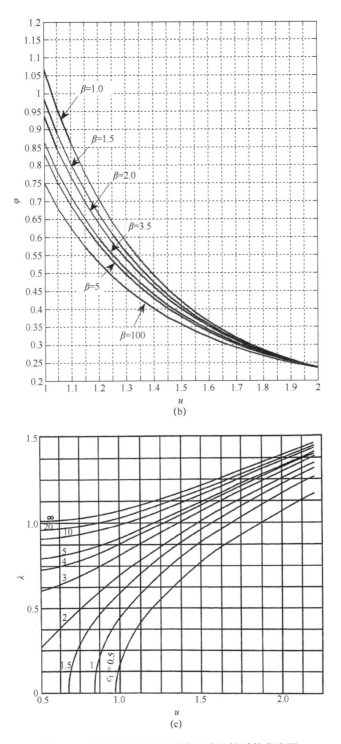

图 6.11 环肋圆柱壳极限强度压力计算系数曲线图

若壳板在凹陷顶部或肋骨处仅形成一个完整塑性区，则不会丧失承载能力，类似刚性固定的梁，只有形成两个塑性铰才失去承载能力。在壳体中同样要形成两个全塑性区，即跨中凹陷顶部和肋骨处，才失去承载能力；因此，参照跨中壳板的分析方法进行肋骨跨端剖面的极限强度承载压力计算公式的推导，并考虑肋骨对跨中壳板的支撑作用和参考模型试验的结果，可得出肋骨剖面处的极限强度承载压力的近似计算公式，即

$$p_y^1 = \frac{2.7}{\sqrt{3}} \frac{R_{eH} t}{R} \frac{1}{\overline{C}_1 + \overline{C}_2} \tag{6.4.3}$$

式中

$$\begin{cases} \overline{C}_1 = \sqrt{\left(-\frac{K_1}{2}\right)^2 + \frac{1}{3}K_f^2 + \left(\frac{\overline{f}\eta\lambda}{\varphi}\right)^2 \left[\frac{1}{(1+\lambda^2)^2} - \frac{1.36}{u^2}\right]^2} \\ \overline{C}_2 = \sqrt{\left(\frac{K_1}{2}\right)^2 + \frac{1}{3}K_f^2 + \left(\frac{\overline{f}\eta\lambda}{\varphi}\right)^2 \left[\frac{1}{(1+\lambda^2)^2} + \frac{1.36}{u^2}\right]^2} \end{cases}$$

式中：K_1、K_f 由结构参数 u、β 查图 5.7、图 5.8 可得。

由式（6.4.2）和式（6.4.3）看出，考虑初挠度的极限强度承载能力计算是比较复杂的。但对于大深度潜水器及深海装备，耐压壳体临近极限强度失效时，结构变形已达到了弹塑性阶段，初挠度对承载能力的影响已很小。故在极限强度承载能力计算中一般不考虑初挠度 $\overline{f}$ 的影响，这样式（6.4.2）和式（6.4.3）可进一步简化。若以 $\overline{f}$ 值近似为零、$\mu = 0.3$ 时，两式中 $\overline{B}_1$ 和 $\overline{C}_1$ 系数可简化为仅有环肋圆柱壳各应力函数的表达式：

$$\begin{cases} \overline{B}_1 = \sqrt{(0.5 - K_M^0)^2 + \frac{4}{3}(K_2^0 - 0.25)^2}, \\ \overline{B}_2 = \sqrt{(0.5 + K_M^0)^2 + \frac{4}{3}(K_2^0 - 0.25)^2}, \end{cases} \begin{cases} \overline{C}_1 = \sqrt{\left(-\frac{K_1}{2}\right)^2 + \frac{1}{3}K_f^2} \\ \overline{C}_2 = \sqrt{\left(\frac{K_1}{2}\right)^2 + \frac{1}{3}K_f^2} \end{cases} \tag{6.4.4}$$

由式（6.4.4）明显看出，$\overline{C}_1 = \overline{C}_2$，则式（6.4.3）可简化为

$$p_y^1 = \frac{1.35}{\sqrt{3}} \frac{R_{eH} t}{R \overline{C}_1} \tag{6.4.5}$$

这样用式（6.4.4）的 $\overline{B}$ 和 $\overline{C}$ 系数代入式（6.4.2）和式（6.4.5），计算环肋圆柱壳的极限强度破坏压力就比较方便了。

式（6.4.2）和式（6.4.3）也可变换成希多夫公式[6]，即

$$p_y^0 = \frac{1.15 t R_{eH}}{R}(A_1 - A_2) \text{ 或 } \frac{p_y^0 R}{t R_{eH}} = 1.15(A_1 - A_2) \tag{6.4.6}$$

式中

$$\begin{cases} A_1 = \sqrt{\left(\dfrac{0.5}{K_M^0}+1\right)^2 + \dfrac{4}{3}\left(\dfrac{K_2^0-0.15}{K_M^0}\right)^2} \\ A_2 = \sqrt{\left(\dfrac{0.5}{K_M^0}-1\right)^2 + \dfrac{4}{3}\left(\dfrac{K_2^0-0.15}{K_M^0}\right)^2} \end{cases}$$

若以 $\dfrac{p_y^0 R}{R_{eH} t}$ 作为相对承载能力，并与肋间壳板稳定性实际临界压力公式（6.2.12）相比，可进一步简化计算，即计算 p_{cr} 公式中若不考虑初挠度的影响，$\overline{f}=0$、$C_g=1.0$，则 $p_{cr}=C_S p_E$，又由于 C_S 采用拟合解析公式 $C_S=1/\sqrt[4]{1+(\sigma_e/R_{eH})^4}$，通过第 2 章表 2.3 数值比较看出：

当 $\sigma_e/R_{eH} \geqslant 1.5$ 时，C_S 与 R_{eH}/σ_e 相差小于 4.4%；当 $\sigma_e/R_{eH} \geqslant 2.0$ 时，C_S 与 R_{eH}/σ_e 相差仅在 1.5%范围内。因此，在工程误差范围内，可认为

$$C_S \approx \frac{R_{eH}}{\sigma_e} = \frac{R_{eH}}{K_2^0 \dfrac{p_E R}{t}} \tag{6.4.7}$$

则 $p_{cr}=C_S p_E = \dfrac{R_{eH} t}{K_2^0 R}$，以相对临界压力表示为

$$\frac{p_{cr} R}{R_{eH} t} = \frac{1}{K_2^0} \tag{6.4.8}$$

在参数 u 在 0.5~3.0、β 在 1.5~3.0 范围内，通过希多夫公式（6.4.6）和式（6.4.8）中 $1/K_2^0$ 的系列计算比较，两者的相差都在 4%以内。这反映了在极限强度载荷下，跨中壳板周向临界应力已十分接近材料的屈服强度，结构变形处于弹塑性状态。因此，当 p_E/p_y 即（σ_e/R_{eH}）大于 1.50 范围时，壳板的极限强度承载能力计算便可采用更为简便的公式，即

$$p_y^0 = \frac{R_{eH} t}{K_2^0 R} \tag{6.4.9}$$

6.4.2 单跨圆柱壳极限强度失效与判别分析

潜水器和深海装备耐压结构在大深度载荷下，由于壳体厚度增加、采用高强度材料，不仅环肋之间壳板有可能发生极限强度破坏，而且各类封头连接的单跨圆柱壳也同样会发生极限强度破坏，只不过这时的破坏模式依据封头连接形式不同而有所区别。对于直接焊接和强法兰连接，则壳体类似于环肋之间沿周向或多处局部破坏。而对于弱法兰螺钉连接或铰接的圆柱壳，因边界起不到强支撑的作用（即相当于 $\beta>5.0$），会发生沿柱壳母线方向局部内凹破坏；这主要是单跨圆

柱壳在外压作用下不像环肋圆柱壳应力状态复杂，而是壳体整体承受周向最大压缩力所致。

例如，某圆柱壳模型（$t/R=0.19$，$u=6.54$）采用超高强度钛合金材料，两端球形封头密封并用螺栓铰接。由于圆柱壳不直接与球封头连接，在超高压力筒内进行外压试验，在接近 200MPa 的压力下沿母线内凹压坏。应用式（6.4.9）并采用材料实际 R_{eH} 值进行极限强度压力估算，其计算值也比较接近圆柱壳的破坏压力，且偏于安全。说明式（6.4.9）也基本适用于该失效模式的极限强度压力预报。

上述模型试验结果表明大深度载荷下，单跨圆柱壳与环肋圆柱壳虽然破坏状态不同，但都同时体现了由壳体周向应力起主导作用的极限强度失效模式。这也说明，对中厚圆柱壳体也和球壳一样，我们不仅要研究在大深度载荷下的屈曲问题，同时也要探讨极限强度问题，而且还应分析两种失效模式的转变过程。

由于圆柱壳结构状态复杂、涉及因素多，不可能像球壳那样建立确定性的中面应力关系，从而定量判断壳体可能在何种深度载荷下发生极限强度失效。因而，只能采用近似判别式的方法进行定性分析，即在不考虑初始缺陷的完整圆柱壳条件下，由壳体弹性稳定性与极限强度公式建立如下的近似判别式：

$$K_2^0 \varphi(u) \left(\frac{t}{R} \right) \geqslant n \frac{R_{eH}}{E} \qquad (6.4.10)$$

判别式（6.4.10）左边为圆柱壳结构综合参数，它表明在结构材料性能确定的情况下，耐压壳体越厚、结构参数 u 越小，越易发生极限强度失效；判别式右边为壳体材料性能参数，并以结构受力变形所处的状态和材料性能的不同进行分级判别，即以式中不同的 n 值判别结构可能发生极限强度失效的条件和状态。

当 $n \geqslant 1.0$ 时，若关系式（6.4.10）成立，即结构综合参数已大于材料性能系数，则表明弹性失稳理论临界压力大于壳体的极限强度压力。例如，某圆柱壳结构参数 $u=2.0$，$K_2^0=0.85$，材料参数 $E=1.15\times10^5$ MPa，$R_{eH}=800$ MPa，就可得出类似于球壳图 4.10 的交叉点的 t/R 值。当 t/R 大于该值（约为 0.022）时，有可能发生极限强度失效。这是对两种失效模式过渡和交叉的基本判断，它比较适用于低塑性材料的结构极限强度失效模式分析。

当 $n \geqslant 2.0$ 时，则主要是针对采用高强度材料的大深度中短壳结构。多只钛合金模型试验表明，在壳体结构综合参数大于 2 倍材料性能系数时，最有可能产生极限强度失效；特别是内肋骨支撑的环肋圆柱壳，肋骨难以随壳体屈曲而发生侧弯，而是会继续承压造成塑性铰，致使壳体发生极限强度失效和屈曲破坏。

当 $n \geqslant 3.0$ 时，则主要是应用于高塑性材料的结构失效判定。结构极限强度破坏时，材料处于塑性强化阶段，理论临界应力强度可达 3.0 以上。

总之，式（6.4.10）以不同的 n 值体现了大深度圆柱壳可能发生极限强度失效时结构所处的状态和材料性能的影响。在设计计算中应针对壳体结构的实际情况进行具体分析，如结构可能发生极限强度失效破坏，则应按式（6.4.2）和式（6.4.5）或式（6.4.9）进行极限强度承载能力的计算校验，其控制要求可取

$$\begin{cases} \text{对于环肋圆柱壳} & p_y^0 \geqslant 1.0 p_j \\ \text{对于封头连接单跨圆柱壳} & p_y^0 \geqslant 1.10 p_j \end{cases} \quad (6.4.11)$$

6.4.3 美国 ABS 规范中的圆柱壳极限强度计算方法分析

美国 ABS 潜水器规范方法用于单跨圆柱壳的设计计算如下。

（1）肋间强度。

肋间强度计算方程如下：

$$\begin{cases} p_c = p_m / 2 & p_m / p_y \leqslant 1 \\ p_c = p_y \left[1 - p_y / (2 p_m) \right] & 1 < p_m / p_y \leqslant 3 \\ p_c = \dfrac{5}{6} p_y & p_m / p_y > 3 \\ p_m = \dfrac{2.42 E [t/(2R)]^{5/2}}{(1-v^2)^{3/4} \left[L/(2R) - 0.45 \sqrt{t/(2R)} \right]} \\ p_y = \dfrac{R_{eH} t / R}{1 - F} \\ F = \dfrac{A[1-(v/2)]G}{A + t_w t + (2NtL/\theta)} \\ M = L / \sqrt{Rt} \\ \theta = \sqrt[4]{3(1-v^2)} M \\ N = \dfrac{\cosh \theta - \cos \theta}{\sinh \theta + \sin \theta} \\ G = \dfrac{2 \left[\sin\left(\dfrac{\theta}{2}\right) \cos\left(\dfrac{\theta}{2}\right) + \cosh\left(\dfrac{\theta}{2}\right) \sin\left(\dfrac{\theta}{2}\right) \right]}{\sinh \theta + \sin \theta} \\ A = A_s (R/R_s)^2 & \text{外部肋骨} \\ A = A_s (R/R_s) & \text{内部肋骨} \end{cases} \quad (6.4.12)$$

式中　R_s——肋骨剖面形心半径；

A_s——肋骨剖面面积。

考虑肋间强度,最大允许工作压力为
$$p_a = p_c \eta \qquad \eta = 0.8$$

(2) 肋骨根部纵向应力达到屈服时的极限压力。

$$p_1 = \frac{2R_{eH}t}{R}\left[1+\left(\frac{12}{1-v^2}\right)^{1/2}\gamma H\right]^{-1} \qquad (6.4.13)$$

式中:$\gamma = \dfrac{A[1-(v/2)]}{A+t_w t+(2NtL/\theta)}$,其中 t_w 为肋骨面板板厚。

肋骨根部纵向应力屈服时,最大允许工作压力为
$$p_a = p_1 \eta \qquad \eta = 0.67$$

对于无肋骨加强单跨圆柱壳体(L_0 为圆柱壳长度),应用上述公式,$L = L_c = L_0 + 0.4 \times$ 封头深度。

上述 ABS 圆柱壳规范计算方法表明了极限强度破坏失效模式的存在和发生条件,即按屈曲理论临界压力与极限强度压力的不同比值分级进行弹性屈曲、弹塑性强度和极限强度的壳体实际承载能力计算和相应安全系数控制。同时也和 6.4.1 节理论计算方法一样,分别进行跨中壳板和肋骨处的极限强度计算,并考虑了内、外肋骨对壳体支撑边界的影响,使计算方法较为合理。

对比式(6.4.9)和式(6.4.12)可以看出,两公式中对应的参数含义和系数的取值是一致的,但式(6.4.12)在极限强度压力计算时受到壳体理论临界压力高比值的限制,这对于高强度、低塑性材料的壳体则难以达到要求。

6.5 提高总体稳定性的方法和环肋圆柱壳优化计算

6.5.1 提高总体稳定性(承载能力)的方法

6.5.1.1 尽量采用内肋骨加强和合理配置外肋骨

(1) 从 6.4 节计算分析表明,采用外肋骨加强的环肋圆柱壳的总体稳定性计算由于肋骨偏心的影响,降低了总体稳定性的理论临界压力,从而也降低了环肋圆柱壳的实际承载能力。因此,在条件允许的情况下,潜水器和深海装备结构应尽量采用内肋骨,并对肋骨高度进行控制,使其应力满足强度要求。

(2) 即使在必须采用外肋骨时,对外肋骨的设置也应合理,并对其高度和偏心距 Z_0 要进行限制。这从图 6.9 偏心修正系数 λ 的关系曲线明显看出,随着肋骨偏心率 Z_0/R 的增大,反而会降低肋骨的加强作用。

(3) 在需要进行舱段同时布置内、外肋骨时,如外肋骨数量不少于肋骨总数一半,或外肋骨设置范围由舱段中点向两侧各不小于 1/8 舱长,则应按具有外肋

骨的舱段进行修正计算。因此,在可能的情况下应尽量避免出现上述布置。

6.5.1.2 合理选择肋骨剖面形式

在肋骨用材总量相同的情况下,通过合理选择肋骨型式和合理设计肋骨尺寸,使其面内惯性矩增大,同时尽量降低内、外肋骨偏心距,这样就可以较大幅度地提高耐压圆柱壳总体稳定性和强度。

下面以某水下工程耐压圆柱壳体舱段结构[8](圆柱壳体半径 $R=250$ cm、壳板厚度 $t_0=2.2$ cm、舱段长度 $L=900$ cm、肋骨间距 $l=60$ cm、钢材的弹性模量 $E=1.96\times10^5$ MPa、屈服点 $R_{eH}=588$ MPa)为例,通过多种型式肋骨加强的环肋圆柱壳体的稳定性计算和比较说明其作用,详见表 6.5。

表 6.5 各型肋骨加强稳定性计算结果比较

型材名称	带带板的肋骨剖面示意图	$F/10^{-4}$m^2	$I/10^{-12}$m^4	p'_E	p'_{cr}	p_E	p_{cr}
20a 球扁钢		27.36	5216	98.491	5.589	7.649	4.979
14a 双扁钢		28.1	2881	59.717	4.451	7.823	4.994
半圆环壳		27.36	1251	33.162	2.528	12.609	5.508
圆环壳		28.27	1217	32.608	2.486	7.482	4.902
扁钢(矩形肋骨)14 号		28	1915	43.979	3.352	7.823	4.994
热轧等边角钢		27.37	3451	69.003	4.909	7.649	4.947
热轧不等边角钢 18/11		28.37	5366	71.061	5.056	7.649	4.947
热轧等边槽钢 20a		28.83	4748	90.132	5.725	9.048	5.092
热轧普通工字钢 18		30.6	4247	81.97	5.415	9.539	5.128
T 型材		27.6	9403	165.97	6.044	7.649	4.947

表 6.5 中计算结果表明以下几点:

(1)在材料相同、肋骨用材总量相同、肋骨面积也相同的情况下,耐压圆柱体总体稳定性较好的型材依次是 T 型材、热轧等边槽钢、球扁钢、热轧普通工字钢和热轧不等边角钢等。

(2)在肋骨面积相同的情况下,半圆环壳形肋骨加强的耐压圆柱壳体肋间壳板的稳定性最好,这和文献[2]中的计算分析是一致的,即半圆环壳形肋骨和等面积的矩形肋骨加强相比，肋间壳板局部稳定性提高了60%。

（3）圆环壳型肋骨加强的圆柱壳体总体与局部稳定性虽都相对较差，但若采用会给总布置和取材带来方便，设计时需要酌情考虑。

为具体分析各型肋骨加强对总体稳定性的影响，结合式（6.1.7）做进一步分析：式中第一项为壳板膜应力贡献项，在各型肋骨下都是相同的小量；第二项为肋骨抗弯刚度项，它是总体稳定性的主要贡献项，通过对其 I/l 的比较分析更可以具体看出它们对总体稳定性影响的差异，分析结果见表6.6。

表 6.6　各型肋骨加强对总体稳定性参数影响的对比分析

参数	扁钢	球扁钢	热轧等边角钢	热轧不等边角钢	热轧等边槽钢	热轧普通工字钢	T 型材
I/l	20.58	87.68	57.52	89.43	79.73	70.78	156.72
$\Delta(I/l)$	0	332%	184%	341%	293%	246%	673%
$\Delta(p'_E)$	0	124%	57%	61%	105%	86%	277%
$\Delta(p'_{cr})$	0	67%	46%	51%	71%	62%	80%

注：$\Delta(I/l)$、$\Delta(p'_E)$、$\Delta(p'_{cr})$ 分别为各型材的 I/l、p'_E、p'_{cr} 相对扁钢的增量

通过表 6.6 更可具体看出：在肋骨面积相同的情况下，T 型肋骨加强方法对提高耐压圆柱壳体的总体稳定性最好，相对较好的还有热轧等边槽钢、球扁钢、热轧普通工字钢和热轧不等边角钢。上述比较虽然是在薄壳采用中等强度钢稳定性计算的基础上得出的结果，但对于大深度中厚柱壳采用高强度材料的稳定性分析也很有启迪。

6.5.1.3　长舱段布置框架肋骨

对于图 1.7 的长舱段结构，合理的布置强肋骨（框架肋骨）也是一种提高总体稳定性的有效措施。

（1）框架肋骨的临界刚度是影响长舱段总体稳定性的重要参数。带框架肋骨的舱段，若在结构的其他尺度保持不变的前提下，改变框架肋骨的尺寸使其框架肋骨间（最大间距）环肋圆柱壳体的总体失稳压力等于舱段的总体失稳压力，此时框架肋骨的刚度即临界刚度，设计时需要通过理论分析和模型试验判断确定。

何福志的数值计算算例表明，当长舱段对应的该框架肋骨的自身惯性矩比普通肋骨约大 30 倍时，其框架肋骨具有分舱功能，可以认为此时的框架肋骨刚度是其临界刚度。

（2）框架肋骨处在轴向（纵向）上不同位置对长舱段总体稳定性和分舱稳定性均有影响。当长舱段只设置一根框架肋骨时，在舱段各参数都不变的情况下，框架肋骨处在舱段中央位置对提高总体稳定性失稳压力最为有利。

（3）为避免设置一根过于粗大的框架肋骨，可以用多根框架肋骨替代。何福志对设置两根框架肋骨的几种方案计算分析比较得出：在保持舱段总体失稳压力基本相同和结构重量相当的条件下，两根框架肋骨方案与设置一根强框架肋骨相比，其框架肋骨高度降低 10%以上，普通肋骨也降低了 6.5%左右，位置应尽可能设置在舱长的三等分点处。

6.5.1.4 短舱段结构进行纵筋加强

潜水器和深海装备结构在特殊的使用条件下，需要采用短舱段环肋圆柱壳结构，这时可能会出现前面 6.1 节总体稳定性方程分析中的"异常"特性，如再采用通常的减小舱长或增大横向肋骨尺寸的办法是无法提高环肋圆柱壳的总体稳定性的[9]。

当环肋圆柱壳仅受纵向外压和仅受横向外压作用时，其总体稳定理论临界压力方程可由式（6.1.5）分解为 $p_E^{(1)}$ 和 $p_E^{(2)}$ 的计算公式，即

$$p_E^{(1)} = \frac{2}{m^2\alpha^2}\left[\frac{D}{R^3}(n^2-1+m^2\alpha^2)^2 + \frac{Et}{R}\frac{m^4\alpha^4}{(m^2\alpha^2+n^2)^2} + \frac{EI}{R^3 l}(n^2-1)^2\right] \quad (6.5.1)$$

$$p_E^{(2)} = \frac{1}{n^2-1}\left[\frac{D}{R^3}(n^2-1+m^2\alpha^2)^2 + \frac{Et}{R}\frac{m^4\alpha^4}{(m^2\alpha^2+n^2)^2} + \frac{EI}{R^3 l}(n^2-1)^2\right] \quad (6.5.2)$$

引入参数 $\beta = \dfrac{10^6 I}{R^3 l}$、$\gamma = \dfrac{100 t}{R}$，则式（6.1.5）、式（6.5.1）、式（6.5.2）可改写为

$$p_E = \frac{E\times 10^{-6}}{n^2-1+0.5m^2\alpha^2}\left[\frac{\gamma^3}{12(1-\mu^2)}(n^2-1+m^2\alpha^2)^2 + \frac{\gamma\times 10^4 m^4\alpha^4}{(m^2\alpha^2+n^2)^2} + \beta(n^2-1)^2\right]$$

$$(6.5.3)$$

$$p_E^{(1)} = \frac{2E\times 10^{-6}}{m^2\alpha^2}\left[\frac{\gamma^3}{12(1-\mu^2)}(n^2-1+m^2\alpha^2)^2 + \frac{\gamma\times 10^4 m^4\alpha^4}{(m^2\alpha^2+n^2)^2} + \beta(n^2-1)^2\right] \quad (6.5.4)$$

$$p_E^{(2)} = \frac{E\times 10^{-6}}{n^2-1}\left[\frac{\gamma^3}{12(1-\mu^2)}(n^2-1+m^2\alpha^2)^2 + \frac{\gamma\times 10^4 m^4\alpha^4}{(m^2\alpha^2+n^2)^2} + \beta(n^2-1)^2\right] \quad (6.5.5)$$

为了考查各个临界压力 p_E、$p_E^{(1)}$ 和 $p_E^{(2)}$ 随舱室长度、肋骨尺寸大小的变化关系，需要固定两个参数，使一个参数变化。为确定 p_E、$p_E^{(1)}$ 和 $p_E^{(2)}$ 随 $\alpha = \pi R/L$ 的变化规律，取 $\beta = 3.0$、$\gamma = 0.7$，用编写的程序绘制 p_E-α、$p_E^{(1)}$-α 和 $p_E^{(2)}$-α 曲线，如图 6.12 所示。

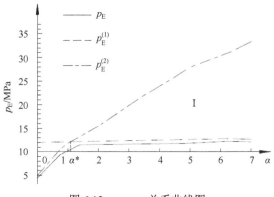

图 6.12　p_E - α 关系曲线图

当肋骨尺寸变化时，取 $\alpha = 2.5$、$\gamma = 0.7$，可以确定 p_E、$p_E^{(1)}$ 和 $p_E^{(2)}$ 随 β 的变化规律，相应的 p_E - β，$p_E^{(1)}$ - β 和 $p_E^{(2)}$ - β 曲线如图 6.13 所示。

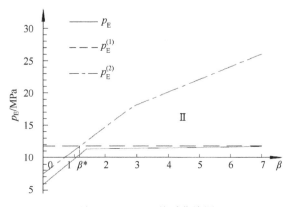

图 6.13　p_E - β 关系曲线图

由图 6.12 和图 6.13 可以看出，当 $\alpha > \alpha^*$ 或者 $\beta > \beta^*$ 时，增大 α（减小舱长）或增大 β（增大肋骨尺寸），环肋圆柱壳的总稳定性理论临界压力几乎保持不变，这种特性即环肋圆柱壳总体稳定性的"异常"特性。同时还看出：对于处在图 6.12 中 $\alpha > \alpha^*$ 的异常特性区Ⅰ和图 6.13 中 $\beta > \beta^*$ 的异常特性区Ⅱ的环肋圆柱壳总体稳定性理论临界压力均由纵向受压稳定理论临界压力决定。

因而在上述情况下，采用减小舱长或增大横向肋骨尺寸的办法无法提高环肋圆柱壳总稳定性理论临界压力；而只有提高纵向刚度，即增加板厚或加设纵筋才能提高其总稳定临界压力。当然加设纵筋更可以节省材料，发挥各个构件的优势，成为薄壳结构的首选。

文献[9]对纵、横加强圆柱壳的总体稳定性也进行了具体分析：在推导得到的横向加肋的总体稳定性方程的基础上增加纵向筋的应变能,就可得出纵、横等距加肋(筋)圆柱壳总体稳定性理论临界压力的计算公式,即

$$p_{EO} = \frac{1}{n^2-1+0.5m^2\alpha^2}\left[\begin{array}{l}\dfrac{D}{R^3}(n^2-1+m^2\alpha^2)+\dfrac{Et}{R}\dfrac{m^4\alpha^4}{m^2\alpha^2+n^2}+\\ \dfrac{EI}{R^3l}(n^2-1)+\dfrac{EJ}{R^3b}m^4\alpha^4\end{array}\right] \quad (6.5.6)$$

式中 m、n 由相应于上式取得最小值条件确定;

b——纵向肋骨间距,$b=2\pi R/N$;

J——带附连翼板的纵向筋的惯性矩。

通过对上述公式进行类似式(6.5.3)~式(6.5.5)的计算分析和曲线图绘制可说明加纵筋对提高总体稳定性的作用,并得出以下参考结论。

(1)在环肋圆柱壳的正常特性区,加设纵筋是不能提高总体稳定性临界压力的。

(2)在异常特性区间Ⅰ加设纵筋可以提高总体稳定性理论临界压力,且 α 越大,理论临界压力提高越快。

(3)在异常特性区间Ⅱ增加纵筋,总体稳定性理论临界压力随纵筋尺寸增大而先增大后保持不变。

(4)用加设纵筋的方法来提高总体稳定理论临界压力主要是针对薄壳结构,壳体越薄,即相对厚度 γ 越小,效果越明显。

(5)对于大深度耐压壳体,壳厚加大,$p_E^{(1)}$ 相对 $p_E^{(2)}$ 有所增加,异常特性区会缩小;如实际结构还在异常特性区的范围内,则应根据结构的状况和加工条件及加纵筋或加厚板的效果等因素综合考虑。

6.5.2 环肋圆柱壳的优化计算

随着大深度潜水器和深海装备工作深度不断加大和使用要求不断增多,耐压结构自重及其排水量之间的矛盾较为突出,即结构容重比 W/D 的不断增大对其使用安全性和装载量都带来很大的影响。为了解决这一问题,除了耐压结构采用高强度、低密度的材料和附加浮力材料外,对各类耐压结构,特别是对复杂的环肋圆柱壳结构进行以减轻重量为目标的优化计算也是很有用的办法。例如,在某潜水器电子舱设计中,耐压圆柱壳(R=193mm、t=9mm、L=2800mm)通过肋骨选型和环肋圆柱壳优化计算,结构自重减少约 10%。同时,优化计算的另一重要目的就是通过结构优化计算建立下潜深度与结构自身容重比及不同 t/R 的关系,这对于潜水器总体优化设计和确定使用范围及主要参数的选择都有重要作用。考虑到 T 型肋骨对提高总体稳定性最优和实际产品耐压结构内肋骨配置较多,故优化计算以 T 型内肋骨配置的环肋圆柱壳为目标对象。

6.5.2.1 目标函数及设计变量

典型环肋圆柱壳结构见图 3.5。耐压壳体结构优化设计计算，应在满足承载能力、强度、材料、工艺制造等要求的条件下进行，其优化设计的目标函数为单位容积重量最小，并以 $f_{\min}$ 表示，即

$$\min f_{\min} = \min\left\{2\delta_e\left(1+\frac{1}{\beta}\right)\frac{t}{R}\right\} \tag{6.5.7}$$

式中　β ——肋骨面积比；

　　　δ_e ——材料单位体积重量。

T 型内肋骨尺度参数：

t_1 ——T 型肋骨的腹板厚度；

h ——T 型肋骨的腹板高度；

b ——T 型肋骨的面板宽度；

t_2 ——T 型肋骨的面板厚度。

在优化计算过程中，取 R/t、u、β、t_1/t、h/t、b/t、t_2/t 共 7 个无量纲参数，为环肋圆柱壳体结构的设计变量。其变量取值范围如下：

$$10 < R/t < 120，0 < u < 5，0 < \beta < 5，2 < h/t < 10$$

$$0 < t_1/t < 1，0 < t_2/t < 3，1 < b/t < 5$$

6.5.2.2 约束条件

根据前述的环肋圆柱壳的强度和稳定性计算方法及其公式和衡准条件建立强度和稳定性的约束条件如下。

（1）强度约束。

跨中壳板中面周向应力：$\sigma_2^0 \leqslant 0.85 R_{eH}$ 或 $g_1 = \sigma_2^0 - 0.85 R_{eH} \leqslant 0$。

肋骨根部壳板内表面纵向应力：$\sigma_1 \leqslant 1.15 R_{eH}$ 或 $g_2 = \sigma_1 - 1.15 R_{eH} \leqslant 0$。

肋骨平均应力：$\sigma_f \leqslant 0.6 R_{eH}$ 或 $g_3 = \sigma_f - 0.6 R_{eH} \leqslant 0$。

（2）稳定性约束。

肋间壳板失稳临界压力：$p_{cr1} \geqslant p_j$ 或 $g_4 = p_j - p_{cr1} \leqslant 0$。

舱段总体失稳临界压力：$p_{cr2} \geqslant 1.2 p_j$ 或 $g_5 = 1.2 p_j - p_{cr2} \leqslant 0$。

结构安全系数：$K=1.50$。

（3）几何约束。

肋骨高度与壳板半径之比：$\dfrac{h}{R} \leqslant 0.15$ 或 $g_6 = \dfrac{h}{R} - 0.15 \leqslant 0$。

6.5.2.3 优化计算方法简述

优化计算首先是建立环肋圆柱壳无量纲化的强度和稳定性计算方程，依据相

关公式和标准及修正曲线进行无量纲化，并按上述强度和稳定性约束条件建相应的状态方程。

在优化计算中，运用数学计算软件 Matlab 将上述公式进行编程，然后采用多学科优化软件 Isight 进行优化。优化算法以无量纲化单位容积重量为优化目标，联合运用多岛遗传算法（MIGA）和序列二次规划法（NLPQL）进行寻优；采用多岛遗传算法进行全局搜索，寻找较优的可行解，然后以该可行解为初始值，采用修正可行方向法（MMFD）进行局部搜索，寻找最优值。优化流程如图6.14所示。

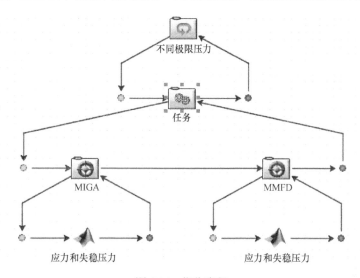

图 6.14　优化流程

6.5.2.4　优化计算和拟合方程

参照文献[10]针对大深度采用 800MPa 级高强度钢和钛合金材料的环肋圆柱壳结构，以上述的优化算法和设计变量进行系列数值计算。通过优化算法驱动，得到了不同长度半径比、不同最大工作压力 p_e 下的最小环肋圆柱壳单位容积重量 f_{min} 和最优半径厚度比 R/t；同时通过最优拉丁方（Optimal Latin Hypercube）进行试验设计和检验，得出 p_e 与 R/t 为最大正相关，而与 f_{min} 为最大负相关的结论，并采用一次多项式和幂函数进行关系拟合。

由计算和拟合结果得出的目标函数 f_{min} 与最大工作压力 p_e 的拟合方程为

$$\begin{cases} 对于高强度钢 & f_{min} = 0.0416 p_e + 0.0117 \\ 对于高强度钛合金 & f_{min} = 0.0219 p_e - 0.0087 \end{cases} \quad (6.5.8)$$

其关系曲线见图6.15。

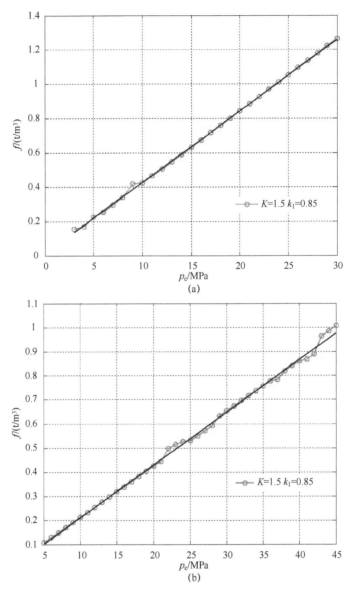

图 6.15 p_e 与最小单位容重 f_{min} 的关系曲线

（a）高强度钢；（b）高强度钛合金。

图 6.15 的关系曲线表明了在不同工作压力 p_e（工作深度）下所对应的最小环肋圆柱壳单位容积重量 f_{min}，两者呈近似线性关系；同时也表明，采用高强度钛合金和高强度钢的环肋圆柱壳结构在设计要求一定容重比的条件下可能达到的大深度范围。例如，在结构容重比等于 1.0 的情况下，高强度钢环肋圆柱壳结构的设计工作深度可达 2400m，而高强度钛合金环肋圆柱壳则可达 4500m。由于结

构重量占整个潜水器比重较大，因而优化关系曲线也为大深度潜水器总体优化设计提供了参数依据。

对于 p_e 与 R/t 的拟合公式为

$$\begin{cases} (R/t)_{op} = 391.93 p_e^{-0.958} \\ (R/t)_{op} = 455.04 p_e^{-1.005} \end{cases} \tag{6.5.9}$$

其关系曲线如图 6.16 所示。

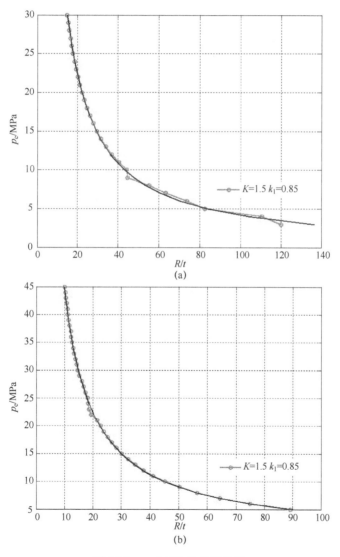

图 6.16　p_e 与 R/t 的关系曲线

(a) 高强度钢；(b) 高强度钛合金。

式（6.5.9）和图 6.16 曲线表明在环肋圆柱壳单位容积重量最优的情况下，p_e 与 R/t 两者呈幂函数关系，它可以计算不同工作压力（工作深度）下所对应的环肋圆柱壳最优厚度半径比 R/t，因而可指导和评估环肋结构设计计算的合理性。

上述优化计算结果是以环肋圆柱壳结构屈曲失效准则和相应的静强度约束条件得出的。如实际设计的大深度环肋结构发生极限强度失效在先的破坏模式，即满足（6.4.10）判别式的要求，则优化计算 $f_{\min}$ 应以实际结构的极限强度约束条件计算结果为准。

参考文献

[1] 施德培, 李长春. 潜水器结构强度[M]. 上海: 上海交通大学出版社, 1991.

[2] 徐秉汉, 朱邦俊, 欧阳吕伟, 等. 现代潜艇结构强度的理论与试验[M]. 北京: 国防工业出版社, 2007.

[3] 谢祚水, 王自力, 吴剑国. 潜艇结构分析[M]. 武汉: 华中科技大学出版社, 2003.

[4] 武杰. 再论环肋圆柱壳总体稳定的"新特性"[J]. 舰船科学技术, 1997, 1: 13-17.

[5] 徐宣志, 欧阳吕伟, 严忠汉. 鱼雷力学[M]. 北京: 国防工业出版社, 1992.

[6] ШИТОВ АИ.УТОЧНЕННЫЕ РАСЧЕТЫ УСТОЙЧИВОСТИ ЦИЛИНДРИЧЕСКИХ КОРАПУСОВ ПОДВОДНЫХ ТЕХНИЧЕСКИХ СРЕДСТВ[J]. СУДОСТРОЕНИЕ, 2004, 1(752): 17-18.

[7] ИБНОЯМИНОВ ВР.НЕСУЩАЯ СПОСОБНОСТЬ ПРОЧНЫХ КОРПУСОВ ПОДВОДНОЙ ТЕХНИКИ С НАЧАЛЬНЫМИ НЕСОВЕРШЕНСТВАМИ ФОРМЫ[M].ИЗДАТЕЛЬСТВО ЛИНК, САНКТ-ПЕТЕРБУРГ, 2007.

[8] 吕春雷, 王晓天, 姚文, 等. 多种型式肋骨加强的耐压圆柱壳体结构稳定性研究[J]. 船舶力学, 2006, 10(5): 113-118.

[9] 王小明. 纵横加肋圆柱壳稳定特性[J]. 舰船科学技术, 2014, 36(7): 28-32.

[10] 余俊, 欧阳吕伟, 李艳青, 等. 深海高强度钢环肋圆柱壳单位容积重量优化设计[J]. 舰船科学技术, 2018, 40(13): 11-16.

第 7 章 圆锥壳和锥柱结合壳结构

潜水器和深海装备耐压结构因外部流线型总体设计和使用舱室直径变化的需求，在舱段特别是头、尾部采用类似于鱼、水雷一样的圆锥壳和锥柱结合壳过渡结构，由于半径较小，一般采用轴对称的正圆锥壳体。

对于正圆锥壳，利用其轴对称性可变换为等价圆柱壳进行静强度和稳定性（包括内、外肋骨修正）计算分析；对于锥柱结合壳，则在分析中厚壳静强度计算适用性和结合部塑性极限强度计算方法的基础上进行公式简化和模型试验验证及总体稳定性计算方法的完善。

7.1 圆锥壳和锥柱结合壳的应力计算

7.1.1 环肋圆锥壳的应力计算校验

由圆柱壳强度计算和圆锥壳几何关系分析可知，对承受均匀外压的旋转壳体，无论是圆锥壳还是圆柱壳，它们的内力和应变的表达式是类似的；同时，对于受分布载荷作用的圆柱壳或圆锥壳，都可以简化成如图 5.4 的弹性基础梁，且其弹性基础的刚性系数是 $k = \dfrac{Et}{\rho_2^2}$。区别仅在于对圆柱壳，其第二主曲率半径 $\rho_2 = R =$ 常数，而圆锥壳的第二主曲率半径 $\rho_2 = R/\cos\gamma$，是个变量。此外，圆柱壳经线（轴向）弧长 $ds = dx$，圆锥壳则为 $ds = dx/\cos\gamma$，其中 γ 为半圆锥角。

注意到上述这些异同点，我们可以把圆锥壳化为一个等价圆柱壳进行计算。该等价圆柱壳的半径等于圆锥壳的第二主曲率半径 $\rho_2 = R/\cos\gamma$，它的肋骨间距等于圆锥壳一个肋骨跨距上的母线长度 $l/\cos\gamma$。

由于圆锥壳的主曲率半径 ρ_2、平行圆半径 R 是随坐标轴而变化的，因而需要一档一档按跨度分别计算。不过，在强度计算中我们最关心的是应力最大的几档肋骨跨度，对厚度相同的每一段只计算其半径最大的那档肋骨跨度；在一档肋骨跨度内，半径变化不大，可以按该跨度的平均半径，参照圆柱壳跨中中面、肋骨根部内表面、肋骨横截面部位进行应力计算。这样，将一般环肋圆柱壳的应力计算公式（5.1.21）除以 $\cos\gamma$，即可作为一般环肋圆锥壳的应力计算公式：

$$\begin{cases}\sigma_2^0=-K_2^0\dfrac{pR}{t\cos\gamma}\\[4pt]\sigma_1'=-K_1\dfrac{pR}{t\cos\gamma}\\[4pt]\sigma_f=-K_f\dfrac{pR}{t\cos\gamma}\end{cases} \quad (7.1.1)$$

式中：K_2^0、K_1、K_f 根据 u、β 分别由第 5 章图谱中查得。u、β 计算公式为

$$u=\dfrac{0.643l}{\sqrt{Rt\cos\gamma}},\quad \beta=\dfrac{lt}{F\cos\gamma}$$

对于环肋圆锥壳的应力校验按圆柱壳对应处的标准进行校验。对于框架肋骨或舱壁处壳体横剖面上的最大应力，也可按第 5 章做类似变换和计算校验。

7.1.2 锥柱结合壳的应力计算校验

7.1.2.1 中厚锥柱结合壳的应力计算公式分析

锥柱结合壳是由柱壳和锥壳组合而成，如图 7.1 所示。锥柱结合壳在均匀外压力 p 的作用下，在结合边转折处的内力和变形可以通过结合边处的位移连续条件来确定，进而可推导出结合边横剖面及纵剖面内、外表面上的应力公式（详见文献 [1]）。

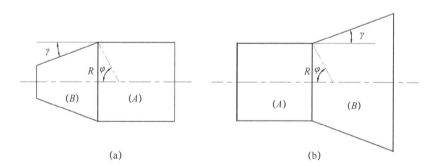

图 7.1 锥柱结合壳示意图

对于图 7.1（a）所示的凸结合壳：

$$\begin{cases}\sigma_1=-\dfrac{pR}{2t}\left[1\mp 2.33\sqrt{\dfrac{R}{t}}f_1(\gamma)\right]\\[6pt]\sigma_2=-\dfrac{pR}{t}\left\{1-0.643\sqrt{\dfrac{R}{t}}\left[f_1(\gamma)-2f_2(\gamma)\mp 0.544f_1(\gamma)\right]\right\}\end{cases} \quad (7.1.2)$$

对于图 7.1（b）所示的凹结合壳：

$$\begin{cases} \sigma_1 = -\dfrac{pR}{2t}\left[1 \pm 2.33\sqrt{\dfrac{R}{t}}f_1(\gamma)\right] \\ \sigma_2 = -\dfrac{pR}{t}\left\{1 + 0.643\sqrt{\dfrac{R}{t}}\left[f_1(\gamma) - 2f_2(\gamma) \mp 0.544 f_1(\gamma)\right]\right\} \end{cases} \quad (7.1.3)$$

式中

$$\begin{cases} f_1(\gamma) = \dfrac{\sqrt{\cos\gamma}}{1+\sqrt{\cos\gamma}}\tan\gamma \\ f_2(\gamma) = \dfrac{\sqrt{\cos\gamma}}{1+\sqrt{\cos\gamma}}\left[\tan\gamma \mp 0.662\sqrt{\dfrac{t}{R}}\dfrac{1-\cos\gamma}{(\cos\gamma)^{3/2}}\right] \end{cases} \quad (7.1.4)$$

以上各式的重叠正负号中，上面的符号表示壳体外表面应力，下面的符号表示壳体内表面应力。

为了确定 γ 半圆锥角的范围和分析应力公式的计算精度，文献［1］以 $\dfrac{t}{R}=0.01$ 的薄壳算例代入式（7.1.4）进行计算分析得出：在 $\gamma \leqslant 25°$ 时，计算误差小于 2.5%。然而对于大深度潜水器和深海装备耐压壳体，厚度半径比 $\dfrac{t}{R}$ 达 0.10 以上，属中厚壳体，上述应力公式能否适用和进行简化计算，必须通过实例计算确定。现令 $\dfrac{t}{R}=0.10$，代入式（7.1.4），则 $f_2(\gamma)$ 式中括号内第二项与第一项相比仍可以忽略不计，且在 $\gamma \leqslant 25°$ 时，误差小于 4.0%；即使当括号前的乘数近似取为 0.5，在 $\gamma \leqslant 25°$ 时误差小于 4.9%，在工程误差范围内。因此仍可以近似得出

$$f_1(\gamma) \approx f_2(\gamma) \approx \dfrac{1}{2}\tan\gamma$$

这样式（7.1.2）、式（7.1.3）可简化成与薄壳一样的应力计算公式如下。

对凸结合壳：

$$\begin{cases} \sigma_1 = -\dfrac{pR}{2t}\left[1 \mp 1.165\sqrt{\dfrac{R}{t}}\tan\gamma\right] \\ \sigma_2 = -\dfrac{pR}{t}\left[1 - (0.321 \pm 0.175)\sqrt{\dfrac{R}{t}}\tan\gamma\right] \end{cases} \quad (7.1.5)$$

对凹结合壳：

$$\begin{cases} \sigma_1 = -\dfrac{pR}{2t}\left[1 \pm 1.165\sqrt{\dfrac{R}{t}}\tan\gamma\right] \\ \sigma_2 = -\dfrac{pR}{t}\left[1 + (0.321 \pm 0.175)\sqrt{\dfrac{R}{t}}\tan\gamma\right] \end{cases} \quad (7.1.6)$$

7.1.2.2 凸结合壳的应力计算校验

由式（7.1.5）看出，凸结合壳处表面应力 σ_1 远大于圆柱壳的无矩应力，若取 $\dfrac{t}{R}$=0.01、$\gamma \leqslant 20°$，则 σ_1 为无矩时的 2.62 倍。同时，通过计算表明，它随壳体厚度半径比的增大而相应下降，当 $\dfrac{t}{R}$ 由 0.01 增加到 0.05 时，σ_1 下降了 45%。因此在实际设计中，凸结合壳处的壳板进行了加厚或厚板削斜，即由板厚 $t \to t_1'$，如图 7.2 所示。

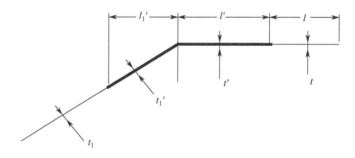

图 7.2 凸型结合壳加厚板示意图

另外，在式（7.1.5）中，周向中面应力 σ_2 值相对较小，约为无矩时的 70%。因此，在实际设计计算中，凸型结合壳折角处的周向中面应力可不进行计算校验，只进行锥壳内表面纵向应力的计算校验。对于仅考虑加厚板的影响的应力计算，可在式（7.1.5）中，由 t_1' 替代 t 计算即可；如还需采用肋骨加强，则应力公式为

$$\sigma_1 = \frac{p_j R}{2t'}\left[1 + 1.165\sqrt{\frac{R}{t'}}\frac{\tan\gamma + 1.7F_k/(Rt')}{1 + F_k/(1.55t'\sqrt{Rt'})}\right] \quad (7.1.7)$$

式（7.1.7）中，加强肋骨的剖面积 F_k 是根据其剖面上的应力不超过材料屈服极限的强度要求而确定的。由潜艇规范可得

$$F_k \geqslant \frac{p_j R_f}{2R_{eH}}(R\tan\gamma + 2.644\sqrt{Rt}) - \frac{\sqrt{Rt}}{0.643}t \quad (7.1.8)$$

式中：R_f 为加强肋骨中和轴半径。

计算校验应满足下式的要求：
$$\sigma_1 \leqslant 1.50 R_{\mathrm{eH}} \tag{7.1.9}$$

7.1.2.3 凹结合壳的应力计算校验

凹结合壳结合处壳板应力，主要是周向中面应力的计算。若也取 $\dfrac{t}{R}$=0.01、$\gamma \leqslant 20°$，由式（7.1.6）计算得出，σ_2^0 为无矩时的 2.17 倍；它也随壳体厚度半径比的增大而相应下降，在 $\dfrac{t}{R}$ 由 0.01 增加至 0.05 时，中面应力降低超过 30%。因而，在凹结合壳实际设计中，可参照凸结合壳进行壳板加厚或厚板削斜；同时，需要在结合壳折角处布置加强肋骨，如图 7.3 所示。

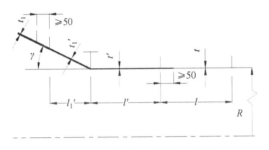

图 7.3 凹型结合壳结构示意图

该加强肋骨计及带板的惯性距 I_k 应满足式（7.1.10）的要求，即至少达到和柱壳部分的等强要求：

$$\begin{cases} I_k \geqslant (0.5RI/l)\tan\gamma & l' \approx l_1' \leqslant l/2 \\ I_k \geqslant I[1+(0.5R/l)\tan\gamma] & l' \approx l_1' \approx l \end{cases} \tag{7.1.10}$$

式中 I_k ——计及带板宽度为 $0.5(l'+l_1')$ 的加强肋骨剖面惯性矩；

I ——柱壳部分计及带板的肋骨剖面惯性矩；

l' ——转折处柱壳普通肋骨到转折点的间距；

l_1' ——转折处锥壳普通肋骨到转折点的间距。

在式（7.1.6）的基础上，经变换而得出计及加厚板 t' 和加强肋骨剖面积 F_k 的凹型壳结合处壳板周向应力计算公式为

$$\sigma_2^0 = \dfrac{p_j R}{t'}\left[1+0.321\sqrt{\dfrac{R}{t'}}\dfrac{\tan\gamma - 1.7 F_k/(Rt')}{1+F_k/(1.55t'\sqrt{Rt'})}\right] \tag{7.1.11}$$

式中 F_k ——加强肋骨的剖面积，由公式（7.1.8）确定；

t' ——结合处柱壳加厚板厚度，取 $t' = \min(t_1, t_1') \geqslant t$（$t$ 为柱壳壳板厚度）；

t_1 ——锥壳壳板厚度；

t_1'——结合处锥壳加厚板厚度（加厚板的范围应延伸到邻近结合边的一档肋骨之外 $l'/2$ 处）。

凹型结合壳壳板中面周向应力应满足

$$\sigma_2^0 \leqslant 1.0 R_{\mathrm{eH}} \tag{7.1.12}$$

7.2 圆锥壳稳定性计算

7.2.1 考虑内、外肋骨影响的舱段总体稳定性公式

潜水器耐压结构所采用的正圆锥舱段壳体结构如图 7.4 所示。

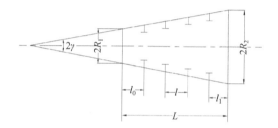

图 7.4 环肋正圆锥壳体示意图

在半锥角不大于 25° 的条件下，环肋圆锥壳总体稳定性理论方程同样可参照能量法推导其稳定性计算方法，舱段总稳定性公式[2]为

$$p_{\mathrm{E}} = \frac{1}{n^2 + 0.5\beta_1^2 - \cos^2\gamma} \left[\begin{array}{l} \dfrac{Et}{R_1} \dfrac{2\eta}{1+\eta} \dfrac{\beta_1^4 \cos^3\gamma}{(\beta_1^2 + n^2)^2} + \dfrac{\eta(1+\eta)}{2} \dfrac{D}{R_1^3} \cos\gamma \times \\ (n^2 + \beta_1^2 - \cos^2\gamma)^2 + \dfrac{\eta(1+\eta)}{2} \dfrac{EI_{\mathrm{p}}}{R_1^3 l_2} \cos^3\gamma (n^2-1)^2 \end{array} \right] \tag{7.2.1}$$

与圆柱壳稳定性分析相同，壳板抗弯刚度项远小于肋骨抗弯刚度 $\dfrac{EI_{\mathrm{p}}}{l_2}$，可以忽略不计。令 $D=0$，则

$$p_{\mathrm{E}} = \frac{1}{n^2 + 0.5\beta_1^2 - \cos^2\gamma} \left[\begin{array}{l} \dfrac{Et}{R_1} \dfrac{2\eta}{1+\eta} \dfrac{\beta_1^4 \cos^3\gamma}{(\beta_1^2 + n^2)^2} + \\ + \dfrac{EI_{\mathrm{p}}}{R_1^3 l_2} \dfrac{\eta(1+\eta)}{2} \cos^3\gamma (n^2-1)^2 \end{array} \right] \tag{7.2.2}$$

式中　n——失稳波数，由 p_{E} 最小值条件确定；

$\eta = R_1/R_2$，R_1、R_2 分别为锥壳小端和大端半径；

$$\beta_1 = \frac{\pi}{2\ln\frac{R_2}{R_1}}\sin\gamma\ ;$$

γ 为半锥角；

$$\frac{I_\mathrm{p}}{l_2} = \frac{\sum I_i \cos\gamma}{L - \frac{1}{2}(l_\mathrm{a} + l_\mathrm{b})},$$

其中，L 为舱段长度，l_a、l_b 分别为锥壳两端的肋骨间距；I_i 为舱段长度内各档肋骨在母线处计及带板的惯性矩。

I_i 计算式为

$$I_i = I_0 + \frac{lt^3}{12\cos\gamma} + \left(y_0 + \frac{t}{2}\right)^2 \frac{ltF}{lt + F\cos\gamma} \tag{7.2.3}$$

式中：F、I_0、y_0 分别为肋骨剖面积、自身惯性矩以及剖面形心到壳板表面的距离。

同环肋圆柱壳总体稳定性计算一样，对于内、外肋骨布置的正圆锥壳舱段，同样应考虑肋骨偏心距对总体稳定性临界压力计算的影响。考虑实际结构中半锥角 γ 不超过 25°，这时结构参数 u 和计及带板的惯性矩 I 变化不大，而且舱段失稳半波数 n 也和圆柱壳一致，为 2~4。因此，在圆锥壳总体稳定性公式的肋骨抗弯刚度 $\frac{EI_\mathrm{p}}{l_2}$ 项中直接引入修正系数 λ，即

$$P_E = \frac{1}{n^2 + 0.5\beta_1^2 - \cos^2\gamma}\left[\frac{Et}{R_1}\frac{2\eta}{1+\eta}\frac{\beta_1^4\cos^3\gamma}{(\beta_1^2 + n^2)^2} + \frac{EI_\mathrm{p}\lambda}{R_1^3 l_2}\frac{\eta(1+\eta)}{2}\cos^3\gamma(n^2-1)^2\right] \tag{7.2.4}$$

式中：$\lambda = \dfrac{1}{1+wH^2}$，$H = 1 + \dfrac{y_0}{R}(n^2-1)$；

$w = \dfrac{u - 0.75}{1+\beta}$。

对内肋骨以及 $u < 0.75$ 时的外肋骨，$\omega = 0$、$\lambda = 1.0$。

7.2.2 单跨圆锥壳体局部稳定性计算公式

环肋圆锥壳体在均匀外压力作用下，当肋骨具有足够刚度时，圆锥壳体将像圆柱壳体一样首先在肋骨之间丧失壳板稳定性。其计算公式可从式（7.2.1）中简化得出，令 $I_\mathrm{p} = 0$，定义 R_1 和 R_2 分别为肋骨跨度内的最小和最大平行圆半径，经变换即可得到

$$p_E = \frac{1}{n^2 + 0.5\beta_1^2 - \cos^2\gamma} \left[\begin{array}{l} \dfrac{D}{R_1^3} \dfrac{\eta(1+\eta)}{2} \cos\gamma (n^2 + \beta_1^2 - \cos^2\gamma)^2 + \\ \dfrac{Et}{R_1} \dfrac{2\eta}{1+\eta} \dfrac{\beta_1^4 \cos^3\gamma}{(\beta_1^2 + n^2)^2} \end{array} \right] \quad (7.2.5)$$

考虑到下述几点，式（7.2.5）可以进一步简化：

（1）壳板局部失稳时 n 比较大，$\cos\gamma \leqslant 1$，令 $n^2 - 1 \approx n^2 - \cos^2\gamma \approx n^2$；

（2）$\eta = \dfrac{R_1}{R_2}$，令 $\dfrac{R_1 + R_2}{2} = R_p$，则 $\dfrac{2\eta}{1+\eta} = \dfrac{2R_1}{R_1+R_2} = \dfrac{R_1}{R_p}$，$\dfrac{Et}{R_1} \dfrac{2\eta}{1+\eta} = \dfrac{Et}{R_p}$；

（3）$R_1 = \dfrac{2\eta}{1+\eta} R_p$；

（4）由几何关系可近似得 $\beta_1 \approx \dfrac{\pi R_p}{l} \cos\gamma$；

（5）引入符号 $\alpha_d = \dfrac{\pi R_p}{l}$，$R_d = \dfrac{R_p}{\cos\gamma}$，$n_d = \dfrac{n}{\cos\gamma}$。

经过上述几项变换后，式（7.2.5）可简化成

$$p_E = \frac{1}{n_d^2 + 0.5\alpha_d^2} \left[\frac{D}{R_d^3}(n_d^2 + \alpha_d^2)^2 + \frac{Et}{R_d} \frac{\alpha_d^4}{(n_d + \alpha_d)^2} \right] \quad (7.2.6)$$

将式（7.2.6）与圆柱壳失稳公式进行比较，令式（6.1.6）中的 $I = 0$、$n^2 - 1 \approx n^2$，则两公式表达形式一致。这说明在 $\gamma \leqslant 25°$ 的小锥角情况下，环肋正圆锥壳体壳板局部失稳可直接采用等价圆柱壳壳板失稳公式进行计算。其等价条件是：圆柱壳的材料和壳板厚度 t 都与圆锥壳相同，它的半径 R_d 等于圆锥壳肋骨跨度中点处的大主曲率半径 $R_p/\cos\gamma$，它的肋骨间距 l_d 等于锥壳母线方向的肋距 $l/\cos\gamma$。n_d 是等价圆柱壳的失稳波数，由 p_E 最小值条件确定，说明锥壳失稳波数 n 是等价圆柱壳的失稳波数 n_d 的 $1/\cos\gamma$。

引用等价圆柱壳后，圆锥壳壳板失稳的计算就可进一步采用类似圆柱壳壳板失稳简化公式计算，即

$$p_E = E\left(\frac{t}{R_d}\right)^2 \frac{0.6}{u_d - 0.37} = E\left(\frac{t\cos\gamma}{R_p}\right)^2 \frac{0.6}{u_d - 0.37} \quad (7.2.7)$$

式中 $u_d = 0.643 \dfrac{l_d}{\sqrt{R_d t}} = 0.643 \dfrac{l}{\sqrt{R_p t \cos\gamma}}$；

失稳波数可由 $n_d = \dfrac{\lambda_d}{\alpha_d}$ 估算。

对于圆锥壳实际临界压计算，可参照圆柱壳的非线性修正系数进行临界压力计算。另外，对于大深度圆锥壳也与圆柱壳一样会发生极限强度失效，其极限承

载能力计算也可参照式（6.4.9），即

$$p_{y1}^0 = \frac{R_{eH} t \cos \gamma}{K_2^0 R} \tag{7.2.8}$$

7.3 锥柱结合壳塑性极限压力分析及其简化公式

由于锥柱结合壳沿母线方向的梁带在结合部发生转折，因而除承受向心的静水外压力外，还产生一垂直于轴线的附加力 Q，且 $Q = \frac{pR}{2} \tan \gamma$。在两种力的共同作用下，不仅可能发生屈曲破坏，还可能在结合壳处（转折区）发生塑性轴对称破坏。这种轴对称破坏实际上是由于转折区壳板丧失塑性极限承载能力，类似于环肋圆柱壳的极限强度破坏。

在文献［3］中，根据简单加载理论和特雷斯卡（H.Tresca）屈服条件及材料刚塑性和不可压缩假定，采用能量法建立了环肋凸、凹锥柱结合壳转折区塑性极限压力计算方法。为有利于工程计算校验和应用，在对其所建立的计算方法分析的基础上，进行了进一步的公式简化及失效机理分析，并通过模型试验结果检验其可靠性。

7.3.1 凸锥柱结合壳极限压力计算简化公式

7.3.1.1 凸转折区的塑性极限压力方程的建立

环肋凸锥柱结合壳的结构形式如图 7.5 所示。模型试验研究表明，结合壳在静水外压力 p 作用下发生轴对称塑性破坏后，转折处两旁的环肋基本上仍保持原先的形状。

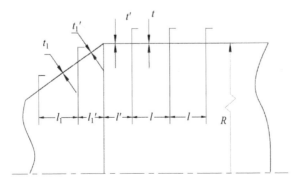

图 7.5　凸型结合壳结构示意图

因此，当抵达塑性极限状态时可假设环肋是刚性的，两肋间的壳板形成了塑性流动区，依据不同的结构参数，形成如图 7.6 所示的凸型转折区壳板的塑性流动位移场，在壳板结合处及离结合处分别为 l_x 和 l_s 的壳板处共形成三个刚塑性铰链。基于上述考虑，设凸转折区塑性流动位移是线性变化的，则

柱壳部分（$x = 0 \to l_x$）

$$\begin{cases} w = \mp A(1 - x/l_x) \\ u = \mp A \tan \gamma \\ v = 0 \end{cases} \qquad (7.3.1)$$

式中："$\mp$"分别对应凸、凹两种塑性流动位移场，其中，"$-$"号对应向外凸的塑性流动位移场，"$+$"号对应向内凹的塑性流动位移场。

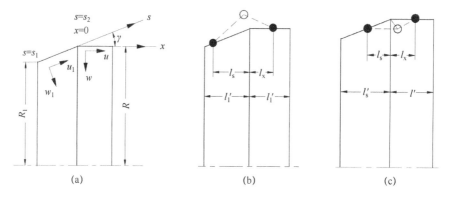

图 7.6 凸型转折区壳板的塑性流动位移场

锥壳部分（$s = s_s \to s_2$）

$$\begin{cases} w = \mp A(s - s_s)/l_s \\ u = 0 \\ v = 0 \\ l_s = (s_2 - s_s)\cos \gamma \end{cases}$$

$$R_s = R - l_s \tan \gamma$$

通过对柱、锥、塑性铰链内功率 T 和塑性外功率 V 的计算，采用最小势能原理 $T = V$，即可求得计算塑性极限压力 p_{sj} 的方程式，在此假定 $t_1' = t'$，并令 $\overline{p} = \dfrac{p_{sj} R}{t' R_{eH}}$：

当 $1 \leqslant \overline{p} \leqslant 2$ 时

$$p_{sj} = \frac{R_{eH}t'}{R} \cdot \frac{1 + \dfrac{l_s}{l_x}\dfrac{1}{\cos\gamma} + \left[1.5 + 0.75\dfrac{l_x}{l_s}\left(1 + \dfrac{R_s}{R}\right)\right]\dfrac{Rt'}{l_x^2}}{\mp 1 \mp \dfrac{1}{3\cos^2\gamma}\dfrac{l_s}{l_x}\left(2 + \dfrac{R_s}{R}\right) \pm \dfrac{2R}{l_x}\tan\gamma + \left[0.75 + 0.375\dfrac{l_x}{l_s}\left(1 + \dfrac{R_s^2}{R^2}\right)\right]\dfrac{Rt'}{l_x^2}}$$

(7.3.2)

当 $0 \leq \overline{P} < 1$ 时

$$p_{sj} = \frac{R_{eH}t'}{R} \cdot \frac{1 + \dfrac{l_s}{l_x}\dfrac{1}{\cos\gamma} + \left[1 + 0.5\dfrac{l_x}{l_s}\left(1 + \dfrac{R_s}{R}\right)\right]\dfrac{Rt'}{l_x^2}}{\mp 1 \mp \dfrac{1}{3\cos^2\gamma}\dfrac{l_s}{l_x}\left(2 + \dfrac{R_s}{R}\right) \pm \dfrac{2R}{l_x}\tan\gamma + \left[0.25 + 0.125\dfrac{l_x}{l_s}\left(1 + \dfrac{R_s^2}{R^2}\right)\right]\dfrac{Rt'}{l_x^2}}$$

(7.3.3)

由于 l_x 和 l_s 未知，尚不能利用式（7.3.2）和式（7.3.3）来计算塑性极限压力 p_{sj}，为了确定 l_x 和 l_s 可利用使 p_{sj} 取极小值的条件，即

$$\begin{cases} \dfrac{\partial p_{sj}}{\partial l_x} = 0 \\ \dfrac{\partial p_{sj}}{\partial l_s} = 0 \end{cases}$$

(7.3.4)

式（7.3.4）是含有两个未知量的非线性方程组，可采用数值法，如梯度法、Newton 法、拟 Newton 法等求解，但在一般情况下，导出式（7.3.4）的解析解是十分困难的。

考虑到锥柱结合壳设计的实际情况，可令 $l' \approx l_1'$（图 7.5）；同时，为了简化计算和导出式（7.3.4）的解析解，在此引入如下假定：

$$l_x = l_s$$

(7.3.5)

对于仅考虑塑性流动位移场外凸的情况所得出的塑性极限压力公式，将 p_{sj} 表达式分别代入式（7.3.4），并略去 $\dfrac{t}{R}$ 与 $\left(\dfrac{l_x}{R}\right)^2$ 这样的小量，则得

当 $1 \leq \overline{p} \leq 2$ 时

$$l_x = \frac{1}{2}\sqrt{\left[\frac{3(2 + \cos\gamma + 3\cos^2\gamma)t'}{2\sin\gamma(1 + \cos\gamma)}\right]^2 - \frac{12Rt'\cos\gamma}{1 + \cos\gamma}} - \frac{3(2 + \cos\gamma + 3\cos^2\gamma)t'}{4\sin\gamma(1 + \cos\gamma)}$$

(7.3.6)

当 $0 \leq \overline{p} < 1$ 时

$$l_x = \sqrt{\left[\frac{(4 + \cos\gamma + 5\cos^2\gamma)t'}{4\sin\gamma(1 + \cos\gamma)}\right]^2 + \frac{2Rt'\cos\gamma}{1 + \cos\gamma}} - \frac{(4 + \cos\gamma + 5\cos^2\gamma)t'}{4\sin\gamma(1 + \cos\gamma)} \quad (7.3.7)$$

塑性区间长度 l_x 导出后,只要将式(7.3.6)和式(7.3.7)分别代入式(7.3.2)和式(7.3.3)就可求得塑性极限压力 p_{sj}。但须指出的是,当 $l' \leqslant l_x$ 和 $l_1' \leqslant l_x$ 时,需根据前述假定将 $l_x = l'$、$l_s = l_1'$ 代入该式计算塑性极限压力 p_{sj}。

7.3.1.2 塑性极限压力计算的简化模型

对上述复杂的 p_{sj} 计算公式可进行简化分析[3],即采用图 7.7 所示的柱壳壳板简化模型的塑性极限分析问题来处理。当到达塑性极限平衡状态时,柱壳除了承受静水外压力 p 的作用之外,在 $x=0$ 处还要承受锥壳的作用。锥壳对柱壳的作用相当于提供了两个外力:沿锥壳母线方向的力 $pR/2\cos\gamma$ 和塑性力矩 $M_j(0) = 0.25\left(1.5R_{eH} - 0.75\dfrac{pR}{t'}\right)$ 或 $M_j(0) = 0.25\left(R_{eH} - 0.25\dfrac{pR}{t}\right)t'^2$,方向如图 7.7 所示。这时长度为 l_x 的柱壳壳板屈服,并在 $x = l_x$ 处形成塑性铰链。

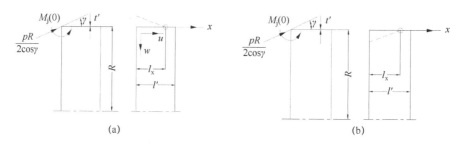

图 7.7 凸型锥柱结合壳的简化柱壳模型

塑性流动位移场

$$\begin{cases} w = \mp(A_1 - x/l_x) \\ u = \mp A\tan\gamma \\ v = 0 \end{cases} \tag{7.3.8}$$

式中:"$\mp$"分别对应外凸的塑性流动位移场(图 7.7(a))和内凹的塑性流动位移场(图 7.7(b))。

柱壳的塑性内功率 $T_柱$ 为

$$T_柱 = \pi R_{eH} t' l_x A + 2\pi R M_j \dfrac{A}{l_x} \tag{7.3.9}$$

柱壳的塑性外功率 V 为

$$V = \mp\pi R l_x pA \pm \pi R^2 p\tan\gamma A - 2\pi R M_j \dfrac{A}{l_x} \tag{7.3.10}$$

由 $T_柱 = V$ 得:

当 $1 \leqslant \bar{p} \leqslant 2$ 时

$$p_{\mathrm{sj}} = \frac{R_{\mathrm{eH}} t'}{R} \frac{1 + 1.5 \frac{Rt'}{l_{\mathrm{x}}^2}}{\mp 1 \pm \frac{R \tan \gamma}{l_{\mathrm{x}}} + 0.75 \frac{Rt'}{l_{\mathrm{x}}^2}} \quad (7.3.11)$$

当 $0 \leqslant \overline{p} < 1$ 时

$$p_{\mathrm{sj}} = \frac{R_{\mathrm{eH}} t'}{R} \frac{1 + \frac{Rt'}{l_{\mathrm{x}}^2}}{\mp 1 \pm \frac{R \tan \gamma}{l_{\mathrm{x}}} + 0.25 \frac{Rt'}{l_{\mathrm{x}}^2}} \quad (7.3.12)$$

针对外凸塑性流动位移场，为求得塑性极限压力同样利用使 p_{sj} 取极小值的条件：

$$\frac{\partial p_{\mathrm{sj}}}{\partial l_{\mathrm{x}}} = 0 \quad (7.3.13)$$

将式（7.3.11）和式（7.3.12）分别代入式（7.3.13），则得

当 $1 \leqslant \overline{p} \leqslant 2$ 时

$$l_{\mathrm{x}} = \sqrt{\left(2.25 \frac{t'}{\tan \gamma}\right)^2 + 1.5 Rt'} - 2.25 \frac{t'}{\tan \gamma} \quad (7.3.14)$$

当 $0 \leqslant \overline{p} < 1$ 时

$$l_{\mathrm{x}} = \sqrt{\left(1.25 \frac{t'}{\tan \gamma}\right)^2 + Rt'} - 1.25 \frac{t'}{\tan \gamma} \quad (7.3.15)$$

将 l_{x} 表达式分别代入式（7.3.11）和式（7.3.12）就可求得简化模型塑性极限压力 p_{sj}。须指出的是，若 $l' \leqslant l_{\mathrm{x}}$，则将 $l_{\mathrm{x}} = l'$ 代入式（7.3.11）和式（7.3.12）计算塑性极限压力 p_{sj}。

7.3.1.3 塑性极限压力计算简化公式及模型破坏试验对比分析

为有利于实际结构的强度设计计算和校验，参照圆柱壳结构极限强度承载能力公式简化方法，依据塑性极限压力计算的简化模型公式和锥柱结合壳处的结构参数特点进行具体简化。

设凸锥柱结合壳折角区的结构参数 u_{k}（类似环肋圆柱壳结构参数 u）为

$$u_{\mathrm{k}} = \frac{R}{t'} \tan^2 \gamma \quad (7.3.16)$$

转折点距塑性铰的距离系数 C_{j} 为

$$C_{\mathrm{j}} = \frac{l_{\mathrm{x}}}{t'} \tan \gamma \quad (7.3.17)$$

将 u_{k} 和 C_{j} 代入简化模型有关公式（7.3.11）、式（7.3.12），进行代数置换

和对内凹塑性流动位移场取绝对值，可得凸锥柱结合壳转折区塑性极限压力的简化公式 p_u：

当 $1 \leqslant \overline{p} \leqslant 2$ 时

$$p_\mathrm{u} = \frac{R_\mathrm{eH} t'}{R} \frac{1.5 u_\mathrm{k} + C_\mathrm{j}^2}{(C_\mathrm{j} \pm 0.75) u_\mathrm{k} - C_\mathrm{j}^2} \tag{7.3.18}$$

当 $0 \leqslant \overline{p} < 1$ 时

$$p_\mathrm{u} = \frac{R_\mathrm{eH} t'}{R} \frac{1.0 u_\mathrm{k} + C_\mathrm{j}^2}{(C_\mathrm{j} \pm 0.25) u_\mathrm{k} - C_\mathrm{j}^2} \tag{7.3.19}$$

式中："+"号对应向外凸的塑性流动位移场；"−"号对应向内凹的塑性流动位移场。

由 p_u 简化公式看出，为了抵抗轴向外压力，发生内凹的塑性流动需要更高的压力。这是因为在凸锥柱结合壳处，垂直于轴线的附加力 Q 的作用方向与静水外压力作用效果方向相反。因而，在实际结构中（$\gamma > 10°$）几乎不可能形成向内凹的塑性流动位移场，除非 l_1、l_1' 是很长的情况。

p_u 简化公式中，C_j 按式（7.3.20）或式（7.3.21）进行计算：

当 $1 \leqslant \overline{p} \leqslant 2$ 时

$$C_\mathrm{j} = \sqrt{5.0625 + 1.5 u_\mathrm{k}} - 2.25 \tag{7.3.20}$$

当 $0 \leqslant \overline{p} < 1$ 时

$$C_\mathrm{j} = \sqrt{1.5625 + u_\mathrm{k}} - 1.25 \tag{7.3.21}$$

由式（7.3.18）和式（7.3.19）看出，简化公式 p_u 的计算分为圆柱壳极限强度压力 $\dfrac{R_\mathrm{eH} t'}{R}$ 和锥柱结合壳结构承压系数计算两部分。其计算过程是：根据锥柱结合壳的参数计算 u_k、C_j，再计算 $l_x = \dfrac{C_\mathrm{j} t'}{\tan \gamma}$。如 $l_x \geqslant l$（离转折处最近的肋距），则令 $l_x = l$，再重新计算 C_j；如 $l_x < l$，则无需重新计算 C_j。C_j 确定后，根据实际的临界（破坏）压力和材料的屈服极限，由公式 $\overline{p_\mathrm{u}} = {p_\mathrm{u} R}\big/{t' R_\mathrm{eH}}$ 计算 $\overline{P}$ 的区间，然后将 C_j 代入相应的 p_u 计算公式即可得出该转折区的塑性极限压力。

为有利于简化公式的应用和结合壳处失效机理的分析，绘出结构承压系数（相对塑性极限压力）与锥角 γ 和 R/t' 的关系曲线，如图 7.8 所示。

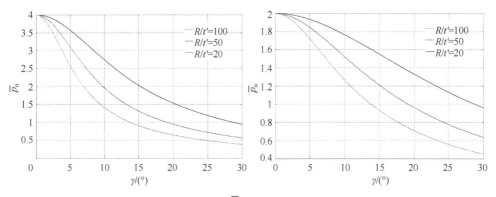

图 7.8 凸锥柱结合壳 $\overline{p}_\mathrm{u}$ 与锥角和 R/t' 的关系曲线

(a) $0 \leqslant \overline{p} < 1$；(b) $1 \leqslant \overline{p} < 2$。

由图 7.8 中看出，承压系数 $\overline{p}_\mathrm{u}$ 随锥角 γ 和 R/t' 的减小而增大，在锥角 γ 接近于零的情况下，结构承压力系数最大值分别趋近于 2.0 和 4.0。这表明凸锥柱结合壳退变成环肋圆柱壳时，所对应的相当柱壳的应力系数为轴向最大应力和最大正应力的一半；进而可说明轴向应力（或最大剪应力）对凸锥壳体产生塑性流动破坏起着主导作用，这从文献 [4] 及相关模型破坏压力下测量的凸锥内表面纵向应力最大，其值都大于材料的 R_eH，甚至达 $2.0 R_\mathrm{eH}$，已得到证明。

不过需指出，凸锥柱结合壳转换成环肋圆柱壳时，其承载能力虽接近相当圆柱壳的轴向极限强度压力，但不会 $p_\mathrm{u} > 2R_\mathrm{eH} t'/R$（$R_\mathrm{eH}$ 为模型材料的实测值）：对于 $\overline{p} \geqslant 2.0$ 时，壳体仅在轴压作用下就已经进入塑性流动状态[3]。

为验证凸锥柱结合壳简化公式的可信度，利用文献 [4] 中的模型破坏试验结果进行检验。各模型转折区的结构参数和简化公式计算结果与模型实际破坏压力的相对比较值见表 7.1。

由表 7.1 中不同参数模型的理论计算压力 p_u 与试验破坏压力 p_ex 的比较值看出：虽然各模型的破坏模式稍有不同，但都在结合部位压坏，且试验结果都大于计算值。这说明应用简化公式进行预报都是偏安全的。此外，两者相差随着半锥角 γ 的增大也有所加大，这种相差除了模型材料的 R_eH 及板厚尺度等随机因素影响外，由简化模型带来的固定偏差也是重要因素。

为有利于简化公式的可靠应用及承载能力控制标准的制订，拟采用与试验模型尺度和材料参数相接近的计算模型（$R/t' = 100$，$R_\mathrm{eH} = 800\mathrm{MPa}$）进行简化公式与复杂公式的偏差比较分析，其结果见表 7.2。

表 7.1 凸锥柱结合壳模型参数和破坏试验结果比较

模型编号	$\dfrac{R_{eH}t'}{R}$	半锥角 $\gamma/(°)$	$u_k=\dfrac{R}{t'}\tan^2\gamma$	C_j	l_x	理论计算值 p_u/破坏值 p_{ex}	说明
1(#3[①])	5.01	10.5	4.29	1.14	37	0.98	高强度钢焊接加工模型，凸结合部局部屈曲破坏
2	7.33	12	5.27	1.36	64	0.94	高强度钢焊接加工模型，凸结合部柱壳部分局部屈曲破坏
3(#5[①])	9.08	20	13.26	2.60	71.5	0.86	高强度钢焊接加工模型，凸结合部柱壳一侧轴对称屈曲
4(#1[①])	4.27	30	33.05	4.63	10.9	0.62	45号钢精车模型，R_{eH}=424MPa，结合部屈曲破坏

① 文献[4]编号

表 7.2 简化公式与复杂公式的计算偏差比较　　单位：MPa

半锥角 $\gamma/(°)$	5	10	15	20	25	30
复杂公式（7.3.2）、式（7.3.3）	20.649	11.396	7.338	5.273	4.054	3.252
简化公式（7.3.18）、式（7.3.19）	20.625	11.336	7.251	5.164	3.924	3.102
$(p_{sj}-p_u)/p_{sj}$ /%	0.11	0.52	1.18	2.07	3.20	4.59

由该薄壳计算模型得出的固定偏差数值可知：随着半锥角 γ 由 5°增大到 30°，简化公式小于复杂公式的固定偏差也随着增加，在 $\gamma=30°$ 已达到工程误差范围 5%；这与文献[3]中的分析，即简化公式较复杂公式偏低 0.5%～4%是相一致旳。因此，对中厚壳大锥角结构应用简化公式进行极限压力预报时应考虑其固定偏差的影响。

7.3.2 凹锥柱结合壳极限压力计算简化公式

7.3.2.1 凹转折区塑性极限压力方程的建立

环肋凹锥柱结合壳的结构形式如图 7.9（c）所示。与凸锥柱结合壳不同，凹锥柱结合壳转折处，Q 力作用方向与静水外压力方向相同，加大了凹锥柱处的承载负担，因而仅形成一种向内凹的塑性流动位移场，在壳板结合处及离结合处分别为 l_x 和 l_s 的壳板处共形成三个塑性铰链。设塑性流动位移场为柱壳部分（$x = 0 \to l_x$）：

$$\begin{cases} w = A(1 - x/l_x) \\ u = -A\tan\gamma \\ v = 0 \end{cases} \quad (7.3.22)$$

锥壳部分（$s = s_2 \to s_s$）：

$$\begin{cases} w_1 = A(s_s - s)/l_s \\ u_1 = 0 \\ v_1 = 0 \end{cases} \quad (7.3.23)$$

式中

$$l_s = (s_s - s_2)\cos\gamma \quad (7.3.24)$$

A 为正的待定系数。

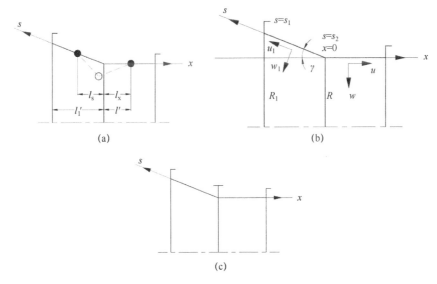

图 7.9 凹型转折区壳板的塑性流动位移场

塑性流动位移场式（7.3.22）和式（7.3.23）满足结合处的位移连续条件：

$$\begin{cases} w = w_1\cos\gamma - u_1\sin\gamma \\ u = -w_1\sin\gamma - u_1\cos\gamma \end{cases} \quad (7.3.25)$$

以及边界条件：

$$\begin{cases} w = 0, u \neq 0, x = l_x \\ w_1 = u_1 = 0, s = s_s \end{cases} \quad (7.3.26)$$

与环肋凸锥柱结合壳相同，环肋凹锥柱结合壳的塑性内功率 T 也由柱壳、锥壳和塑性铰链 3 部分组成。

在进行柱壳塑性内功率和外功率的计算后，同样根据内功率 T 与外功率 V 相等和最小势能原理，即可导出计算塑性极限压力的方程式。

若结合处锥壳的厚度 t_1' 与柱壳的厚度 t' 相等，锥壳半径 $R_S = R + l_s \tan\gamma$，并引入 $l_x \approx l_s$ 的假定，则塑性极限压力方程式为

当 $1 \leqslant \bar{p} \leqslant 2$ 时

$$p_{sj} = \frac{R_{eH}t'}{R} \frac{1 + \dfrac{1}{\cos\gamma} + \left[1.5 + 0.75\left(1 + \dfrac{R_s}{R}\right)\right]\dfrac{Rt'}{l_x^2}}{1 + \dfrac{1}{3\cos^2\gamma}\left(2 + \dfrac{R_s}{R}\right) + \dfrac{2R}{l_x}\tan\gamma + \left[0.75 + 0.375\left(1 + \dfrac{R_s^2}{R^2}\right)\right]\dfrac{Rt'}{l_x^2}} \quad (7.3.27)$$

当 $0 \leqslant \bar{p} < 1$ 时

$$p_{sj} = \frac{R_{eH}t'}{R} \frac{1 + \dfrac{1}{\cos\gamma} + \left[1 + 0.5\left(1 + \dfrac{R_s}{R}\right)\right]\dfrac{Rt'}{l_x^2}}{1 + \dfrac{1}{3\cos^2\gamma}\left(2 + \dfrac{R_s}{R}\right) + \dfrac{2R}{l_x}\tan\gamma + \left[0.25 + 0.125\left(1 + \dfrac{R_s^2}{R^2}\right)\right]\dfrac{Rt'}{l_x^2}} \quad (7.3.28)$$

为了确定式（7.3.27）和式（7.3.28）中的 l_x，可采用与凸锥柱壳类似的变换，利用使 p_{sj} 取极小值的条件式（7.3.4），可得：

当 $1 \leqslant \bar{p} \leqslant 2$ 时

$$l_x = \frac{3t'(\cos^2\gamma - \cos\gamma + 2)}{4\sin\gamma(1+\cos\gamma)} + \sqrt{\left[\frac{3t'(\cos^2\gamma - \cos\gamma + 2)}{4\sin\gamma(1+\cos\gamma)}\right]^2 + \frac{3Rt'\cos\gamma}{1+\cos\gamma}} \quad (7.3.29)$$

当 $0 \leqslant \bar{p} < 1$ 时

$$l_x = \frac{t'(4 - \cos\gamma + 3\cos^2\gamma)}{4\sin\gamma(1+\cos\gamma)} + \sqrt{\left[\frac{(4 - \cos\gamma + 3\cos^2\gamma)t'}{4\sin\gamma(1+\cos\gamma)}\right]^2 + \frac{2Rt'\cos\gamma}{1+\cos\gamma}} \quad (7.3.30)$$

塑性区间长度 l_x 导出后，将其代入式（7.3.27）和式（7.3.28）就可求得环肋凹锥柱结合壳转折区在静水外压力作用下轴对称塑性破坏时的塑性极限压力 p_{sj}。

7.3.2.2 塑性极限压力计算的简化模型

参照凸锥结合壳简化方法，将上述凹转折区的塑性极限分析问题简化成图 7.10 所示的柱壳壳板的塑性极限分析问题来处理。当到达塑性极限平衡状态时，柱壳除了承受静水外压力 p 之外，在 $x=0$ 处锥壳的作用相当于提供了两个外力：沿锥壳母线方向的力 $pR/2\cos\gamma$ 和塑性力矩 $M_j(0) = 0.25\left(1.5R_{eH} - 0.75\dfrac{pR}{t'}\right)t'^2$ 或 $M_j(0) = 0.25\left(R_{eH} - 0.25\dfrac{pR}{t'}\right)t'^2$，方向如图 7.10 所示。这时长为 l_x 的柱壳壳板屈服，并在 $x = l_x$ 处形成塑性铰链。

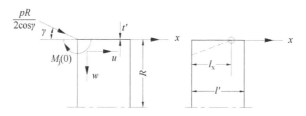

图 7.10 凹型锥柱结合壳的简化柱壳

塑性流动位移场为

$$\begin{cases} w = A(1 - x/l_x) \\ u = -A\tan\gamma \\ v = 0 \end{cases} \quad (7.3.31)$$

由内功率 $T_柱$ 与外功率 V 的平衡可得

$$R_{eH}t'l_x + 4RM_j\frac{1}{l_x} = pRl_x + pR^2\tan\gamma \quad (7.3.32)$$

塑性极限弯矩为

当 $1 \leqslant \bar{p} \leqslant 2$ 时

$$M_j = 0.25(1.5R_{eH} - 0.75pR/t')t'^2 \quad (7.3.33)$$

当 $0 \leqslant \bar{p} < 1$ 时

$$M_j = 0.25(R_{eH} - 0.25pR/t')t'^2 \quad (7.3.34)$$

将式（7.3.33）、式（7.3.34）代入式（7.3.32），得

当 $1 \leqslant \bar{p} \leqslant 2$ 时

$$p_{sj} = \frac{R_{eH}t'}{R}\frac{1 + 1.5\dfrac{Rt'}{l_x^2}}{1 + \dfrac{R\tan\gamma}{l_x} + 0.75\dfrac{Rt'}{l_x^2}} \quad (7.3.35)$$

当 $0 \leqslant \bar{p} < 1$ 时

$$p_{sj} = \frac{R_{eH}t'}{R}\frac{1 + \dfrac{Rt'}{l_x^2}}{1 + \dfrac{R\tan\gamma}{l_x} + 0.25\dfrac{Rt'}{l_x^2}} \quad (7.3.36)$$

为了确定式（7.3.35）和式（7.3.36）的塑性区间长度 l_x，应利用使 p_{sj} 取极值的条件式（7.3.4），进行变换后得：

当 $1 \leqslant \bar{p} \leqslant 2$ 时

$$l_x = \frac{3}{4}t'\cot\gamma + \sqrt{\frac{9}{16}t'^2\cot^2\gamma + \frac{3}{2}Rt'} \quad (7.3.37)$$

当 $0 \leqslant \overline{p} < 1$ 时

$$l_x = \frac{3}{4} t' \cot \gamma + \sqrt{\frac{9}{16} t'^2 \cot^2 \gamma + Rt'} \tag{7.3.38}$$

将式（7.3.37）和式（7.3.38）分别代入式（7.3.35）和式（7.3.36）就可求得塑性极限压力 p_{sj}。

7.3.2.3 凹转折区壳板和加强肋骨共同屈服时的塑性极限载荷

如前所述，实际凹锥柱结合壳结构设计中，通常在凹转折区采用嵌入厚板或设置加强肋骨等增强形式，以提高凹锥柱结合壳结构的承载能力。根据文献[3]的分析，对于嵌入厚板的凹转折区，其塑性极限载荷的计算可直接利用上述凹锥柱结合壳转折区的塑性极限载荷的计算公式。但对于设置加强肋骨的凹锥柱结合壳转折区（图 7.9（c）），却不能直接利用上述公式导出其塑性极限载荷。

一般说来，设置加强肋骨的凹锥柱结合壳转折区，通常其壳板先进入塑性极限状态，这时加强肋骨仍可承受外载荷，直至进一步加载加强肋骨才进入塑性极限状态。

基于以上考虑，对于设置加强肋骨的凹锥柱结合壳转折区的塑性极限载荷的近似简化计算可分以下两步进行。

第一步，假定转折区壳板首先进入塑性极限状态，其塑性极限压力可由式（7.3.35）、式（7.3.36）计算，并记为 p_{sj}。

第二步，计算在径向压力强度 q 作用下加强肋骨的塑性极限载荷。设加强肋骨自身的剖面积为 F_k，剖面形心的半径为 R_f，其所带动的附连壳板宽度为 $(l' + l_1')/2$。

在计算径向压力强度 q 时，除了考虑作用在长为 $l'/2$ 柱壳上的径向压力，以及长为 $l_1'/(2\cos\gamma)$ 锥壳的静水外压力的径向分量外，还应考虑附加膜力 $0.5(p_{uj} - p_{sj})R\tan\gamma$，于是作用在加强肋骨上的径向压力强度 q 为

$$q = \frac{1}{2}(p_{uj} - p_{sj})(R \tan \gamma + l' + l_1') \tag{7.3.39}$$

在径向压力强度 q 作用下，加强肋骨进入塑性极限状态，则有

$$\frac{qR_f}{F_k} = R_{eH} \tag{7.3.40}$$

将式（7.3.39）代入式（7.3.40），便可求得凹转折区壳板和加强肋骨共同屈服时的塑性极限载荷 P_{uj}，即

$$p_{uj} = p_{sj} + \frac{2R_{eH}F_k}{R_f(R \tan \gamma + l' + l_1')} \tag{7.3.41}$$

7.3.2.4 凹结合壳塑性极限压力简化公式及模型破坏试验比较

参考凸结合壳塑性极限压力计算简化方法，根据凹结合壳的结构参数特点进行参数置换。设凹锥结合壳转折区的结构参数 u_k 为

$$u_k = \frac{R}{t'}\tan^2\gamma \qquad (7.3.42)$$

转折点距塑性铰的距离 C_j 为

$$C_j = \frac{l_x}{t'}\tan\gamma \qquad (7.3.43)$$

将 u_k、C_j 参数代入式（7.3.35）、式（7.3.36），经变换后可得塑性极限压力的简化公式：

当 $1 \leqslant \bar{p} \leqslant 2$ 时

$$p_u = \frac{1.5u_k + C_j^2}{(C_j + 0.75)u_k + C_j^2} \frac{R_{eH} t'}{R} \qquad (7.3.44)$$

当 $0 \leqslant \bar{p} < 1$ 时

$$p_u = \frac{1.0u_k + C_j^2}{(C_j + 0.25)u_k + C_j^2} \frac{R_{eH} t'}{R} \qquad (7.3.45)$$

p_u 简化公式中，C_j 按式（7.3.46）或式（7.3.47）进行计算：

当 $1 \leqslant \bar{p} \leqslant 2$ 时

$$C_j = \sqrt{0.5625 + 1.5u_k} + 0.75 \qquad (7.3.46)$$

当 $0 \leqslant \bar{p} < 1$ 时

$$C_j = \sqrt{0.5625 + u_k} + 0.75 \qquad (7.3.47)$$

同凸锥柱结合壳一样，对中厚大凹锥角结构应用上述简化公式进行极限压力预报时，也应考虑简化模型所带来的固定偏差的影响。考虑凹转折区壳板和加强肋骨共同屈服时的极限载荷公式，将简化公式中 p_u 代入组合公式（7.3.41）即可得

$$p_{uj} = p_u + \frac{F_k R_{eH}}{(0.5R\tan\gamma + l)R_f} \qquad (7.3.48)$$

式中：$l = (l_1' + l')/2$ 或厚板削斜过渡环的宽度。

凹锥柱结合壳厚板加强模型（#45 号钢精车模型[5]）破坏试验比较见表 7.3。

表 7.3 凹锥柱结合壳模型参数和试验结果比较

模型编号	$\dfrac{R_{eH}t'}{R}$	半锥角 $\gamma/(°)$	$u_k=\dfrac{R}{t'}\tan^2\gamma$	C_j	l_x	理论计算值 p_u/破坏值 p_{ex}	说明
1(#3[①])	4.27	30	33.05	4.633	11	0.89	45号钢精车模型，R_{eH}=424MPa，结合部屈服破坏
2(#4[①])	4.27	30	33.05	4.633	11	0.84	模型尺寸、材料同模型1，环壳段屈服破坏

① 文献[5]的编号

为分析凹锥柱结合壳的破坏机理，也绘出结构承压力系数，即相对塑性极限压力与锥角 γ 和 R/t' 的关系曲线，如图 7.11 所示。

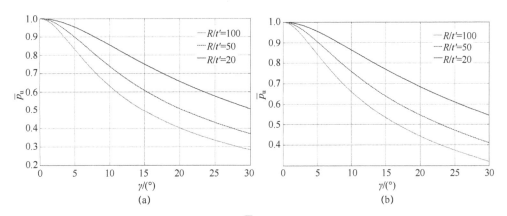

图 7.11 凹锥柱结合壳 $\overline{p}_u$ 与锥角和 R/t' 关系曲线

(a) $0\leqslant \overline{p}<1$；(b) $1\leqslant \overline{p}\leqslant 2$。

由图 7.11 中看出，凹锥柱结合壳塑性压力系数 $\overline{p}_u$ 随锥角 γ 和 R/t' 的减小而增大，在锥角 γ 很小接近于零的情况下，两区间的结构承压力系数最大值都同时趋近于 1.0。这表明在凹锥柱结合壳处退变成圆柱壳时，不论结构应力状态如何，其塑性极限压力都接近达到环肋圆柱壳的环向（周向）极限强度承压能力（$p_u=1.0R_{eH}t'/R$），也表明所对应的相当柱壳的环向中面应力已接近达到壳体材料的屈服强度，这从文献[5]模型试验所测得的破坏压力下凹锥中面环向应力值都达到壳体材料的 $0.75R_{eH}$ 以上也得到初步验证。

同时，也说明凹锥壳体产生塑性流动和导致失效，环向中面应力是起主导作用的。这和 7.1.2.3 节凹锥结合壳处的强度计算仅进行环向中面应力计算校验也是一致的。

7.4 带锥柱结合壳舱段总体稳定性的近似计算方法

如前所述,带锥柱结合壳的舱段结构复杂,除承受均匀外压力还存在锥柱结合处的附加力的影响,特别对带凹锥的结构,附加力 Q 与静水外压力的方向相同,从而也加重了舱段总体稳定性的负荷,而且随 γ 的增加而加大。因此:仅在小锥角 $\gamma<5°$ 或 $\gamma_1<2°$ 的情况下,可按一般圆柱壳舱段总体稳定性计算校验;在 $\gamma>5°$ 后,必须按带锥柱结合壳舱段进行总体稳定性计算校验。

目前对带锥柱结合壳的总体稳定性临界压力计算尚无法得出解析解。在此,除介绍文献 [3] 中对带折角壳体($2°<\gamma<30°$)的组合壳采用内切或外切直母线的锥壳形式来近似计算外,对于凹锥结合壳还提出一种"孤立环肋"的近似计算方法,以利于不同条件下的简化计算。

7.4.1 带凸锥柱结合壳总体稳定性的近似计算方法

将带凸锥柱结合壳两端用直线相连,如图 7.12 所示,则构成一圆锥壳体,且假定该圆锥壳体的壳板厚度、肋骨形式及尺寸、肋骨间距与原锥柱结合壳相同,称这一圆锥壳体为直母线壳体。这时,带凸锥柱结合壳舱段总体稳定性就可借助该圆锥壳体进行计算。

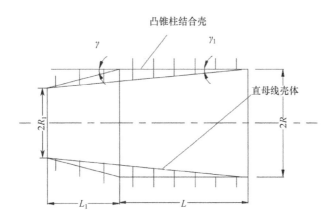

图 7.12 与凸锥柱结合壳相对应的直母线壳体

当利用直母线壳体来计算凸锥柱结合壳舱段总体失稳临界压力时,可直接采用环肋圆锥壳舱段总体失稳临界压力的计算公式;不过此时还应考虑内、外肋骨的影响,需将环肋圆锥壳舱段总体失稳理论临界压力 p_E 的计算公式修改为

$$p_{\mathrm{E}}=\frac{\alpha_{\mathrm{k}} E\cos^3\gamma_1}{n^2-\cos^2\gamma_1+0.5\beta_1^2}\left[\frac{t}{R_1}\frac{2\eta}{1+\eta}\frac{\beta_1^4}{(\beta_1^2+n^2)^2}+\frac{\eta(1+\eta)}{2R_1^3}\left(\frac{I}{l}\right)_{\mathrm{m}}(n^2-1)^2\lambda\right]$$

(7.4.1)

式中：当凸折角位于舱段的中间 1/3 段时，α_{k}=1.3；当凸折角不在中间 1/3 段时，α_{k}=1.0；

γ_1——直母线壳体的半锥角（图 7.12）；

R_1——直母线壳体的小端半径；

R——直母线壳体的大端半径；

$\eta=\dfrac{R_1}{R}$；

$\beta_1=\dfrac{\pi\sin\gamma_1}{\ln\left(\dfrac{R}{R_1}\right)}$；

λ——肋骨偏心修正系数（参照式（7.2.4））。

$(I/l)_{\mathrm{m}}=(I_{\min}n_0+I_{1\min}n_1)\cos\gamma_1/[L+L_1-0.5(l_1+l_2)]$；

$t=(t_{\min}L+t_{1\min}L_1)/(L+L_1)$，其中

$t_{\min}$——柱壳壳板的最小厚度；

$t_{1\min}$——锥壳壳板的最小厚度；

$I_{\min}$——最小的计及附连带板的柱壳肋骨惯性矩；

$I_{1\min}$——最小的计及附连带板的锥壳肋骨惯性矩；

L——柱壳长度；

L_1——锥壳长度；

l_1、l_2——锥柱结合壳舱段两端肋距；

n_0——柱壳肋骨数；

n_1——锥壳肋骨数。

得出了直母线壳体舱段总体失稳理论临界压力计算公式后，就可参照圆柱壳非线性修正方法进行舱段实际临界压力的计算。由于锥柱结合转折处的附加力 Q 与外压力方向相反，所以该计算结果是偏安全的。

7.4.2 凹锥柱结合壳舱段总体稳定性的近似计算方法

对于凹锥柱结合壳体，与凸锥柱结合壳类似，也可采用外置直母线壳体替代，如图 7.13 所示。

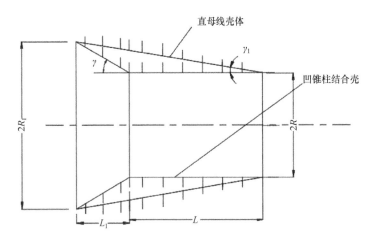

图 7.13 与凹锥柱结合壳相对应的直母线壳体

但在凹锥柱结合壳的情况下，这种替代是偏危险的，因为这时力 Q 的作用方向与静水外压力的方向相同，从而降低了凹锥柱结合壳舱段总体失稳临界压力值。倘若这时直接借助直母线壳体（环肋圆锥壳）来计算凹锥柱结合壳舱段总体失稳临界压力值，则必然高估了凹锥柱结合壳舱段总体失稳临界压力值。

为了克服因力 Q 而引起的凹锥柱结合壳舱段总体失稳临界压力的降低，通常在凹锥柱结合处设置加强肋骨。加强肋骨的剖面面积 F_k 和加强肋骨的计及附连带板的惯性矩 I_k 应满足式（7.1.8）和式（7.1.10）的要求。

经过这样加强的凹锥柱结合壳，如果它还能满足对锥壳部分单位长度的计及附连带板的惯性矩的要求：

$$(I_1/l_1)_m \geqslant 1.15(R_1/R)(I/l) \tag{7.4.2}$$

式中　$(I_1/l_1)_m$——锥壳部分单位长度的计及附连带板的肋骨剖面惯性矩的平均值，若锥壳较长，需分段布置肋骨时，则 $(I_1/l_1)_m$ 的计算和分段布置的原则须按参考潜艇规范的规定处理；

I/l——柱壳部分单位长度的计及附连带板的肋骨剖面惯性矩；

R_1——锥壳大端半径；

R——柱壳半径。

这样，可认为凹锥柱结合壳其舱段总体失稳临界压力应与其直母线壳体的舱段总体失稳临界压力相当；因此，可借助直母线壳体，应用环肋圆锥壳舱段总体失稳临界压力的计算公式（7.4.1）进行整个舱段总体稳定性计算和预报，这时 $\alpha_k=1.0$。这里须指出：计算锥柱结合处加强肋骨的计及附连翼板的惯性矩，应取柱壳部分肋骨的计及附连翼板的惯性矩。

7.4.3 凹锥柱结合壳总体稳定性孤立肋骨锥环简化计算方法

对于凹锥结合壳舱段总体稳定性，如果在凹结合壳转折处无法加强或加强肋骨刚度参数不满足式（7.1.10）要求，则采用直母线方法就会使计算结果偏高，稳定性校验偏于危险。因此，当 $\gamma_1 > 3°$ 后，可采用另一种近似简化方法进行计算校验，即采用凹锥结合壳的锥壳段内，带翼板肋骨刚度平均值中最小的肋骨环作为总体稳定性计算的简化模型。

这种近似简化方法也可从潜艇结构规范中"凹型结合壳的不利形式"分析得到启发，即由于凹型结合壳处的横向力加大，凹锥柱壳的承载负担和可能产生不利的总体尺度的影响，导致壳板的薄膜抗力部分在总体失稳中不起作用或作用甚微，而壳板的弯曲抗力部分在总体失稳中的作用本来就很小。因此式（7.2.1）的第一项和第二项都可以忽略，从偏安全考虑仅采用带翼板的单独肋骨锥环的弯曲刚度而给出了总体失稳简化计算公式，不过失稳波数不一定是 $n=2$。

对于环肋正圆锥壳，参照锥壳体肋间壳板稳定性等价圆柱壳简化方法，对肋骨刚度项也同样进行等价圆柱壳变换。对于圆锥角 $\gamma \leqslant 30°$ 的条件下，舱壁或强肋骨与舱壁处的锥壳半径比 $\eta = \dfrac{R_1}{R}$ 一般都大于 0.80，则 R_1 与等价圆柱壳相当半径 R_d 的关系为 $R_1 = \dfrac{2\eta}{1+\eta} R_d$，可得

$$\frac{EI_d}{R_1^3} \cdot \frac{\eta(1+\eta)}{2} = \frac{EI_d(1+\eta)^4}{R_d^3 (4\eta)^2} \approx \frac{EI_d}{R_d^3} \tag{7.4.3}$$

参照圆柱壳总体稳定性独立圆环公式的简化方法，将式（7.4.3）代入式（7.2.1）中的第三项，忽略第一、第二项可得

$$p_E = \frac{EI_d \cos^3 \gamma}{R_d^3 l_2}(n^2 - 1) \tag{7.4.4}$$

这样，锥壳总体稳定性就变成孤立的带锥壳板肋骨环的稳定性计算简化公式，从偏安全考虑，取 $n=2$，并考虑内外肋骨的修正。这样由式（7.4.4）就可得到孤立肋骨锥壳的总体稳定性简化公式：

$$p_E = \frac{3EI_d \cos^3 \gamma}{R_d^3 l_2} \cdot \lambda_b \tag{7.4.5}$$

对于有多段不同壳板厚度和不同肋骨加强的锥壳，则采用下式进行计算：

$$p_E = 3E \left(\frac{I_d \cos^3 \gamma}{R_i^3 l} \right)_{cp}^{min} \cdot \lambda_b \tag{7.4.6}$$

式中：$\left(\dfrac{I_{\mathrm{d}}\cos^3\gamma}{R_i^3 l}\right)_{\mathrm{cp}}^{\min}$ 为每段内刚度特征平均值中的最小值，如在该段范围内壳板厚度，肋骨剖面相同，则

$$\left(\dfrac{I\cos^3\gamma}{R_i^3 l}\right)_{\mathrm{cp}} = \dfrac{1}{N}\sum_{i=1}^{N}\left(\dfrac{I_i\cos^3\gamma}{R_i^3 l}\right) \tag{7.4.7}$$

式中　i ——在一段范围内的肋骨号；

　　　R_i ——第 i 肋骨号的跨中锥壳半径；

　　　N ——在一段范围内的肋骨数量。

式（7.4.5）中的环肋锥壳内、外肋骨配置的偏心修正 λ_b 参照式（7.2.4），即：对外肋骨，$\lambda_\mathrm{b}=\dfrac{1}{1+wH_\mathrm{b}^2}$，$w=\dfrac{u-0.75}{1+\beta}$，$H_\mathrm{b}=1+3\dfrac{y_0}{R}$，$y_0$ 为肋骨形心（不带附连翼板）至壳板中面的距离；对内肋骨和 $u<0.75$ 的外肋骨，$w=0$，$\lambda_\mathrm{b}=1$。

参考文献

[1] 施德培, 李长春. 潜水器结构强度[M]. 上海: 上海交通大学出版社, 1991.

[2] 徐宣志, 欧阳吕伟, 严忠汉. 鱼雷力学[M]. 北京: 国防工业出版社, 1992.

[3] 徐秉汉, 朱邦俊, 欧阳吕伟, 等. 现代潜艇结构强度的理论与试验[M]. 北京: 国防工业出版社, 2007.

[4] 吕岩松, 吴梵, 张二. 加肋凸型锥-环-柱结合壳模型试验研究[J]. 船舶力学, 2019,23(4): 448-454.

[5] 郭日修, 吕岩松. 黄加强, 等. 加肋锥-环-柱结合壳试验研究[J]. 船舶力学, 2008,12(2): 252-257.

第 8 章 耐压结构开口加强

潜水器及深海装备因人员的进出、设备的安装、壳体间的连接及观察窗的布置等不可避免地需要在耐压结构（圆柱壳、球壳）上开孔。众所周知，耐压结构上开孔，特别是大开孔必然严重削弱耐压壳体的强度和刚度，降低承载能力，并在开孔处引起应力集中，对结构疲劳寿命也带来影响。因而，在开口处必须采取加强措施，通常采用围壁加强或围壁、厚板组合加强。对于大深度潜水器球壳，也采用锥台形围壁加强。

在潜艇、潜水器结构规范中，圆柱壳的开孔加强计算已应用文献[1]中的成果形成围壁加强或围壁、厚板组合加强应力集中系数和开孔区承载能力计算的规则。本章在其基础上，进行圆柱壳大开孔的应用分析和球壳开孔加强理论计算方法的完善；提出和建立球壳开孔加强区的应力集中系数和承载能力的计算方法；基于计算方法体系配套原则，应用围壁加强和围壁、厚板组合加强计算方法，对大深度潜水器球壳锥台形围壁加强进行近似简化计算分析和球壳开口耐压试验检测结果比较。

8.1 圆柱壳开孔加强应力集中系数计算方法

采用围壁或围壁、厚板组合加强的开孔圆柱壳，其开孔附近应力状态十分复杂，为使问题得到解决，往往在理论方法上进行简化处理；潜水器上的圆柱壳开孔一般采用正交开单孔形式，这种简单的结构也便于理论方法研究。

8.1.1 圆柱壳正交开孔微分方程及其近似解

求解圆柱壳开孔问题的圆柱扁壳在正交非主曲率坐标系 ρ、θ 中的壳体基本微分方程参考文献[2]可得

$$\begin{cases} D\Delta\Delta w + L(\phi) - p = 0 \\ \dfrac{1}{Et}\Delta\Delta\phi - L(w) = 0 \end{cases} \quad (8.1.1)$$

式中

$$\begin{cases} L = \dfrac{\cos^2\theta}{R}\dfrac{\partial^2}{\partial\rho^2} + \dfrac{\sin^2\theta}{R}\dfrac{1}{\rho}\dfrac{\partial}{\partial\rho} - \dfrac{\sin 2\theta}{R}\dfrac{1}{\rho}\dfrac{\partial^2}{\partial\rho\partial\theta} + \dfrac{\sin^2\theta}{R}\dfrac{1}{\rho^2}\dfrac{\partial^2}{\partial\theta^2} + \dfrac{\sin 2\theta}{R}\dfrac{1}{\rho^2}\dfrac{\partial}{\partial\theta} \\ \Delta\Delta = \left(\dfrac{\partial^2}{\partial\rho^2} + \dfrac{1}{\rho}\dfrac{\partial}{\partial\rho} + \dfrac{1}{\rho^2}\dfrac{\partial^2}{\partial\theta^2}\right)\left(\dfrac{\partial^2}{\partial\rho^2} + \dfrac{1}{\rho}\dfrac{\partial}{\partial\rho} + \dfrac{1}{\rho^2}\dfrac{\partial^2}{\partial\theta^2}\right) \end{cases}$$

(8.1.2)

在 ρ、θ 坐标系中，内力与应力函数 ϕ 及位移函数 w 之间的关系式为

$$\begin{cases} T_\rho = \dfrac{1}{\rho^2}\dfrac{\partial^2\phi}{\partial\theta^2} + \dfrac{1}{\rho}\dfrac{\partial\phi}{\partial\rho} \\ T_\theta = \dfrac{\partial^2\phi}{\partial\rho^2} \\ T_{\rho\theta} = \dfrac{1}{\rho^2}\dfrac{\partial\phi}{\partial\theta} - \dfrac{1}{\rho}\dfrac{\partial^2\phi}{\partial\rho\partial\theta} \\ M_\rho = -D\left[\dfrac{\partial^2 w}{\partial\rho^2} + \mu\left(\dfrac{1}{\rho}\dfrac{\partial w}{\partial\rho} + \dfrac{1}{\rho^2}\dfrac{\partial^2 w}{\partial\theta^2}\right)\right] \\ M_\theta = -D\left[\dfrac{1}{\rho}\dfrac{\partial w}{\partial\rho} + \dfrac{1}{\rho^2}\dfrac{\partial^2 w}{\partial\theta^2} + \mu\dfrac{\partial^2 w}{\partial\rho^2}\right] \\ M_{\rho\theta} = D(1-\mu)\left(\dfrac{1}{\rho^2}\dfrac{\partial w}{\partial\theta} - \dfrac{1}{\rho}\dfrac{\partial^2 w}{\partial\rho\partial\theta}\right) \\ N_\rho = -D\left(\dfrac{\partial^3 w}{\partial\rho^3} + \dfrac{1}{\rho}\dfrac{\partial^2 w}{\partial\rho^2} - \dfrac{1}{\rho^2}\dfrac{\partial w}{\partial\rho} + \dfrac{1}{\rho^2}\dfrac{\partial^3 w}{\partial\rho\partial\theta^2} - \dfrac{2}{\rho^3}\dfrac{\partial^2 w}{\partial\theta^2}\right) \\ N_\theta = -D\left(\dfrac{1}{\rho}\dfrac{\partial^3 w}{\partial\rho^2\partial\theta} + \dfrac{1}{\rho^2}\dfrac{\partial^2 w}{\partial\rho\partial\theta} + \dfrac{1}{\rho^3}\dfrac{\partial^3 w}{\partial\theta^3}\right) \end{cases}$$

(8.1.3)

由式（8.1.1）可见，壳体开孔问题的求解，最终归结为求解法向位移 w 和应力函数 ϕ。由于 w 和 ϕ 是耦合的，它们必须同时满足式（8.1.1）中的两个方程式。因此，如何求解两个联立的偏微分方程是问题的关键。

对于壳体开孔问题，一般求解的方法是将微分方程组中的应力函数 ϕ 及法向位移函数 w 化为 Bessel 函数的傅里叶级数展开进行求解，但极为繁复，计算工作量很大，有时收敛较慢，求解困难，也不便工程应用。在工程设计中希望有一个能表达开孔结构各种内在联系的计算公式与简单图表，为此引入近似计算方法：将两个待定函数 ϕ 和 w 分开，使其做到能由一个偏微分方程式解一个待定函数，这样便能使计算简化。如何将两个耦合的待定函数 ϕ 和 w 分开，势必要引入一些近似简化处理。

在此，除了采用扁壳理论、开孔展开面为正圆及孔边垂向力等简化外，还引

入如下几个近似假定。

（1）根据试验测试，围壁加强切口的法向位移函数 w 沿切口边缘的变化不大，认为与 θ 无关，见图 8.1。

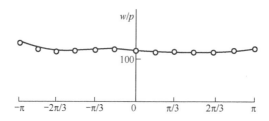

图 8.1　法向位移函数沿切口边缘一周的分布曲线

图 8.1 给出了 $R/t=100$、$a/R=0.3$、$A_c/at=0.4$ 时试验测得的法向位移函数 w 沿切口边缘一周的分布曲线。从图 8.1 可以看出法向位移函数 w 沿切口边缘的变化不大，这主要是围壁的刚度较大，使得沿切口边缘法向位移函数 w 近似为一常量。因此，在第一次近似计算中，可近似地认为法向位移函数 w 与坐标 θ 无关，仅是坐标 ρ 的函数，故对法向位移函数 w 作如下简化表达：

$$w = w_0 \bar{\beta}^{-2} \tag{8.1.4}$$

式中　$\bar{\beta}=\rho/a$，a 为开孔半径；

　　　w_0——未知的待定常数。

当 $\bar{\beta}=1$ 时，w 为孔边挠度。

为简化推导和易于获得简便的计算公式，在本章论述中均采用式（8.1.4）所示的强衰减函数作为开孔区法向位移函数 $w(\rho,\theta)$ 的近似表达式。

（2）忽略弯曲效应的影响。试验表明，围壁加强的切口主要应力是孔口周向中面应力，其周向弯曲应力仅为最大中面应力的 10% 左右，因而在求解应力集中系数时忽略弯曲效应的影响。

（3）圆柱壳切口与围壁连接处的中面力 T_ρ、$T_{\rho\theta}$ 沿孔周的变化规律与平板开孔相似，中面力 T_ρ、$T_{\rho\theta}$ 为

$$\begin{cases} T_\rho = a_0 + a_1 \cos 2\theta \\ T_{\rho\theta} = b_1 \sin 2\theta \end{cases} \tag{8.1.5}$$

式中　a_0、a_1、b_1——待定系数。

式（8.1.5）也是孔口处的边界条件。

采用能量法及混合变分方程[2]对基本微分方程（8.1.1）进行变换和求解，并通过中面力的边界条件及围壁与壳体的连续条件可确定待定系数和围壁加强开口区域法向位移函数的待定系数 $\bar{w}_0$，即

$$\overline{w}_0 = \frac{Etw_0}{2pR^2} = \frac{\left(\frac{a}{R}\right)^3 \times \left(\frac{R}{t}\right)}{2\frac{R}{a}\frac{t}{R} + 7.53\frac{A_c}{at}\frac{\delta}{t}\frac{1}{\zeta} + \frac{2}{3}\left(\frac{a}{R}\right)^3 \times \left(\frac{R}{t}\right)} \tag{8.1.6}$$

式中：ζ 为围壁有效高度系数。

从式（8.1.6）看出，只要确定 ζ 值就可以求解法向位移函数系数值 $\overline{w}_0$，并可利用 $w_0 = \dfrac{2pR^2\overline{w}_0}{Et}$ 求出待定常数 w_0。

8.1.2 圆柱壳开孔围壁加强应力集中系数计算方法

8.1.2.1 围壁有效高度的等效计算

圆柱壳开孔通常采用围壁加强，围壁的设置是为了补偿因开孔对结构造成的强度损失，作为这种补偿效果的度量引入围壁有效面积[1]，或称为相当面积的概念，这显然区别于压力容器规范采用等面积补强的思路。

围壁的有效面积 A_c 是指围壁的有效高度 l' 与围壁的厚度 δ 之积，即

$$A_c = l'\delta \tag{8.1.7}$$

式中：围壁的有效高度 l' 的概念可用实际圆柱壳围壁的等效圆柱壳来说明。

设有长度为 l、半径为 a、厚度为 δ 的围壁圆柱壳，如图 8.2 所示。在圆柱壳的某一截面圆周上承受沿径向均匀分布的线载荷 H。一般来说，线载荷 H 的作用点 O 并不在圆柱壳长度的中点。

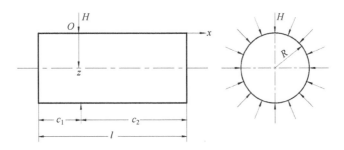

图 8.2 围壁圆柱壳受力状态

现在假想有长度为 l'、半径仍为 a、厚度仍为 δ 的等效圆柱壳，如图 8.3 所示，此等效圆柱壳承受均布压力 H/l'。显然，等效圆柱壳的长度 l' 取值不同，H/l' 值也不同，在等效圆柱壳上所引起的法向位移 w_1 就不同。当等效圆柱壳产生的法向位移 w_1 恰好等于图 8.2 所示圆柱壳在 $x=0$ 处的法向位移 w_1 时，等效圆柱壳的长度就称为承受沿径向均匀分布载荷的圆柱壳的有效长

度，或简称为有效长度。

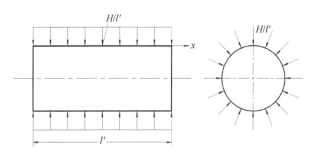

图 8.3　等效圆柱壳受力状态

从圆柱壳的轴对称变形理论可知，图 8.2、图 8.3 所示的圆柱壳在图示载荷作用下，其周向中面应力仅与法向位移 w_1 有关。因此，在等效圆柱壳的法向位移 w_1 与图 8.2 所示圆柱壳在 $x=0$ 处的法向位移 w_1 相等的条件下，即意味着等效圆柱壳的周向中面应力也等于图 8.2 所示圆柱壳在 $x=0$ 处的周向中面应力。图 8.2 所示圆柱壳在 $x=0$ 处的周向中面应力就是此圆柱壳在图示载荷作用下的最大中面应力，并以此等效圆柱壳计算周向中面应力。根据圆柱壳轴对称变形理论的基本方程和利用弹性基础梁的弯曲微分方程的求解[1]，可得

$$\zeta = \frac{1}{\sqrt[4]{12(1-\mu^2)}} \left\{ \frac{\left[V_2^2(\alpha l) - V_1(\alpha l)V_3(\alpha l)\right]}{\begin{bmatrix}[V_1(\alpha c_2)V_2(\alpha l) - V_0(\alpha c_2)V_3(\alpha l)]V_0(\alpha c_1) \\ +[V_0(\alpha c_2)V_2(\alpha l) - V_1(\alpha c_2)V_1(\alpha l)]V_1(\alpha c_1)\end{bmatrix}} \right\} \quad (8.1.8)$$

式中　$\alpha = \sqrt[4]{\dfrac{3(1-\mu^2)}{a^2\delta^2}}$；

$V_0(\alpha x)$、$V_1(\alpha x)$、$V_2(\alpha x)$、$V_3(\alpha x)$——普日列夫斯基函数，是在弹性基础梁自由端 $x=l$ 的数值，由下列各式确定：

$$\begin{cases} V_0(\alpha x) = \cosh\alpha x \cos\alpha x \\ V_1(\alpha x) = \dfrac{1}{\sqrt{2}}(\cosh\alpha x \sin\alpha x + \sinh\alpha x \cos\alpha x) \\ V_2(\alpha x) = \sinh\alpha x \sin\alpha x \\ V_3(\alpha x) = \dfrac{1}{\sqrt{2}}(\cosh\alpha x \sin\alpha x - \sinh\alpha x \cos\alpha x) \end{cases}$$

只要求出了有效高度系数 ζ，就可求出法向位移函数 w_1；同时，利用 $l' = \zeta\sqrt{a\delta}$ 可以计算出有效长度 l' 值和 $A_c = l'\delta$ 值。

为了便于实际应用，可以利用式（8.1.8）绘制有效高度系数 ζ 的曲线。为此，引入如下定义的符号 ξ、η：

$$\begin{cases} \xi = \alpha l = \dfrac{\sqrt[4]{3(1-\mu^2)}\,l}{\sqrt{a\delta}} \\ \eta = \alpha c_1 = \dfrac{\sqrt[4]{3(1-\mu^2)}\,c_1}{\sqrt{a\delta}} \quad (\text{设}\, c_1 \leqslant c_2) \end{cases} \tag{8.1.9}$$

对于不同的 η 值，选取一系列的 ξ 值，由于 c_1 小于或等于 c_2，故 ξ 必大于或等于 2η。然后利用式（8.1.8）进行计算，就可求得有效高度系数 ζ 的一系列值。图 8.4 所示的就是根据式（8.1.8）绘制的有效高度系数 ζ 的曲线。

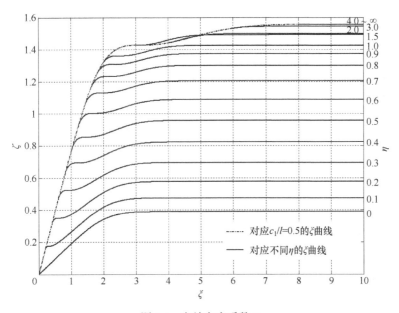

图 8.4　有效高度系数 ζ

根据式（8.1.8）的分析，在围壁几何尺度参数给定的情况下，有效高度系数 ζ 的大小取决于围壁的安装位置。一般说来，c_1 值大、η 值大，从图 8.4 可见 ζ 值也就大。虽然由文献[3]分析也会出现反向情况，并且有效高度系数 ζ 最大值并不一定出现在 $c_1/l=0.5$ 处。但由图 8.4 看出：总体趋势是有效高度系数 ζ 随 η 值的增大而增加；当围壁与壳体对称相接，即 c_1/l 接近 0.5 时，有效高度系数 ζ 趋向最大值，在材料泊松比 $\mu=0.30$ 的条件下，$\zeta=1.556$。

8.1.2.2　圆柱壳开孔围壁加强应力集中系数计算

在求出法向位移函数 w 后，便可求得围壁加强圆柱壳开孔的内力，包括径向力 T_ρ、剪切力 $T_{\rho\theta}$ 和周向力 T_θ。采用应力的无因次形式，即用 pR 除各内力值得出各应力系数。计算表明，最大中面应力发生在切口边缘（$\beta=1$）的周向，根据文献[1]对应力函数的求解和确定应力函数的各系数，则可由 $T_\theta = \left(\dfrac{\partial^2 \phi}{\partial \rho^2}\right)_{\rho=a}$ 求出开孔周向边缘的内力表达显式：

$$T_\theta = [1.5 + \cos 2\theta + \overline{w}_0(1+\cos 2\theta)]pR - (a_0 + 3a_1 \cos 2\theta) \tag{8.1.10}$$

当 $\theta = 0°$ 时，T_θ 最大。若令 $K_\sigma = \left(\dfrac{T_\theta}{pR}\right)_{\theta=0}$ 为孔边最大应力集中系数，则

$$K_\sigma = 2.5 + 2\overline{w}_0 - (A_0 + 3A_1) \tag{8.1.11}$$

式中 $A_0 = \dfrac{a_0}{pR}$，$A_1 = \dfrac{a_1}{pR}$。经过近似变换后，$\overline{w}_0$、A_0、A_1 可表示为

$$\begin{cases} \overline{w}_0 = \dfrac{1}{0.0155\left(\dfrac{a}{R}\cdot\sqrt[4]{\dfrac{R}{t}}\zeta\right)^{-4} + 4.8609\left(\dfrac{A_c}{at}\right)^{5/3}\left(\dfrac{a}{R}\cdot\sqrt[4]{\dfrac{R}{t}}\zeta\right)^{-8/3} + \dfrac{2}{3}} \\[2ex] A_0 = \dfrac{\left[1.5 + \overline{w}_0 - 0.0880\left(\dfrac{A_c}{at}\right)^{-2/3}\left(\dfrac{a}{R}\sqrt[4]{\dfrac{R}{t}}\zeta\right)^{2/3}\right]\dfrac{A_c}{at}}{1 + (1+\mu)\dfrac{A_c}{at}} \\[2ex] A_1 = \dfrac{(1+\overline{w}_0)\dfrac{A_c}{at}}{1 + (3+\mu)\dfrac{A_c}{at}} \end{cases} \tag{8.1.12}$$

分析最大应力集中系数 K_σ 的表达式（8.1.11）可知，K_σ 与 $\dfrac{a}{R}$、$\dfrac{R}{t}$、$\dfrac{A_c}{at}$ 及 ζ 4 个参数直接相关。若逐个考虑上述 4 个参数，并根据式（8.1.11）来绘制 K_σ 图谱，图谱数量太多，使用很不方便。为此，在分析上述 4 个参数对 K_σ 影响的基础上、不影响计算精度的情况下，根据式（8.1.12）可以引入一个综合参数 $\dfrac{a}{R}\cdot\sqrt[4]{\dfrac{R}{t}}\zeta$。至此，孔边最大应力集中系数 K_σ 可表示为 $\dfrac{a}{R}\cdot\sqrt[4]{\dfrac{R}{t}}\zeta$（用 K_2 表示）和 $\dfrac{A_c}{at}$（用 K_1 表示）两个参数的函数，并绘制成一张图谱（图 8.5），使用就较为方便了。

对于加强围壁的应力集中系数的计算，利用围壁应变与其位移的关系式得到

$$\begin{cases} (\varepsilon_\theta)_{\theta=0} = \dfrac{pR}{Et}\{2.5 + 2\overline{w}_0 - [(1+\mu)A_0 + (3+\mu)A_1]\} \\ (\sigma_\theta)_{中面} \approx E\varepsilon_\theta \end{cases} \tag{8.1.13}$$

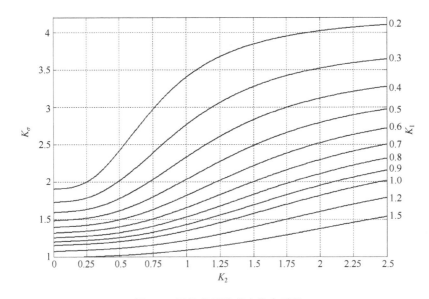

图 8.5 圆柱壳开孔应力集中系数

一般情况下，围壁轴向中面应力很小，σ_ρ 可忽略。

$K_\sigma^0 = \dfrac{(\sigma_\theta)_{\theta=0}}{\dfrac{pR}{t}}$，表示围壁的中面周向应力系数，则

$$K_\sigma^0 = 2.5 + 2\overline{w}_0 - [(1+\mu)A_0 + (3+\mu)A_1] \qquad (8.1.14)$$

令 γ 为围壁中面周向应力系数与孔边壳体最大周向应力集中系数之比，即 $\gamma = K_\sigma^0/K_\sigma$，则可得

$$\gamma = 1 - \dfrac{\mu}{K_\sigma}(A_0 + A_1) \qquad (8.1.15)$$

系列计算和分析表明，参数 R/t、R/a 和 ζ 对 γ 的影响较小，$\dfrac{A_c}{at}$ 对 γ 的影响较大，因而 γ 也可按下列近似公式计算，即

$$\gamma = 1 - 0.22\dfrac{A_c}{at} \qquad (8.1.16)$$

8.1.2.3 圆柱壳开孔区强度校核分析

研究开孔区强度校核的目的，是寻求一个恰当的局部加强结构和相应的强度校核标准，保证耐压结构各受压元件都达到等强设计的要求，并在极限工作压力下耐压结构各部位的强度和承载能力都得到可靠控制。

耐压结构开孔强度计算校验依据 8.1.1 节的近似假定，即认为一般情况下弯曲应力较小，不超过最大中面应力的 10%，因而开孔区强度校核主要是进行孔口

结构上的最大中面应力的校验。不过在现行的潜水器结构规范中引用潜艇薄壳结构规范标准进行开孔强度校验，即采用在极限工作压力下开孔中面应力不超过壳板材料屈服强度的 1.15 倍，这显然是偏宽松了。因为即使对于开孔区域局部表面峰值应力也不应超过 $1.0R_{eH}$。

因此，对于大深度潜水器耐压壳体，一次应力强度控制总要求应按计算载荷 p_j 下不超过相应材料的 R_{eH} 作为强度标准；对于孔口区域壳板，考虑受到局部双轴向应力的作用，壳板最大应力标准可以放宽到不超过壳板材料 R_{eH} 的 1.25 倍；对于加强围壁，则要求其最大许用应力不超过围壁材料 R_{eH}' 的 1.15 倍。在具体的校验中，不是直接按许用危险应力进行强度校核，而是换算成极限破坏载荷下的校核。即由计算压力下壳板应力计算公式 $\sigma = K_\sigma \dfrac{p_j R}{t}$ 和强度条件 $\sigma \leqslant 1.25 R_{eH}$，换算得

$$\frac{1.25 R_{eH} t}{K_\sigma R} \geqslant p_j \tag{8.1.17}$$

由于加强围壁和壳板的应力以及加强围壁材料和壳体材料有时可能不同，二者的屈服压力值是不等的，应取其小者作为校核依据，可以采用下列判别式：

$\gamma \dfrac{R_{eH}}{R_{eH}'} < \dfrac{1.15}{1.25}$，表示壳板屈服压力低于围壁屈服压力；

$\gamma \dfrac{R_{eH}}{R_{eH}'} > \dfrac{1.15}{1.25}$，表示壳板屈服压力高于围壁屈服压力；

$\gamma \dfrac{R_{eH}}{R_{eH}'} = \dfrac{1.15}{1.25}$，表示壳板与围壁屈服压力相同。

这样，在计算载荷下耐压结构单开孔结构强度校核可归纳为下列不等式：

当 $1.25\gamma \dfrac{R_{eH}}{R_{eH}'} \leqslant 1.15$ 时，采用式（8.1.17）进行校核；当 $1.25\gamma \dfrac{R_{eH}}{R_{eH}'} > 1.15$ 时，采用下式进行检查：

$$\frac{1.15 R_{eH}' t}{\gamma K_\sigma R} \geqslant p_j \tag{8.1.18}$$

8.1.3 围壁和厚板组合加强应力集中系数近似计算

圆柱壳开口围壁加强是壳体开孔补强的有效典型形式，但当仅用围壁加强还不能满足设计要求时，往往在围壁加强的基础上，将切口区域嵌入厚板，如图 8.6 所示。

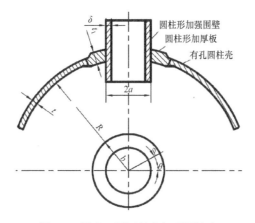

图 8.6 围壁、厚板组合加强圆柱壳

组合加强圆柱壳开孔的求解与围壁加强圆柱壳开孔的求解相类似，由于组合加强圆柱壳开孔结构分解成：厚度为 δ 的加强围壁、厚度为 t_1 的圆柱面环板和厚度为 t 的圆柱壳 3 部分，所以在圆柱面环板和圆柱壳交接处增加了一个中面力的假定，即

$$\begin{cases} T_\rho = c_0 + c_1 \cos 2\theta \\ T_{\rho\theta} = d_1 \sin 2\theta \\ \rho = b \end{cases} \quad (8.1.19)$$

也增加了与此相应（$\rho = b$）的位移 u、v 的连续条件。

这样，应力函数 ϕ 中所包含的待定系数可由边界条件以及围壁、厚板与开孔圆柱壳之间的位移 u、v 相等的条件来确定；挠度函数 w 中的待定系数 w_0 由变分方程来确定。对于组合加强的圆柱壳开孔应力集中系数的计算，参考文献[2]可获得孔口边缘的中面力 T_θ 表达式，切口边缘的最大应力发生在 $\rho = a$、$\theta = 0$ 处。定义最大应力点的应力集中系数为

$$K_\sigma = \frac{\sigma_{\theta\max}}{\frac{pR}{t}} = \frac{T_\theta\big|_{\rho=a,\theta=0}}{\frac{t_1}{t}pR} \quad (8.1.20)$$

为简化计算，基于围壁加强的应力集中系数 $K_\sigma^{(1)}$，引入一个厚板效应系数 γ_1，则组合加强时孔口最大应力集中系数为

$$K_\sigma^{(3)} = \gamma_1 K_\sigma^{(1)} \quad (8.1.21)$$

根据对计算结果的分析可以发现，当 $m = \dfrac{b}{a} = \text{const}$ 时，效应系数 γ_1 与 $\dfrac{t_1}{t}$ 近似呈线性关系，于是 γ_1 可表示为

$$\gamma_1 = \cfrac{1}{1+\alpha\left(\dfrac{t_1}{t}-1\right)} \quad (8.1.22)$$

式中 α ——系数,将式(8.1.22)代入式(8.1.21),可得

$$\alpha = \frac{\dfrac{K_\sigma^{(1)}}{K_\sigma^{(3)}}-1}{\dfrac{t_1}{t}-1} \tag{8.1.23}$$

通过系列计算,按 a/R =0.1、0.2、0.3、0.4 不同的值,给出对应的四组 $\dfrac{A_c}{at}$ 的 $\alpha - m$ 关系曲线图,如图 8.7 所示。

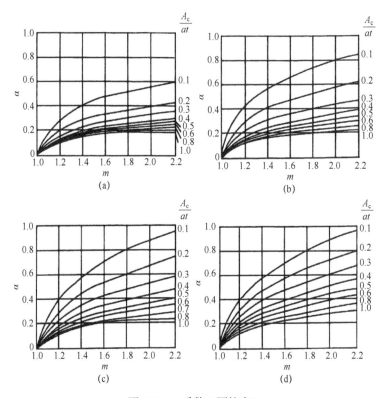

图 8.7 α 系数(圆柱壳)

这样,就可对于圆柱壳开孔围壁、厚板组合加强的孔口边缘的最大应力集中系数进行具体计算,其步骤如下:

(1)由 $\dfrac{A_c}{at}$、$\dfrac{a}{R}\cdot\sqrt[4]{\dfrac{R}{t}}\zeta$ 值查图 8.5,求得围壁加强的孔口边缘的最大应力集中系数 $K_\sigma^{(1)}$ 值;

(2)由 a/R、$\dfrac{A_c}{at}$、m 值,查图 8.7,求得系数 α 值;

(3)根据式(8.1.22)和式(8.1.21)计算出 γ_1 和组合加强时的孔口最大应力

集中系数 $K_\sigma^{(3)}$ 值。

为了进一步方便计算，γ_1 系数可以近似表示为

$$\gamma_1 = \frac{1}{1+\left(\dfrac{t_1}{t}-1\right)\bar{\alpha}_\sigma \mathrm{e}^x} \tag{8.1.24}$$

式中 $\bar{\alpha}_\sigma = \dfrac{1-\psi_\sigma}{\psi_\sigma\left(\dfrac{t_1}{t}-1\right)}$，$\psi_\sigma$ 为围壁、厚板组合加强平板开孔的厚板效应系数，$\bar{\alpha}_\sigma$ 与 ψ_σ 关系曲线图见图 8.8；

x——指数，在工程使用范围 $0.3 \leqslant \dfrac{A_c}{at} \leqslant 1.0$ 可近似取为

$$x = 2\left(1.1 - \frac{A_c}{at}\right)\frac{a}{R}\left(\frac{b}{a}\right)^{1/4} \tag{8.1.25}$$

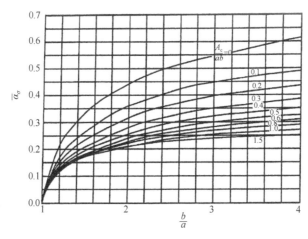

图 8.8 $\bar{\alpha}_\sigma$ 图

8.1.4 圆柱壳大开孔应力集中系数的计算及强度分析

圆柱壳大开孔强度分析是指其开孔半径与圆柱壳半径之比（a/R）大于 0.5，甚至接近于 1.0 的情况，这显然已大为超出了上述理论方法的近似假定、模型试验验证及现行潜艇和潜水器结构规范开孔率的参数范围（$a/R \leqslant 0.3$）。为此，引用耿黎明的研究成果进行前述理论方法的扩展应用和适用性分析。

8.1.4.1 圆柱壳大开孔围壁加强应力集中系数计算

由 8.1.2.2 节分析可知，最大应力集中系数 K_σ 与 $\dfrac{a}{R}$、$\dfrac{R}{t}$、$\dfrac{A_c}{at}$ 及 ζ 4 个参数直接相关。当圆柱壳和开孔围壁加强几何尺寸确定后，围壁有效高度系数 ζ 的大小仅取决于围壁的安装位置；如选择围壁与壳体对称相接，就能使围壁能发挥最大的补强效果，即 ζ 值为最大的定值。因此，这时 K_σ 仅与 $\dfrac{a}{R}$ 和 $\dfrac{A_c}{at}$ 有关，a/R 表征开孔大小的几何参数，A_c/at 表征围壁加强程度参数。

为求得围壁加强圆柱壳大开孔边缘（$\rho=a$、$\theta=0$）的最大应力集中系数，基于上述分析，耿黎明针对钢制开孔模型（参数 $R/t=125$、$H/R=0.57$、$a/\delta=25$）围壁对称加强，采用有限元和 8.1.2 节的解析理论方法进行了围壁加强应力集中系数 K_σ 的计算比较，两者相差在 6.0%以内。同时，为获得模型大开孔最大应力集中系数 K_σ 的图谱，分别变换参数 a/R 为 0.3、0.4、…、0.9、1.0 和参数 A_c/at 为 0.2、0.4、…、0.8、1.0，共得到 40 组开孔计算模型数据；利用 ANSYS 参数化建模分析和有限元系列计算，并绘制成开孔处最大应力集中系数 K_σ 的图谱，如图 8.9 所示。

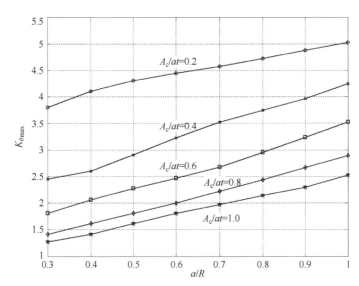

图 8.9　圆柱壳大开孔围壁加强应力集中系数图谱

图 8.9 曲线表明：当围壁加强有效面积 A_c/at 一定时，最大应力集中系数 K_σ 随开孔率 a/R 增加而近似线性地增大；当 a/R 相同时，K_σ 随 A_c/at 的增加而减小。这与文献[1]中的试验结果是相吻合的。

为验证大开口情况下 K_σ 计算值的可信度，表 8.1 列出图谱中 a/R 为 0.3、0.4、0.5 的有限元计算值与试验值[1]的比较。

表 8.1 有限元计算值与试验值的比较

K_σ 值	$A_c/at=0.2$			$A_c/at=0.4$		
a/R	0.3	0.4	0.5	0.3	0.4	0.5
试验值	3.35	3.70	3.85	2.30	2.56	2.70
有限元计算值	3.63	4.09	4.13	2.50	2.68	2.80
相对误差/%	9.0	10.5	7.8	8.7	4.7	3.7

由表 8.1 中数据看出，有限元计算值相对于试验值稍偏大，但都在 10%以内。由此说明在图 8.9 中的数值，包括 a/R 大于 0.5 的 K_σ 计算值有一定的可信度。

8.1.4.2 圆柱壳大开孔围壁和厚板组合加强应力集中系数计算

为获得圆柱壳大开孔组合加强孔口边缘应力集中系数 K_σ 的计算图谱，耿黎明在圆柱壳模型参数 $R/t=125$ 和围壁加强 $\zeta=1.50$、$A_c/at=0.4$ 条件下，选取 32 组开孔模型补强参数，即分别变换参数 $m=\dfrac{b}{a}=2$、3，$\xi=\dfrac{t_1}{t}=1.5$、2.0 及 $a/R=0.3$、0.4、…、0.9、1.0 进行组合计算。

经三维有限元计算，求得各开口组合加强模型的最大应力集中系数 K_σ，并绘制成开孔最大应力集中系数 K_σ 的图谱，如图 8.10 所示。

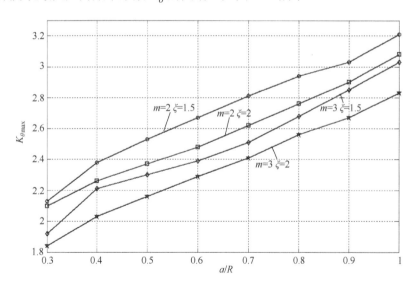

图 8.10 围壁和厚板组合加强应力集中系数图谱

由图中曲线看出：在 A_c/at 一定时，组合加强最大应力集中系数 K_σ 随着嵌入厚板尺度比 m 和厚度比 ξ 的增加而减少；与参数 a/R 的关系也和围壁加强一样，随 a/R 增加也近似线性地增大。另外还进行了上述 32 组开孔补强参数所得出的应力集中系数与同一开孔率下围壁加强 K_σ 的计算比较，见表 8.2。

表 8.2 两种大开孔加强形式应力集中系数比较

结构形式	开孔率							
	0.3	0.4	0.5	0.6	0.7	0.8	0.9	1.0
围壁加强	2.34	2.43	2.58	2.71	2.85	2.97	3.09	3.31
组合加强	2.13	2.38	2.53	2.67	2.81	2.94	3.03	3.21
围壁加强	2.16	2.37	2.46	2.51	2.64	2.81	2.96	3.12
组合加强	1.92	2.21	2.30	2.39	2.51	2.68	2.85	3.03
围壁加强	2.35	2.54	2.59	2.74	2.82	2.94	3.05	3.19
组合加强	2.10	2.26	2.37	2.48	2.62	2.76	2.90	3.08
围壁加强	2.12	2.26	2.31	2.45	2.56	2.65	2.79	3.01
组合加强	1.84	2.03	2.16	2.29	2.41	2.56	2.67	2.83

8.1.4.3 圆柱壳大开孔强度和计算图谱应用分析

作为圆柱壳开孔理论方法的算例和扩展应用，圆柱壳大开孔应力集中系数的计算及开孔强度的分析表明：

（1）围壁加强可以有效地降低补强区域的局部薄膜应力，但随着开孔率的增加，局部弯曲应力逐渐增大，特别是孔口边缘的弯曲应力增加很快，会超过 10%的周向中面应力。此时弯曲应力不能忽略不计，应单独进行壳体开孔区局部高应力和最大弯曲应力的计算校核。

有限元计算还表明，孔边的应力集中具有明显局部性，随着远离开孔边缘峰值应力迅速衰减到正常部位的应力水平，这与理论解中法向位移为强衰减函数的近似假定是一致的。

（2）围壁加强虽可明显降低开孔区域应力的集中，但计算分析表明当围壁厚度与壳体厚度比值大于 2.0 后，应力集中系数减小不大，并带来不利的局部附加应力。

厚板加强可以降低补强区域的总体应力水平，即薄膜应力和应力集中系数都有所降低；但从表 8.2 看出，相对围壁加强而言，厚板加强应力集中系数下降较慢，而且大范围的厚板不仅增加壳体的重量，还增加局部弯曲应力。这表明对于大开孔结构来说，厚板补强效果相对较差。因此建议：只有当加强围壁厚度与壳体厚度比达到 2.0 仍不能满足强度校核要求时，才考虑采用围壁和厚板的组合加强形式。

（3）应用上述理论方法和有限元计算比对所得出的应力集中系数图谱虽然是在薄壳开孔参数下得出的结果，但根据系列试验结果[1]和分析表明：参数 R/t 对应力集中系数影响不太明显，即从文献[1]中表 5.6 看出，在 a/R =0.3～0.5 范围内，当 A_e/at 为一定值、R/t 从 100 降到 50 时，最大应力集中系数 K_σ 仅下降不到 7.0%。因此，图 8.9 和图 8.10 中的图谱对潜水器较厚的壳体开孔加强也有参考价值，而且是偏安全的。

（4）三维有限元所计算的大开孔系列 K_σ 值有一定的可信度，可以作为开孔率超规范设计时的参考。不过从图谱中看出，当 a/R 大于 0.4 后，应力集中系数 K_σ 都大于 2.0，即表明孔口局部峰值应力很高，这显然难以满足校验公式（8.1.17）和式（8.1.18）的要求。由该公式看出，随着 K_σ 的增大，只有增加壳体的厚度和围壁的尺度或采用更高的 R_{eH} 材料才能满足强度校核要求，而这样就会增加耐压壳体的重量和减少内部舱室的使用空间（围壁高度影响），还有可能降低整体结构和开孔区域的承载能力及安全性（见 8.3.1 节）。因此，基于围壁加强方法而进行圆柱壳体开大孔的设计，特别是当 a/R 大于 0.5 后，应慎重和全面综合考虑。

8.2 球壳开孔加强应力集中系数计算及方法完善

8.2.1 球壳开孔围壁加强应力集中系数计算方法

球壳开孔围壁加强形式如图 8.11 所示。开孔加强后的球壳，其结构受力、变形均是完全轴对称，易于圆柱壳开孔问题的求解。

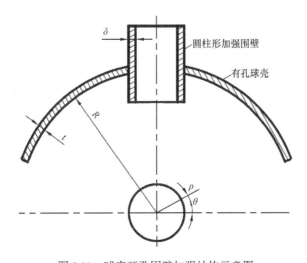

图 8.11 球壳开孔围壁加强结构示意图

根据壳体理论，球形扁壳在正交主曲率 ρ、θ 中的基本微分方程[2]为

$$\begin{cases} D\Delta\Delta w + \dfrac{1}{R}\Delta(\phi) - p = 0 \\ \Delta\Delta\phi - \dfrac{Et}{R}\Delta(w) = 0 \end{cases} \quad (8.2.1)$$

式中　R、t、D——球壳中面半径、壳板厚度和抗弯刚度；

Δ——算子，$\Delta = \dfrac{\partial^2}{\partial \rho^2} + \dfrac{1}{\rho}\dfrac{\partial}{\partial \rho} + \dfrac{1}{\rho^2}\dfrac{\partial^2}{\partial \theta^2}$；

p——静水压力，内压为正；

ϕ——应力函数；

w——挠度函数，沿外法线为正。

由式（8.2.1）可见，球壳开孔问题的求解和圆柱壳开孔一样，最终也归结为求解相互耦合的挠度 w 和应力函数 ϕ，它们必须同时满足式（8.2.1）中的平衡方程和相容方程。开孔壳体的试验研究表明，孔口区的高应力和变形是局部性的，随着离孔口距离增加而迅速衰减。参照圆柱壳开孔问题的求解，也设开孔球壳的挠度函数为强指数衰减函数，即

$$w = w_0 \overline{\beta}^{-2} \tag{8.2.2}$$

式中　$\overline{\beta} = \dfrac{\rho}{a}$，$a$ 为球壳开孔半径；

w_0——待定系数，可由壳体的变分方程式来确定。

将挠度函数式（8.2.2）代入式（8.2.1）第二式，解得

$$\phi = A\ln\rho + B\rho^2 + \dfrac{w_0 E t a^2}{2R}\left(\ln\overline{\beta}\right)^2 \tag{8.2.3}$$

式中　A、B——待定系数，根据孔边边界条件确定。

经近似处理后，挠度函数 w 和应力函数 ϕ 均为待定系数 w_0 的函数，这样便可用一个方程式单独将应力函数解出。待定系数 w_0 可应用能量法的混合变分方程进行积分求得，混合变分方程为

$$\iint_\sigma \left[D\Delta\Delta w + \dfrac{1}{R}\Delta\phi - p \right]\delta w \mathrm{d}\sigma + \int_c (M_\rho - M_a)\delta\left(\dfrac{\mathrm{d}w}{\mathrm{d}\rho}\right)\mathrm{d}c - \int_c \left(N_\rho + \dfrac{pa}{2} - \dfrac{aT_a}{R} \right)\delta w \mathrm{d}c = 0 \tag{8.2.4}$$

w_0 求得后，可求出 ϕ 和 w，进而根据壳体物理方程求出相应的内力 T_ρ、T_θ 和应力及球壳上任意一点的中面应力系数 K_ρ、K_θ，即

$$\begin{cases} K_\rho = \dfrac{T_\rho}{\dfrac{pR}{2}} = 1 + \left[\dfrac{2\dfrac{A_c}{at}\left(1 + \overline{w}_0 - \dfrac{a}{R}\dfrac{t}{\delta}\right)}{1 + \dfrac{A_c}{at}(1+\mu)} - 1 \right]\overline{\beta}^{-2} + 2\overline{w}_0\overline{\beta}^{-2}\ln\overline{\beta} \\ \\ K_\theta = \dfrac{T_\theta}{\dfrac{pR}{2}} = 1 + \left[1 - \dfrac{2\dfrac{A_c}{at}\left(1 + \overline{w}_0 - \dfrac{a}{R}\dfrac{t}{\delta}\right)}{1 + \dfrac{A_c}{at}(1+\mu)} \right]\overline{\beta}^{-2} + 2\overline{w}_0\overline{\beta}^{-2}(1-\ln\overline{\beta}) \end{cases} \tag{8.2.5}$$

式中

$$\bar{w}_0 = \frac{Etw_0}{pR^2}$$

最大的中面应力系数发生在开孔边缘处，即 $\bar{\beta}=1$ 处的周向应力系数 K_θ：

$$K_\theta = 2 - \frac{2\dfrac{A_c}{at}\left(1+\bar{w}_0-\dfrac{a}{R}\dfrac{t}{\delta}\right)}{1+\dfrac{A_c}{at}(1+\mu)} + 2\bar{w}_0 \qquad (8.2.6)$$

参考文献[1]的简化方法，对各参数简化处理后可得球壳开孔围壁加强的最大中面应力系数 K_θ 的简化计算公式：

$$\begin{cases} K_\theta = 2 - \dfrac{2\dfrac{A_c}{at}\left[1+\bar{w}_0-0.088\left(\dfrac{A_c}{at}\right)^{-2/3}\left(\dfrac{a}{R}\sqrt[4]{\dfrac{R}{t}}\zeta\right)^{2/3}\right]}{1+1.3\dfrac{A_c}{at}} + 2\bar{w}_0 \\[2pt] \quad = 2 - \dfrac{2K_1\left[1+\bar{w}_0-0.088(K_1)^{-2/3}(K_2)^{2/3}\right]}{1+1.3K_1} + 2\bar{w}_0 \\[2pt] \bar{w}_0 = \dfrac{1-\dfrac{2\dfrac{A_c}{at}\left[1-0.088\left(\dfrac{A_c}{at}\right)^{-2/3}\left(\dfrac{a}{R}\sqrt[4]{\dfrac{R}{t}}\zeta\right)^{2/3}\right]}{1+1.3\dfrac{A_c}{at}}}{0.0078\left(\dfrac{a}{R}\sqrt[4]{\dfrac{R}{t}}\zeta\right)^{-4}+1+\dfrac{2\dfrac{A_c}{at}}{1+1.3\dfrac{A_c}{at}}+2.43\left(\dfrac{A_c}{at}\right)^{5/3}\left(\dfrac{a}{R}\sqrt[4]{\dfrac{R}{t}}\zeta\right)^{-8/3}} \\[2pt] \quad = \dfrac{1-\dfrac{2K_1\left[1-0.088(K_1)^{-2/3}(K_2)^{2/3}\right]}{1+1.3K_1}}{0.0078(K_2)^{-4}+1+\dfrac{2K_1}{1+1.3K_1}+2.43(K_1)^{5/3}(K_2)^{-8/3}} \end{cases} \qquad (8.2.7)$$

式中：ζ 为围壁有效高度系数。

为编程及简化方便，记 $K_1 = \dfrac{A_c}{at}$，$K_2 = \dfrac{a}{R}\sqrt[4]{\dfrac{R}{t}}\zeta$，并将式（8.2.7）绘成图谱（图8.12），以有利于设计计算。

应当指出，当 $R\to\infty$ 时，式（8.2.7）可退化到相应的用围壁加强的平板开孔的最大应力系数计算公式：

$$K_\theta = 2 - \frac{2\dfrac{A_\mathrm{c}}{at}}{1+(1+\mu)\dfrac{A_\mathrm{c}}{at}} \quad (8.2.8)$$

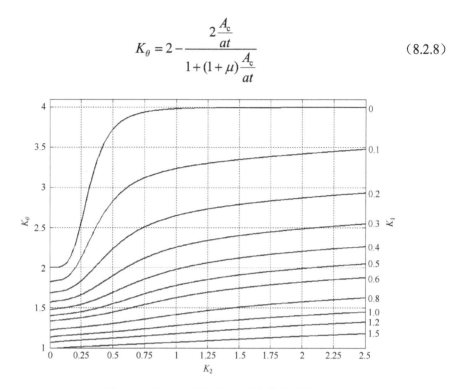

图 8.12 球壳开孔围壁加强应力集中系数

8.2.2 围壁和厚板组合加强应力集中系数计算方法的完善

8.2.2.1 组合加强应力集中系数的计算表达式

球壳开孔组合加强的结构形式见图 8.13。组合加强的球壳开孔在孔口边缘和厚、薄板交接处都会引起应力集中,它们的最大应力集中系数分别为 $\rho=a$、$\rho=b$ 处的周向应力集中系数。

对于采用围壁和厚板组合加强的球壳开孔,其求解原理和围壁加强的球壳开孔相类似,仅在厚、薄板交接处($\rho=b$)增加了一个中面力的假定和位移连接条件。由文献[2]给出的应力集中系数的计算表达式如下。

孔口边缘处($\rho=a$)

$$K_{r\theta} = \frac{\dfrac{T_\theta}{t_1}}{\dfrac{pR}{2t}} = \frac{2}{\xi}\left[\frac{(m^2+1)\dfrac{T_\mathrm{a}}{pR} - 2m^2 \dfrac{T_\mathrm{b}}{pR} + 2\bar{w}_0 \xi \ln m}{1-m^2} + \xi\bar{w}_0\right] \quad (8.2.9)$$

厚、薄板交接处($\rho=b$)

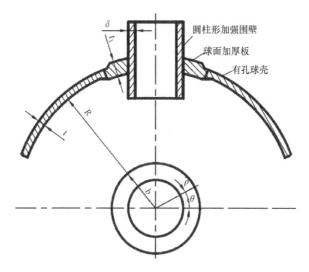

图 8.13 球壳开孔组合加强的结构示意图

$$K_{s\theta} = \frac{T_\theta}{\frac{pR}{2t}} = 2 - 2\frac{T_b}{pR} + 2\frac{\overline{w}_0}{m^2} \quad (8.2.10)$$

式中 $\xi = \dfrac{t_1}{t}$;

$m = \dfrac{b}{a}$ 。

8.2.2.2 厚、薄壳板交接处球壳应力集中系数计算方法的完善

对于组合加强的球壳开孔在孔口边缘处的应力集中系数的计算，可由式（8.2.9）按圆柱壳开孔组合加强同样的简化方法进行。不过对于厚、薄板交接处（$\rho=b$）应力集中系数的计算，由于式（8.2.10）中内力和位移未能给出具体的表达显式，故无法具体进行该处的应力集中系数的计算。为此，应用文献[2]中相应的方程和边界条件得出的三个参数方程进行具体的公式推导和变换，建立了厚、薄板交接处球壳应力集中系数的计算方法。

公式推导的要点是首先得出含有参数 T_a、T_b、w_0 的三个参数方程表达式如下。

① 混合变分方程（8.2.4）经分项换算和积分运算可得

$$\left(2 - \frac{4\ln m}{m^2-1}\right)\frac{T_a}{pR} + \frac{4m^2 \ln m}{m^2-1}\frac{T_b}{pR} + \left\{\left[\frac{\frac{40}{3}-8\mu}{12(1-\mu^2)}\xi^3 + \frac{16(1-\xi^3)}{9(1-\mu^2)}m^{-6}\right] \times \left(\frac{R}{a}\right)^4 \left(\frac{t}{R}\right)^2 + \right.$$

$$\left. \xi(1-m^{-2}) + m^{-2} - \frac{4\xi(\ln m)^2}{m^2-1} + \frac{8\sqrt[4]{3(1-\mu^2)}}{3(1-\mu^2)}\frac{1}{\zeta}\left(\frac{R}{a}\right)^3 \frac{A_c}{at}\frac{\delta}{t}\frac{t}{R}\right\}\overline{w}_0 = 1 + 2\ln m \quad (8.2.11)$$

② 根据加强围壁与球面嵌入厚板之间变形协调条件以及力的平衡条件可得

$$\left[1+\frac{(m^2+1)+\mu(m^2-1)}{m^2-1}\frac{A_c}{at_1}\right]\frac{T_a}{pR}-\frac{2m^2}{m^2-1}\frac{A_c}{at_1}\frac{T_b}{pR}-\left(1-\frac{2\ln m}{m^2-1}\right)\frac{A_c}{at_1}\frac{w_0Et_1}{pR^2}+\frac{A_c}{at_1}\frac{a}{R}\frac{t_1}{\delta}=0$$

(8.2.12)

③ 根据球面嵌入厚板与球壳之间位移 u 相等的条件可得

$$\frac{2}{m^2-1}T_a-\frac{(1+\mu)+m^2(1-\mu)+(m^2-1)(1+\mu)\xi}{m^2-1}T_b+\frac{\dfrac{2w_0Et_1}{R}\ln m}{m^2-1}=-\xi pR$$

(8.2.13)

为具体求解内力 T_b 和位移表达式 w_0，根据含有参数 T_a、T_b、w_0 三个变量的方程组，求解该三阶非齐次方程组；经过复杂的运算，分别得出含有各种开口参数和系数的 T_b、w_0 显式表达式，进而得出球壳厚、薄板交接处应力集中系数的计算公式[4]。

记 $T_b=pR\times\dfrac{A}{C}$，$w_0=\dfrac{pR^2}{Et}\times\dfrac{B}{C}$，则由式（8.2.10）可得出球壳厚、薄板交接处应力集中系数表达式为

$$K_{s\theta}=2\left(1-\frac{A-B}{C}\right)$$

(8.2.14)

式中

$$A=f_1f_2\left[K_1(1.3m^2+0.7)+\xi(m^2-1)\right]+2f_1^2\ln m(2\ln m+1)\left[K_1(1.3m^2+0.7)+\xi(m^2-1)\right]+$$

$$2K_1\xi(2f_1\ln m-1)^2-2f_1K_1(2\ln m+1)(2f_1\ln m-1)-0.176f_1f_2K_1^{\frac{1}{3}}K_2^{\frac{2}{3}}-$$

$$0.352f_1K_1^{\frac{1}{3}}K_2^{\frac{2}{3}}\xi\ln m(2f_1\ln m-1)$$

$$B=(2\ln m+1)\frac{f_1}{\xi}\left[K_1(1.3m^2+0.7)+\xi(m^2-1)\right](1.3\xi+2f_1+0.7)+4f_1K_1m^2(2f_1\ln m-1)+$$

$$0.7044f_1^2K_1^{\frac{1}{3}}K_2^{\frac{2}{3}}m^2\ln m-0.176K_1^{\frac{1}{3}}K_2^{\frac{2}{3}}(2f_1\ln m-1)(1.3\xi+2f_1+0.7)-$$

$$4f_1^2K_1(2\ln m+1)\frac{m^2}{\xi}-4f_1^2m^2\ln m\left[K_1(1.3m^2+0.7)+\xi(m^2-1)\right]$$

$$C=8f_1^3m^2(\ln m)^2\left[K_1(1.3m^2+0.7)+\xi(m^2-1)\right]+2K_1(2f_1\ln m-1)^2(1.3\xi+2f_1+0.7)+$$

$$\frac{f_1f_2}{\xi}\left[K_1(1.3m^2+0.7)+\xi(m^2-1)\right]-4\frac{f_1^2f_2}{\xi}K_1m^2-16f_1^2K_1m^2\ln m(2f_1\ln m-1)$$

并记

$$f_1=\frac{1}{m^2-1}$$

$$f_2 = 2.43 \frac{K_1^{\frac{5}{3}}}{K_2^{\frac{8}{3}}} + \frac{0.0078\xi^3 + 0.015(1-\xi^3)m^{-6}}{K_2^4} + \xi\left(1 - \frac{1}{m^2}\right) + \frac{1}{m^2} - 4f_1\xi(\ln m)^2$$

这样，在已知开孔加强尺度参数条件下，计算围壁的有效高度和有效面积，进而根据式（8.2.14）就可计算厚、薄板交接处的最大应力集中系数 $K_{s\theta}$。

为检验所建立的式（8.2.14）的可靠性，对该式进行退化变换，即当 m 趋于 1、$\xi=1$ 时，上述应力集中系数仍然可以表达为

$$K_{s\theta} = 2\left(1 - \frac{A-B}{C}\right) \quad\quad (8.2.15)$$

式中　$A = K_1 + f_2 K_1 - 0.088 f_2 K_1^{\frac{1}{3}} K_2^{\frac{2}{3}}$，$f_2 = 2.43 \frac{K_1^{\frac{5}{3}}}{K_2^{\frac{8}{3}}} + \frac{0.0078}{K_2^4} + 1$；

$B = 1 - 0.7K_1 + 0.176 K_1^{\frac{1}{3}} K_2^{\frac{2}{3}}$；

$C = 2K_1 + f_2 + 1.3 f_2 K_1$。

即退化为仅有围壁加强形式的计算公式，与式（8.2.7）完全吻合，绘制的曲线也与图 8.12 完全一致。

由于 $K_{s\theta}$ 直接计算十分繁琐，为便于设计计算，与圆柱壳开孔组合加强应力集中系数计算一样编制成一组曲线图。不过，并不采用孔口边缘应力计算的"α"过渡参数，而是直接编制成不同的 m 和 ξ 的组合曲线图，即当 $m=1.2$、1.5、1.8、2 和 $\xi=1.5$、2 时，应用上述方法计算应力集中系数，并将其结果绘制成的曲线族，如图 8.14 和图 8.15 所示。

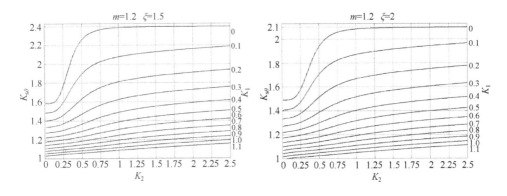

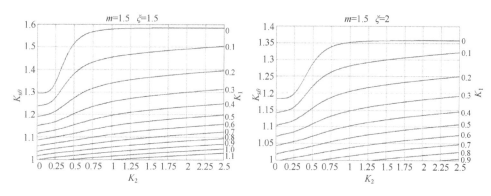

图 8.14 球壳开孔厚、薄板交接处应力集中系数计算图谱（一）

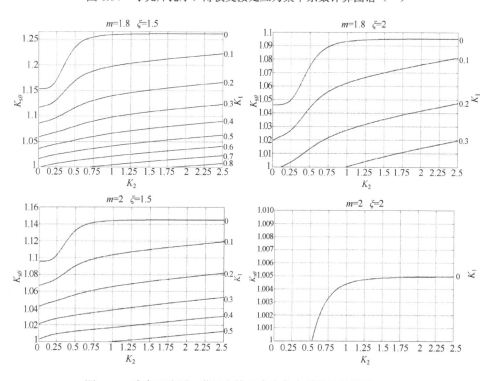

图 8.15 球壳开孔厚、薄板交接处应力集中系数计算图谱（二）

8.2.3 球壳开孔加强区域的应力计算及说明

在建立了围壁加强和围壁、厚板组合加强的球壳开孔边缘及厚、薄板交接处应力集中系数计算方法的基础上，可进行球壳开孔区域的具体应力计算。正交开单孔围壁加强的力学模型和相关参数如图 8.16 所示，具体计算步骤如下：

（1）围壁加强的孔边最大中面周向应力 σ_A。

$$\sigma_A = 0.5 K_\theta P_j R/t \tag{8.2.16}$$

式中：K_θ 为孔边应力集中系数，由参数 K_1 和 K_2 查图 8.12 确定。其中，ζ 和 A_c 为围壁的有效高度系数和有效面积。

$$A_c = \zeta\delta\sqrt{a\delta} + t\delta \tag{8.2.17}$$

式中　δ——加强围壁厚度；

ζ 由参数 ξ、η 查图 8.4 确定。

（2）围壁与厚板组合加强的孔口边最大中面周向应力 $\sigma_{\theta A}$。

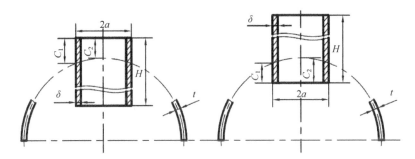

图 8.16　球壳开孔围壁加强模型参数

$$\begin{cases} \sigma_{\theta A} = 0.5 K_{r\theta} P_j R/t \\ K_{r\theta} = \gamma_1 K_\theta \end{cases} \tag{8.2.18}$$

$K_{r\theta}$ 为组合加强的孔边应力集中系数，它可以表示为围壁加强的孔边应力集中系数 K_θ 乘以厚板效应系数 γ_1。厚板效应系数 γ_1 表达式与组合加强圆柱壳相同，它可以和圆柱壳组合加强一样，通过系列计算，按不同的 a/R 值，给出对应的一组 $\dfrac{A_c}{at}$ 的 $\alpha - m$ 关系曲线图谱[2]。在此，仅按近似公式方法表达，即

$$\gamma_1 = \dfrac{1}{1 + \left(\dfrac{t_1}{t} - 1\right)\overline{\alpha}_\sigma e^x} \tag{8.2.19}$$

式中：$\overline{\alpha}_\sigma$ 曲线图也与组合加强的圆柱壳相同，由参数 $\dfrac{A_c}{at}$、m 查图 8.8 得出；当 x 指数在工程使用范围（$0.3 \leqslant \dfrac{A_c}{at} \leqslant 1.0$）内时，对于球壳可近似取为

$$x = \left[1.1 - \dfrac{A_c}{at} + 0.3\left(\dfrac{A_c}{at}\right)^2\right]\left(\dfrac{a}{R}\right)^{1/4}\left(\dfrac{b}{a}\right)^{1/4} \tag{8.2.20}$$

根据开孔参数，由式（8.2.20）计算代入式（8.2.19）可得 γ_1，即可计算 $K_{r\theta}$。

（3）厚、薄板交接处最大中面周向应力 $\sigma_{\theta B}$。

$$\sigma_{\theta B} = 0.5 K_{s\theta} P_j R/t \qquad (8.2.21)$$

式中：$K_{s\theta}$——球壳厚、薄板交接处的应力集中系数。按图 8.14 和图 8.15 中各曲线图谱查找相应的应力集中系数；参照圆柱壳开孔补强分析，当 $m = \dfrac{b}{a} = \text{const}$ 时，效应系数 γ_1 与 $\dfrac{t_1}{t}$ 近似呈线性关系，因而 $K_{s\theta}$ 可根据 K_1、K_2 的值按各曲线线性插值得出。

在球壳厚、薄板交接处的应力集中系数 $K_{s\theta}$ 的计算中，虽然 m 和 ξ 的组合曲线图样较多，但可直观地分析和应用。从图 8.15 中明显看出，当 $m=1.8$、2 和 $\xi=2$ 时，即使在很小的围壁加强有效系数 $K_1 = \dfrac{A_c}{at}$ 条件下，$K_{s\theta}$ 值也不大，不必进行应力集中系数的计算。

同时，通过实际的数值计算也表明，$m \geqslant 1.8$ 后，$K_{s\theta}$ 的影响已小于 5%，这和球壳开孔假定的法向位移函数 $w = w_0 \beta^{-2}$ 为强衰减函数是相符的。因此，对于 $m > 1.8$ 的情况，仍按 $m=1.8$ 图谱查 $K_{s\theta}$ 值；对于 $\xi > 2$ 也可同样处理。

参考 8.1.4.3 节圆柱壳大开孔分析，建议球壳围壁厚度与壳体厚度之比达到 2.0 仍不能满足强度校核要求时，才可以考虑采用组合加强形式，且厚度比 ξ 不应大于 2，半径比 m 一般不超过 1.8。另外，在实际潜水器和深海装备的球壳或半球形舱壁（封头）开孔加强结构加工中，加强围壁可能会偏离图 8.16 的理论中心，但只要其尺度误差不大于 5%，仍可利用式（8.2.7）、式（8.2.15）和相应的曲线图谱进行应力集中系数的计算。

8.3 圆柱壳和球壳开孔加强承载能力近似计算方法

正圆形开孔围壁加强环肋圆柱壳和球壳在静水外压下的破坏模式除强度破坏外，还可能因开孔区域的加强不足而产生局部垮塌和凹陷，从而使整个结构丧失承载能力。因此，这种失效模式也是潜水器和水下工程结构设计中应当控制的，即需在强度设计计算中进行局部开孔区域的承载能力计算和安全性校验。

8.3.1 圆柱壳开孔区承载能力的近似计算方法

开孔围壁加强承载能力解析计算分析比较复杂，目前在理论研究方面研究成果十分少见，仅文献[2]在模型试验研究得出的一些近似假设的基础上，按静平衡方程建立了承载能力近似计算力学模型，提出了围壁加强的环肋圆柱壳开孔结构在静水外压下破坏压力计算的经验公式。

8.3.1.1 试验现象与假定

(1) 模型试验表明,在某一压力下,孔口最大应力点先达到屈服极限,形成微小的塑性区(图 8.17),随着压力的增加塑性区沿壳体母线方向和圆周方向逐渐扩展,塑性区扩展到某个范围后(图 8.18),结构发生破坏。通过对孔口附近壳体的塑性区沿壳体母线的扩展情况进行测量,假定 $\alpha_1\sqrt{Rt}$ 为沿壳体母线的塑性扩展长度,其中 α_1 称为壳体的塑性扩展系数。α_1 与应力集中系数 K_σ 可近似表示为

$$\alpha_1 = 0.75(K_\sigma - 1) \tag{8.3.1}$$

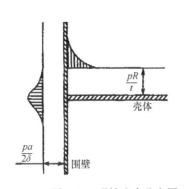 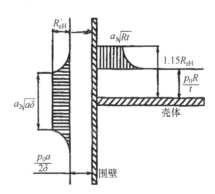

图 8.17 弹性应力分布图   图 8.18 弹塑性应力分布图

(2) 模型试验还表明,在某一压力下,围壁最大应力点先达到屈服,也形成微小的塑性区,随着压力的增加塑性区沿围壁母线方向和圆周方向逐渐扩展。设定沿围壁母线塑性扩展长度为 $\alpha_2\sqrt{a\delta}$,其中 α_2 称为围壁塑性扩展系数,根据测试结果的分析,α_2 与应力集中系数 K_σ 可近似表示为

$$\alpha_2 = 0.7(K_\sigma - 1) + 0.774 \tag{8.3.2}$$

8.3.1.2 圆柱壳开孔区静力平衡分析及破坏压力计算公式

在较低的压力下结构完全处于弹性状态,这时壳体和围壁纵剖面上的周向应力分布如图 8.17 所示。在孔口附近的壳板和围壁除了承受本身静水压力而产生的膜应力外,还要额外承受由于被孔口挖去部分的静水压力而产生的相应局部应力(图 8.17 中阴影部分),这就是应力集中。静力平衡分析,就是图 8.17 中阴影部分的局部应力总和等于被孔口挖去部分相应的外力,即等于 apR。

在孔口区域结构达到破坏压力 p_0 的情况下,孔口最大应力点达到屈服极限(壳板为 $1.15R_{eH}$,围壁为 R'_{eH})之后,该处应力不再增加,只是塑性区向外扩展,其应力分布如图 8.18 所示。

在孔口附近壳板和围壁塑性区外的弹性区域内,其局部应力分布类似于一端

受集中力的半无限长弹性基础梁的应力分布，有效长度分别为 $0.388\sqrt{Rt}$ 和 $0.388\sqrt{a\delta}$，根据静力平衡可得

$$\left(1.15R_{\text{eH}} - \frac{p_0 R}{t}\right)(\alpha_1 + 0.388)\sqrt{Rt} \cdot t + \left(R'_{\text{eH}} - \frac{p_0 a}{2\delta}\right)(\alpha_2 + 0.776)\sqrt{a\delta} \cdot \delta = a p_0 R \tag{8.3.3}$$

化简后，得

$$p_0 = \frac{1.15\dfrac{R}{a}\sqrt{\dfrac{t}{R}}(\alpha_1 + 0.388) + \dfrac{R'_{\text{eH}}}{R_{\text{eH}}}\dfrac{A_c}{at}\dfrac{\alpha_2 + 0.776}{1.55}}{1 + \dfrac{R}{a}\sqrt{\dfrac{t}{R}}(\alpha_1 + 0.388) + \dfrac{1}{2}\dfrac{a}{R}\dfrac{t}{\delta}\dfrac{A_c}{at}\dfrac{\alpha_2 + 0.776}{1.55}} \cdot \frac{t}{R} R_{\text{eH}} \tag{8.3.4}$$

具体计算时，式（8.3.4）比较繁琐，为使用方便，将式（8.3.4）分解成两部分

$$p_0 = p_{01} + p_{02} \tag{8.3.5}$$

式中

$$\begin{cases} p_{01} = \dfrac{1.15\dfrac{R}{a}\sqrt{\dfrac{t}{R}}(\alpha_1 + 0.388)\dfrac{t}{R}R_{\text{eH}}}{1 + \dfrac{R}{a}\sqrt{\dfrac{t}{R}}(\alpha_1 + 0.388) + \dfrac{1}{2}\dfrac{a}{R}\dfrac{t}{\delta}\dfrac{A_c}{at}\dfrac{\alpha_2 + 0.776}{1.55}} = \beta_3 \dfrac{t}{R} R_{\text{eH}} \\[2em] p_{02} = \dfrac{\dfrac{\alpha_2 + 0.766}{1.55}\dfrac{A_c}{at}\dfrac{t}{R}R'_{\text{eH}}}{1 + \dfrac{R}{a}\sqrt{\dfrac{t}{R}}(\alpha_1 + 0.388) + \dfrac{1}{2}\dfrac{a}{R}\dfrac{t}{\delta}\dfrac{A_c}{at}\dfrac{\alpha_2 + 0.776}{1.55}} = \beta_3' \dfrac{t}{R} R'_{\text{eH}} \end{cases} \tag{8.3.6}$$

式中：β_3 和 β_3' 为壳体和围壁的承载系数。

通过计算和分析，β_3 和 β_3' 可以近似地认为是参数 $\dfrac{R}{a}\sqrt{\dfrac{t}{R}}$ 和 $\dfrac{A_c}{at}$ 的函数，并可绘制成如图 8.19 所示的关系曲线。于是，式（8.3.4）可写为

$$p_0 = \left(\beta_3 R_{\text{eH}} + \beta_3' R'_{\text{eH}}\right)\frac{t}{R} \tag{8.3.7}$$

由参数 $\dfrac{R}{a}\sqrt{\dfrac{t}{R}}$ 和 $\dfrac{A_c}{at}$ 值查图 8.19 得 β_3、β_3'，可十分简便地求出环肋圆柱壳开孔围壁加强的破坏压力 p_0。

采用圆柱壳围壁加强是提高孔口区域承载能力的有效方法。但必须指出，当孔口加强过强时，由式（8.3.4）或式（8.3.7）计算得到的破坏压力 p_0 值，可能大于环肋圆柱壳的失稳压力，此时的 p_0 值不代表具有围壁加强圆形开孔的环肋圆柱壳的实际破坏压力，只表明孔口区域的承载能力是足够的，保证孔口区域不先于孔口以外区域发生破坏。

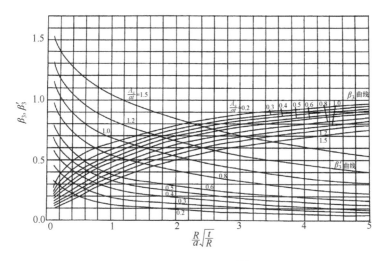

图 8.19 β_3、β_3' 系数

还必须指出，在应用式（8.3.4）或式（8.3.7）计算破坏压力 P_0 值时，其中壳板材料屈服极限 R_{eH} 和围壁材料屈服极限 R_{eH}' 之间相差不要太大。否则，当 $R_{eH}' \gg R_{eH}$ 时，计算结果会偏低；当 $R_{eH}' \ll R_{eH}$ 时，计算结果会偏高。

8.3.2 球壳开孔区承载能力近似计算公式的建立

上述环肋圆柱壳开孔围壁加强承载能力计算方法通过潜艇和潜水器结构规范的应用和模型试验检验，证明该近似计算方法是相当可靠的，也说明了模型试验假定的合理性。因此，可基于圆柱壳开孔围壁加强破坏压力计算方法的基本思路建立球壳开孔围壁加强承载能力的近似计算方法。

8.3.2.1 球壳开孔区塑性扩展系数的确定

（1）球壳开孔边缘壳板塑性扩展系数 α_1 的确定。

由于球壳开孔加强局部区域完全轴对称于开孔轴心线，对于任一周向（θ 方向）剖面在静水外压作用下都存在像圆柱壳开孔在 $\theta=0°$ 剖面的受力过程，即在某一压力下，在壳板和围壁交接处由弹性逐步达到屈服后形成微小的塑性区，并随着压力的增加塑性区沿球壳经线方向逐渐扩大，直至塑性区扩展到某个范围后结构发生破坏。

虽然球壳开孔区域在周向各个剖面都会发生塑性扩展，扩展的区域可能没有圆柱壳在 $\theta=0°$ 扩展范围大，但扩展机理及扩展系数 α_1 与应力集中系数 K_σ 近似线性关系是基本相同的。

另外，由于球壳与围壁交接处，球壳母线与围壁母线夹角大于 $\frac{\pi}{2}$，这时在孔口附近壳板塑性区外的弹性区域内，其局部应力分布类似于一集中力的半无限长弹性基础梁的分析会带来一定的偏差，即集中力作用有一个 $\arccos\frac{a}{R}$ 的角度偏差。但由于球壳开口破坏时塑性区 α_1 比柱壳小，所以其影响可以忽略。

考虑到球壳开孔附近壳板塑性扩展机理和现象与柱壳基本一致，同时通过数值计算，当 α_1 为 0.22~0.75，在多种开孔参数变化下，开孔球壳极限承载能力相差较小。因此，对于球壳塑性扩展 α_1 表达式系数的取值可近似按开孔半圆周平均值考虑，设球壳开孔区围壁与壳板（厚板）连接处应力集中系数为 $K_{r\theta}$，参照式（8.3.1）可得

$$\alpha_1 = 0.24(K_{r\theta} - 1) \tag{8.3.8}$$

（2）围壁塑性扩展系数 α_2 的确定。

塑性扩展系数 α_2 按公式（8.3.2）的形式得到如下待定系数方程：

$$\alpha_2 = C_1(K_{r\theta} - 1) + C_0 \tag{8.3.9}$$

式中：C_0 为弹性基础梁一端受集中力的弹性解系数。对于球壳开孔加强的围壁和圆柱壳开孔加强的围壁是完全相同的，故 C_0 的取值也可参照圆柱壳：若围壁对称加强可取 $C_0 = 0.776$；若围壁较短，接近单边加强，可取 $C_0 = 0.388$。

对于 C_1，在柱壳开孔的 5 只模型试验[1]测定为 0.7，它是 $\theta = 0°$ 或 180°母线上的结果。对于球壳，由于目前无法通过模型试验测得塑性扩展系数，只能在参考圆柱壳开孔模型试验[2]结果的基础上依据球壳开孔的全轴对称性均匀分布确定，即以 π 除圆柱壳试验测得的塑性扩展系数，取 $C_1 \approx 0.22$。

8.3.2.2 球壳开孔围壁加强区破坏压力计算公式的建立

球壳开孔区域静力平衡方程的建立也类似柱壳开孔区域静力平衡分析，即利用开孔加强结构在破坏压力下，加强围壁和壳体开孔边缘处塑性扩展区所产生的局部应力总和，与被开孔挖去部分相应的外力相等的原则建立方程式。在具体建立平衡方程时，除了考虑球壳开孔加强区域的完全轴对称性，其塑性扩展系数范围因沿开孔周向均匀分布而大为缩小外，还应考虑球壳的膜应力仅为柱壳周向应力的一半，开孔边缘最大应力强度为 $1.0 R_{eH}$。据此可得球壳开孔区的平衡方程为

$$\left(R_{eH} - \frac{p_1 R}{2t}\right)(\alpha_1 + 0.388)\sqrt{Rt} \cdot t + \left(R_{eH}' - \frac{p_1 a}{2\delta}\right)(\alpha_2 + 0.776)\sqrt{a\delta} \cdot \delta = \frac{1}{2} a p_1 R$$

$$\tag{8.3.10}$$

经化简后：

$$p_1 = \frac{(\alpha_1+0.388)\sqrt{Rt}+\dfrac{R_{eH}'}{R_{eH}}(\alpha_2+0.776)\sqrt{a\delta}\dfrac{\delta}{t}}{a+(\alpha_1+0.388)\sqrt{Rt}+\dfrac{a}{R}(\alpha_2+0.776)\sqrt{a\delta}} \cdot \frac{2R_{eH}t}{R}$$

(8.3.11)

$$= \frac{\dfrac{R}{a}\sqrt{\dfrac{t}{R}}(\alpha_1+0.388)+\dfrac{R_{eH}'}{R_{eH}}\dfrac{\delta}{t}\sqrt{\dfrac{\delta}{a}}(\alpha_2+0.776)}{1+\dfrac{R}{a}\sqrt{\dfrac{t}{R}}(\alpha_1+0.388)+\dfrac{a}{R}\sqrt{\dfrac{\delta}{a}}(\alpha_2+0.776)} \cdot \frac{2R_{eH}t}{R}$$

由于式（8.3.11）较复杂，不便使用，也可以像柱壳一样分解成两部分：

$$p_1 = p_{11} + p_{12} \tag{8.3.12}$$

式中

$$\begin{cases} p_{11} = \dfrac{\dfrac{R}{a}\sqrt{\dfrac{t}{R}}(\alpha_1+0.388)\dfrac{t}{R}R_{eH}}{1+\dfrac{R}{a}\sqrt{\dfrac{t}{R}}(\alpha_1+0.388)+\dfrac{a}{R}\sqrt{\dfrac{\delta}{a}}(\alpha_2+0.776)}\dfrac{2R_{eH}t}{R} = \beta_4 \dfrac{2R_{eH}t}{R} \\[2ex] p_{12} = \dfrac{\dfrac{R_{eH}'}{R_{eH}}\dfrac{\delta}{t}\sqrt{\dfrac{\delta}{a}}(\alpha_2+0.776)}{1+\dfrac{R}{a}\sqrt{\dfrac{t}{R}}(\alpha_1+0.388)+\dfrac{a}{R}\sqrt{\dfrac{\delta}{a}}(\alpha_2+0.776)}\dfrac{2R_{eH}t}{R} = \beta_4' \dfrac{2R_{eH}'t}{R} \end{cases}$$

(8.3.13)

于是，总的破坏压力计算公式可简写成

$$p_1 = \left(\beta_4 + \beta_4' \frac{R_{eH}'}{R_{eH}}\right)\frac{2R_{eH}t}{R} \tag{8.3.14}$$

8.3.2.3 球壳开孔组合加强的破坏压力计算公式

关于开孔区域采用围壁和加复板或嵌入厚板组合加强的结构破坏压力计算公式，同样可以运用静力平衡的方法进行分析建立。组合加强的复板或嵌入厚板的宽度基于 8.2 节分析在 $m = \dfrac{b}{a} \leq 2$ 较为适宜，并认为该宽度的复板或嵌入厚板仅增加了基本壳体相应部位的承载面积，而不改变孔口区域的塑性扩展范围。据此，由平衡条件和式（8.3.14）可以获得

$$p_1 = \left[\beta_4 + \beta_4 \frac{R_{eH}''}{R_{eH}}\left(\frac{t_1}{t}-1\right) + \beta_4' \frac{R_{eH}'}{R_{eH}}\right]\frac{2R_{eH}t}{R} \tag{8.3.15}$$

式中 R_{eH}''——复板的材料屈服强度。对于嵌入厚板情况，孔口区域壳板材料屈

服强度 R_{eH} 应为嵌入厚板材料的屈服强度，此时 $R_{eH} = R_{eH}''$。

如不采用 β_4、β_4' 两部分压力公式或用曲线图表示，而将厚度系数 $\xi = \dfrac{t_1}{t}$ 代入式（8.3.11）的第一项，则围壁、厚板组合加强承载能力的计算公式为

$$p_1 = \dfrac{\xi\left[\dfrac{R}{a}\sqrt{\dfrac{t}{R}}(\alpha_1 + 0.388)\right] + \dfrac{R_{eH}'}{R_{eH}}\dfrac{\delta}{t}\sqrt{\dfrac{\delta}{a}}(\alpha_2 + 0.766)}{1 + \dfrac{R}{a}\sqrt{\dfrac{t}{R}}(\alpha_1 + 0.388) + \dfrac{a}{R}\sqrt{\dfrac{\delta}{a}}(\alpha_2 + 0.766)} \cdot \dfrac{2R_{eH}t}{R} \quad (8.3.16)$$

式（8.3.16）的塑性扩展系数 α_1、α_2 基于圆柱壳较小开孔模型试验结果，存在一定的局限性。因此，在应用于球壳大开孔时（$a/R > 0.30$），应对球壳开孔围壁加强承载能力公式进行适当处理，即对式（8.3.14）做如下的修正：

$$p_1 = \dfrac{1}{1 + 0.1(K_{r0} - 1)}\left(\beta_4 + \beta_4'\dfrac{R_{eH}'}{R_{eH}}\right)\dfrac{2R_{eH}t}{R} \quad (8.3.17)$$

应当指出，由以上各式计算得到的破坏压力 p_1 值可能大于球壳的计算压力或屈曲压力，此时的 P_1 值不代表具有围壁加强的球壳的实际极限强度破坏压力，只表明孔口区域围壁加强的承载能力是足够的。

8.4 球壳开孔锥台形加强应力和承载能力近似计算及有限元分析

8.4.1 锥台形加强围壁截面的等面积几何变换

大深度球壳开孔加强形式应基于大深度载荷下、采用高强度材料和中厚度球壳而得出的优化设计结果。在结构形式上，尽量避免薄壳围壁加强的突变形式，以减少开孔加强区域表面应力峰值，有利于结构优化和疲劳设计。舱口盖采用球帽形状，以最大限度地保证整球壳受力状态不受局部开孔的影响，并按压力容器规范的等面积法加强原则进行等强设计，其补强面积系数一般在 0.8~1.0 范围。在使用上还应保证开孔盖的密封性和观察窗的承压刚度。

根据以上要求和设计原则，大深度载人球壳开孔补强设计采用平滑过渡的锥台形截面整圆环加强结构，并嵌入式与球壳开孔断面相接。根据使用要求，对于出入舱口采用外斜扇形锥台截面过渡形状（图 8.20（a））；对于观察窗，为便于与有机玻璃窗镜安装采用内壁斜锥台截面形状（图 8.20（b））。

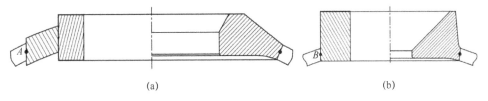

图 8.20 大深度球壳开孔截面形状

(a) 出入舱口；(b) 观察窗。

由于锥台形加强截面的多边形，更增加开孔区域球壳局部强度计算的复杂性。文献[1]将潜水器锥台形加强构件（图 8.21（b））视作一个整圆环厚围壁，假设整圆环为刚性，即圆环截面上任一点的位移等于环截面重心的位移，并认为环的宽度与开孔尺度相比可以忽略不计。在具体计算中，把球壳的基本微分方程变换为一阶变态的贝塞尔方程式，其解为零阶汤姆逊函数，并利用圆环、球壳连接处的变形协调条件及边界系数法求解开孔边界的各应力集中系数，虽获得相应的计算结果，但计算过程非常复杂，且收敛性差。

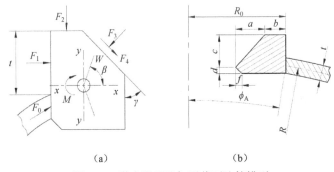

图 8.21 潜水器开孔加强截面计算模型

文献[5]则利用开口区域的轴对称性，将图 8.21（a）的潜水器开孔加强截面进行受力分析和建立相对于截面形心的力的平衡方程，并利用与球壳体连接部位的边界条件（中面力、剪力、弯矩及位移）和分块计算截面弯曲刚度办法来进行求解，其计算过程也比较复杂。

本章所完善的围壁、厚板组合加强开孔球壳中面应力的计算方法，不仅可计算孔口处的应力集中系数，还可计算厚、薄板交接处的应力集中系数，因而可对球壳开孔锥台形加强截面变换成等厚度围壁的应力计算进行探讨，即按照球壳开孔加强局部区域的完全轴对称性和等面积补强的基本原则，将球壳加强的斜锥台截面形式进行几何变换成等厚度围壁（高度不变），见图 8.20（a）。进而利用所完善的计算方法进行开孔处中面应力集中系数的近似计算。

由于加强截面接近刚性，几何变换中的主要参数，包括开口半径、厚板加强宽度、围壁高度及与壳板连接的位置和整个补强面积都保持不变，而且开孔补强面积系数一般不超过 1.0，变换后的围壁厚度 δ 不会大于 2 倍壳体厚度 t，更不会大于 $2.0 t_1$，即它仍在前述的开孔理论计算 K_σ 的正常围壁厚度范围内，因而对开孔区中面应力计算而言，这种截面变换可以认为是等效的。

8.4.2 球壳开孔应力和承载能力近似计算及试验应力检测分析

根据以上等面积几何变换原则将实际球壳开孔锥台形加强截面变换成等厚度围壁后，就可应用前述的计算方法进行开孔区应力集中系数和承载能力近似计算。为检验计算方法的适用性和可信度，针对某大深度潜水器的产品研制中，设计加工了 3 只实尺度载人耐压球壳进行具体的计算分析，其结构示意图如图 8.22 所示。

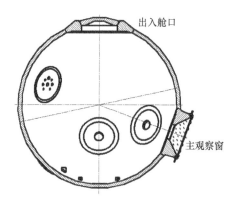

图 8.22 载人舱球壳剖视图

图中，出入舱口为外斜的锥台形加强结构形式，主观察窗为内斜的锥台形加强结构形式。载人舱球壳厚度半径比约为 0.05，材料为 TC4（2 只）、Ti80（1 只）。作为理论方法的应用，分别进行了开孔加强区域应力集中系数和承载能力的近似计算，并通过耐压试验应力检测进行对比分析。

8.4.2.1 球壳开孔锥台形加强应力集中系数计算

（1）开孔加强截面的变换。

根据出入舱口外斜加强截面和观察窗内斜加强截面的实际尺寸（类似于图 8.21（b）中的 a、b、c、d），按截面面积相等原则变换成相应的围壁或围壁、厚板组合加强形式，见图 8.20（a）。

（2）围壁有效高度和有效面积的计算。

根据变换后的相当围壁的尺度和球壳开孔半径比计算围壁的有效高度和加强有效面积，3 只开孔球壳围壁有效高度和围壁有效面积系数计算结果见表 8.3。

表 8.3 开孔加强应力集中系数计算结果

球壳材料	计算部位	开孔尺度 a/R_i	有效高度系数 ζ	有效面积系数 A_e/a_t	应力集中系数		
					理论计算值	有限元值	试验值
TC4	主观察窗开孔边缘处	0.301	0.59	0.979	1.25	1.20	1.15
	出入舱口厚、薄板交接处	0.314	0.59	0.523	1.13	1.10	1.09
Ti80	主观察窗口开孔边缘处	0.301	0.59	0.930	1.27	1.21	1.29
	出入舱口厚、薄板交接处	0.314	0.53	0.445	1.17	1.16	1.19

（3）应力集中系数的计算。

对于主观察窗开孔边缘处，根据表 8.3 中围壁有效高度系数和围壁加强有效面积系数，应用式（8.2.7）或图 8.12 计算球壳两开孔边缘的应力集中系数。

对于出入舱口外斜锥台形加强结构，主要是进行厚、薄板交接处应力集中系数的计算，应按球壳围壁、厚板组合加强计算的步骤求解。其计算部位为厚、薄板交接处中面，即图 8.20 点 A 处，根据实际球壳的尺度、材料参数和转换后的几何参数，应用式（8.2.14）或图 8.14 就可计算该处的最大应力集中系数，其计算结果见表 8.3。

8.4.2.2 载人球壳耐压试验应力检测结果比较分析

为验证该载人舱耐压球壳的结构强度、承载能力和密封性及加工制造质量，分别进行了 3 只球壳的外压试验。在最大下潜深度试验压力下，进行了各开口部位和远离开口处的典型部位的应力-应变检测。开口部位的应变片贴片图如图 8.23 所示。

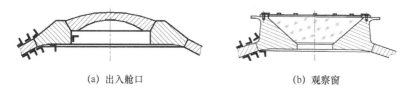

(a) 出入舱口　　　　　　(b) 观察窗

图 8.23 开口部位应变片贴片图

根据各开口区域所测得的内、外表面应变数据进行处理（包括外表面应变数据的压力效应修正）和应力计算，并与典型部位内、外表面应力数据所得出的中面应力（平均应力）进行比较，得出开孔区域实测的最大应力集中系数见表 8.3 最右列。球壳耐压试验应力检测结果和计算比较表明：

（1）从表 8.3 中应力集中系数比较数值看出，理论计算值与有限元计算结果、试验值吻合较好，相差在 8.6%以内。这基本说明将球壳开孔锥台形加强截面等面积变换成等厚度围壁及等厚度环板后，对开口区域中面应力影响不大，可以应用前述的球壳开孔围壁或厚板组合加强的强度计算方法进行等效计算。

（2）球壳典型部位的各点应力试验数据表明：不仅 3 只球壳的中面平均应力与式（4.1.27）得出的理论值十分接近，仅相差 1.5%左右；而且内、外表面应力平均值也与式（4.1.34）计算值较为吻合。而对于由厚壳公式（4.1.24）或式（4.1.32）计算的表面应力，则与试验值有较大的相差。

（3）开孔区内外表面试验应力数据表明：表面弯曲应力已超过 10%，最大值为 13.5%。多只其他大深度模型试验也表明：随着外压力不断增加，壳体增厚，导致弯曲应力更大；这类似 8.1.4.3 节圆柱壳大开孔的强度分析，即弯曲应力不能忽略，应单独进行壳体表面和局部高峰值应力的计算校核。

8.4.2.3 球壳开孔锥台形加强承载能力近似计算及开孔区破坏模式分析

载人球壳耐压试验在开孔区内、外表面应力数据还表明：球壳开孔虽采用刚度较大的锥台型圆环加强，但球壳开孔后沿厚度各层的应力分布不均，特别在开孔加强区及厚、薄板交接处产生较大的弯曲应力；如在外压力继续加载作用下，极有可能发生开孔区域局部向内凹陷的屈曲破坏。多只缩比球壳模型破坏试验表明：由于这种锥台型加强围壁较厚、刚度大，故球壳破坏时总是在加强圆环与球壳厚、薄板连接处开始内凹，最后使球壳压碎，而加强厚围壁仍完好，见图 8.24。

 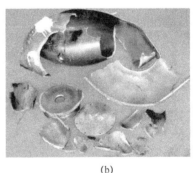

(a)　　　　　　　　　　　(b)

图 8.24　模型试验破坏形式

对于锥台形加强球壳破坏压力的具体计算，根据加强结构的各参数和 8.4.1 节的分析可在等效围壁应力集中系数计算的基础上，按等效围壁加强公式（8.3.14）进行开孔区承载能力计算。

对于出入舱口结构，按围壁、厚板组合加强公式（8.3.16）进行计算，即参照相关参数和基于出入舱开孔应力集中系数的计算结果进行极限压力计算,其结果见表 8.4。从表中看出,极限压力 p_1 都大于设计计算压力 p_j,说明该潜水器载人球壳出入舱口锥台形加强结构承载能力能满足要求。

8.4.3 球壳开孔强度和承载能力的有限元分析

8.4.3.1 球壳开孔强度的有限元分析

球壳开孔锥台型加强已属厚壳结构,开孔区形状复杂,致使应力分布不均、状态复杂。上述开孔区应力集中系数解析计算方法仅涉及中面膜应力,应在此基础上进行加强截面整体应力状态的有限元分析,即进行弯曲应力和内、外表面局部区域高应力的有限元计算校验,以达到对开孔区域强度的全面控制。

对于如此复杂的结构都采用大型通用有限元程序(ANSYS、PATRAN、ABAQUS 等)进行计算,其要点如下。

(1)有限元模型的范围一般取耐压壳体整体结构和孔座加强结构。

(2)分析模型一般采用六面体单元,耐压壳体沿厚度方向应至少保证 3 层网格,球壳最大周向划分至少保证 110 个网格。有限元计算模型及单元划分如图 8.25 所示。

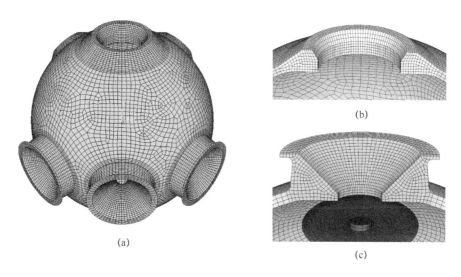

图 8.25 单元划分

(3)耐压壳体施加的载荷取最大工作压力,出入舱口和观察窗加强围壁锥面上的压力可通过力平衡换算得到。

(4)耐压壳体约束条件为 6 个位移分量,边界条件应对称设置等。

依照上述要求和通过计算程序系列计算得出各结构部位的应力云图或等效应力云图，并根据相关标准对球壳典型部位及开孔区表面高应力部位等进行校验。

有限元计算校核既是对解析计算方法的验证，也是弥补其不足。例如，前述圆柱壳大开孔加强结构，有限元计算分析结构参数对复杂局部应力分布的影响，得出了各种补强形式的使用特点和补强结构的优劣，并与解析解、模型试验相互验证。

8.4.3.2 球壳开孔加强极限承载能力有限元分析比较

在 8.4.2 节中，锥台型球壳开孔区域的承载能力计算是用等效围壁进行分析的，有一定的近似性。因而，应同时采用有限元方法对锥台型整体截面形状参数和极限承载能力进行比较分析。

在文献[6]中，为有利于结构优化设计，根据球壳出入舱开孔结构的相关设计参数，包括围壁外锥面角、内锥面角及开孔切面角对极限承载能力影响进行了耦合分析，这对解析理论分析起到了补充的作用。

在文献[7]中，不仅通过有限元系列计算拟合得出整球壳极限载荷公式（见式（4.3.10）），而且在较大的尺度范围内，进行了球壳开孔锥台型加强结构的计算模型系列分析。其研究结果表明：开孔球壳相比于同等厚度、半径的完整球壳，极限强度承载能力有所下降，但通过开孔加强截面的优化可适当提高。并在此分析的基础上，建立了开孔球壳的极限强度拟合公式（拟合参数内直径为 800~1200mm，壳厚为 30~70mm，开孔率约为 0.31），可以近似计算不同内半径、厚度、缺陷幅值及不同加强宽度的极限承载能力。其球壳出入舱开孔加强截面几何尺度如图 8.26 所示。

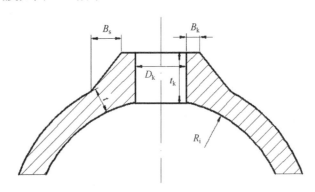

图 8.26 球壳开孔示意图

$$P_2 = \left(2.103 \frac{R_{eH} t}{R_i + t/2} + 13.82 \cdot \theta - 43.819\right) \cdot \left(1 - 24.406 \frac{\Delta}{R_i + t/2}\right) \quad (8.4.1)$$

式中　Δ——初始挠度（mm）；
　　　R_i——球壳内半径（mm）；

$B_s + B_k$ ——加强宽度（mm）；

θ ——开孔加强处宽度位置与球壳连接处的夹角（rad），具体值可以通过内半径、厚度、开孔孔径、开孔宽度以及开孔厚度进行计算，即

$$\theta_1 = \arcsin\left(\frac{B_s + D_k/2 + B_k}{R_i + t}\right) \tag{8.4.2}$$

$$\theta_2 = \arctan\left(\frac{\sqrt{R_i^2 - (D_k/2)^2} + t_k + \sqrt{(R_i + t)^2 - (D_k/2 + B_k + B_s)^2}}{B_s}\right) \tag{8.4.3}$$

$$\theta = \pi + \theta_1 - \theta_2 \tag{8.4.4}$$

分析表明，在 t/R、R_{eH}、Δ 及 a/R 一定条件下，球壳开孔加强截面优化可使 θ 值增大，即可适当提高极限承载压力 p_2 值。

按照 8.4.2 节载人舱球壳出入舱口结构参数，利用式（8.4.1）与解析式（8.3.16）进行极限承载能力的计算和比较分析，其结果列于表 8.4，由于两种计算方法各有近似性、局限性，因此表 8.4 仅为初步可信度验证。

表 8.4 极限压力计算结果对比表

球壳材料	R/t	$K_{t\theta}$	p_1/MPa 式（8.3.16）	p_2/MPa 式（8.4.1）	计算压力/MPa
Ti80	20.31	1.272	76.67	73.25	69
TC4	19.25	1.325	73.64	73.35	69

参考文献

[1] 徐秉汉, 裴俊厚, 朱邦俊. 壳体开孔的理论与实验[M]. 北京:国防工业出版社, 1987.

[2] 徐秉汉, 朱邦俊, 欧阳吕伟, 等. 现代潜艇结构强度的理论与试验[M]. 北京: 国防工业出版社, 2007.

[3] 谢祚水, 王自力, 吴剑国. 潜艇结构分析[M]. 武汉: 华中科技大学出版社, 2003.

[4] 李文跃, 欧阳吕伟, 李艳青, 等. 大深度潜器载人球壳开孔强度的理论计算及试验验证[J]. 船舶力学, 2016, 20(10): 1289-1298.

[5] АЛЕКСАНДРОВ ВЛИ МНОГОЕ ДРУГОЕ. ПРОЕКТИРОВАНИЕ КОНСТРУКЦИЙ ОСНОВНОГО КОРПУСА ПОДВОДНЫХ АППАРАТО[M].ИЗДАТЕЛЬСКИЙ ЦЕНТР МОРСКОГО ТЕХНИЧЕСКОГО УНИВЕРСИТЕТА, САНКТ-ПЕТЕРБУРГ 1994.

[6] 崔维成. 郭威. 王芳, 等. 深潜器技术与应用[M]. 上海: 科学出版社, 2018.

[7] 石佳睿, 唐文勇. 载人深潜器钛合金耐压球壳极限强度可靠性分析[J]. 船海工程, 2014, 43(2): 114-118.

第 9 章 铝合金材料的耐压结构

铝合金材料，如第 2 章所述，由于具有重量轻、耐腐蚀、散热好、成本低及加工方便等优点，越来越广泛应用于潜水器和水下工程耐压结构。

但铝材相对钢材又有一些不足和缺陷，不仅密度低、弹性模量低（约为钢的 1/3）、塑性低（延伸率小于 12.5%）、屈强比高（一般都大于 0.9）、力学性能分散度大等缺陷，而且材料在超过非比例极限后不完全处于均匀各向同性状态、抗弯曲和剪切性能差、对内部缺陷和外部随机冲击敏感度高等。这使得铝制结构，特别是高强度铝合金耐压结构在弹塑性阶段失稳破坏压力与钢制结构失稳破坏相差较大。因而，如果仍采用现行的由潜艇结构钢制规范移植过来的潜水器规范标准来设计会带来十分危险的后果。以往许多产品模型试验的经验教训表明，当试验压力仅加到接近最大工作压力下就会发生结构失稳或屈曲，根本达不到 1.5 倍的安全裕度，因而也无法验证耐压结构的安全可靠性。

当然，如果实际产品像陆上固定式压力容器那样没有容重比的要求，也完全可以按压力容器规范设计。对于铝制压力容器（包括外压容器）已有相关行业标准，即《铝制焊接容器》（JB/T 4734—2002），它是由钢制压力容器的国家标准（GB150.1～150.4—2011）移植过来的。该标准具有一定的通用性，可适用于陆上各种铝制固定式外压容器的设计。但对于水下工程和潜水器的外压容器和耐压结构，若按该标准进行设计，则圆柱壳安全系数增大 1.7 倍多、球壳安全系数增大 3.33 倍以上，这势必使结构自重增加，难以满足潜水器耐压结构轻容重比的要求；况且压力容器规范强度计算方法是以美国 ASME 体系为基础，不同于现有潜水器计算方法体系，无法与潜水器结构规范计算方法相匹配。因而，应建立适用于潜水器采用铝合金材料的结构强度计算方法。

由于问题的复杂性，目前无法从理论方法上解决，本章只能通过现行的压力容器规范和标准对比分析及产品（模型）试验验证的方法进行探讨，以利于潜水器产品的可靠和合理设计。

9.1 钢制和铝制规范中的外压容器计算方法比较

9.1.1 两规范内力计算曲线图的比较

压力容器规范的外压计算方法对比表明：不论钢制和铝制外压容器，其强度和稳定性设计计算方法和计算参数都是完全一样的。对于稳定性计算，都是以米西斯理论方程，即式（6.2.6）为基础简化导出中、长圆柱壳壳体外压失稳公式：

$$p_{cr} = \frac{Et}{R_o(n^2-1)\left[1+\left(\frac{nl}{\pi R_o}\right)^2\right]^2} + 0.73E\left(\frac{t}{2R_o}\right)^3\left[\frac{2n^2-1-\mu}{1+\left(\frac{nl}{\pi R_o}\right)^2}+(n^2-1)\right] \quad (9.1.1)$$

式中　t——圆柱壳计算厚度；
　　　R_o——圆柱壳外半径；
　　　l——圆柱壳的长度。

在压力容器规范中，外压容器的设计计算是将理论计算公式进行变换，并绘成临界应变曲线图来实现的。即将式（9.1.1）用简式（9.1.2）表示：

$$p_{cr} = K_m E\left(\frac{t}{D_o}\right)^3 \quad (9.1.2)$$

式中　K_m——与圆柱壳发生屈曲时形成的波形数目 n 及 l/D_o 有关的系数；
　　　D_o——圆柱壳外直径。

若将临界压力用临界应力来表示，可得

$$\sigma_{cr} = \frac{p_{cr}D_o}{2t} = \frac{K_m}{2}E\left(\frac{t}{D_o}\right)^2 \quad (9.1.3)$$

等式两边除以 E，则得

$$\frac{\sigma_{cr}}{E} = \frac{K_m}{2}\left(\frac{t}{D_o}\right)^2 \quad (9.1.4)$$

式中：$\frac{\sigma_{cr}}{E}$ 为应变 ε。

从式（9.1.4）可看出，任何承受外压的圆柱壳，其临界压力都与圆柱壳的几何参数和力学性能（应力-应变关系）有关。利用式（9.1.4）中两个参数 ε 及 D_o/t 做图，即以参数 l/D_o 和 D_o/t 绘制临界压力 p_{cr} 下应变 ε 的曲线图，图 9.1 中横坐标 A 即 ε。

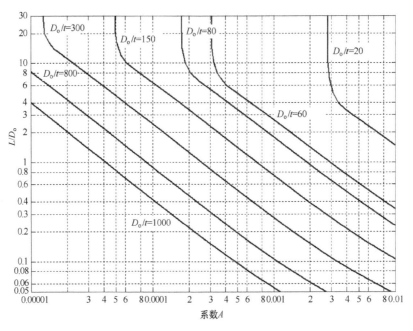

图 9.1 临界压力下的应变 A 曲线族（图中 δ 即 t）

在图 9.1 中，D_o/t 各曲线垂直于横坐标的直线段即第 6 章长圆柱壳理论公式：

$$p_\mathrm{cr}=2.19E\left(\frac{D_\mathrm{o}}{t}\right)^{-3} \tag{9.1.5}$$

根据式（9.1.4），应变 $\dfrac{\sigma_\mathrm{cr}}{E}$ 用 A 表示，则

$$A=\frac{\sigma_\mathrm{cr}}{E} \tag{9.1.6}$$

$$\sigma_\mathrm{cr}=\frac{p_\mathrm{cr}}{2\left(\dfrac{D_\mathrm{o}}{t}\right)^{-1}} \tag{9.1.7}$$

将式（9.1.5）和式（9.1.7）代入式（9.1.6），可得

$$A=\frac{\sigma_\mathrm{cr}}{E}=\frac{\dfrac{p_\mathrm{cr}}{2\left(\dfrac{D_\mathrm{o}}{t}\right)^{-1}}}{2.19\left(\dfrac{D_\mathrm{o}}{t}\right)^{-3}}=1.1\left(\frac{D_\mathrm{o}}{t}\right)^{-2} \tag{9.1.8}$$

图 9.1 中所有垂直于横坐标的 D_o/t 线段是按上式（9.1.8）绘出的。式（9.1.8）只适用于长度大于极限长度 L_c 的圆柱壳。在图 9.1 中，各曲线转折点以下的斜线即中短壳体，它是由美国海军水槽试验公式计算所得：

$$\frac{p_{cr}}{E} = \frac{2.60 \left(\dfrac{D_o}{t}\right)^{-2.5}}{\dfrac{l}{D_o} - 0.45 \left(\dfrac{D_o}{t}\right)^{-0.5}} \qquad (9.1.9)$$

将式（9.1.7）、式（9.1.9）代入式（9.1.6），得

$$A = \frac{\sigma_{cr}}{E} = \frac{2\left(\dfrac{D_o}{t}\right)^{-1} \dfrac{p_{cr}}{P_{cr}\left[\dfrac{l}{D_o} - 0.45\left(\dfrac{D_o}{t}\right)^{-0.5}\right]}}{2.60 \left(\dfrac{D_o}{t}\right)^{-2.5}} = \frac{1.30 \left(\dfrac{D_o}{t}\right)^{-1.5}}{\dfrac{l}{D_o} - 0.45 \left(\dfrac{D_o}{t}\right)^{-0.5}} \qquad (9.1.10)$$

式（9.1.10）是圆柱壳长度小于 L_c 时临界应变 A 值的计算公式。由式（9.1.8）和式（9.1.10）看出，临界应变 A 值的计算只与壳体的几何尺度有关，与材料无关，即不论是钢制或铝制只要圆柱壳三个尺度参数 l（长度）、D_o（外径）、t（厚度）在设计中被确定，就可从该应变图中采用插值的方法确定应变值 ε，即 A 值。

9.1.2 针对不同材料非线性修正的外压力计算曲线图

为求出各种尺度参数圆柱壳的失稳压力，还必须建立与应变 A 图相对应并考虑材料非线性修正的外压力计算曲线图，简称 B 图。由式（9.1.3）等式两边乘以 2，可得

$$p_{cr} \frac{D_o}{t} = K_m E \left(\frac{t}{D_o}\right)^2 \qquad (9.1.11)$$

当采用许用外压力，即 $[p] = \dfrac{p_{cr}}{K}$，其中 K 为稳定性安全系数，两规范都取 $K = 3$ 代入式（9.1.11），得

$$[p]\frac{D_o}{t} = \frac{K_m}{3} E \left(\frac{t}{D_o}\right)^2 = \frac{K_m}{2} \frac{E}{1.5} \left(\frac{t}{D_o}\right)^2 \qquad (9.1.12)$$

从式（9.1.4）得知 $\dfrac{\sigma_{cr}}{E} = \dfrac{K_m}{2}\left(\dfrac{t}{D_o}\right)^2$，代入式（9.1.12），又可改写为

$$[p]\dfrac{D_o}{t} = \dfrac{E}{1.5}\dfrac{\sigma_{cr}}{E} = \dfrac{\sigma_{cr}}{1.5} = B \tag{9.1.13}$$

系数 B 即应力值。以 "A" 为横坐标，以 "B" 为纵坐标并配以材料在各种温度下的应力-应变拉伸曲线，可绘制出图 9.2 所示的外压力计算曲线图（也称应力系数 B 曲线）。

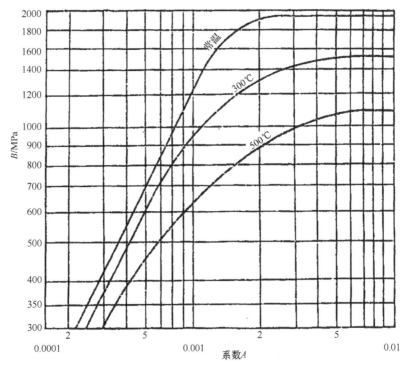

图9.2 许用外压力计算曲线图

在材料拉伸曲线中，当材料进入非弹性失稳范围后 E 值为变量，应该用正切弹性模量来代替，也就是必须用相应的材料性能曲线对 A 与 B 的关系进行修正后再求出 $[p]$ 值。压力容器规范中规定：在材料的比例极限以上失稳应力计算均用正切弹性模量来代替弹性模量。其作图步骤如下。

（1）根据实测拉伸曲线用材料相应温度下的 R_{eH} 保证值做修正，平行下移得到图 9.3 所示的曲线 R，即进行归一化处理。

（2）对比例极限以上各点 a、b、c、d 等做出各点的切线，求出这些切线的斜率。

（3）以纵坐标上数值相同的位置，将 a、b、c、d 各点的切线以相同的斜率平移到原点 O，得相应的 a'、b'、c'、d'。这些点即在相同应力值条件下以正切模量为依据的计算点。

（4）连接 a'、b'、c' 和 d'，并连接比例极限 p 点，得 OR' 曲线。这就是以正切模量为计算依据的拉伸线。

（5）将 OR' 曲线各点绘到以 A、B 值为坐标的双对数计算纸上，如取稳定安全系数 $K=1.0$，则得到类似图 9.3 的正切弹性模量曲线。

从正切弹性模量作图步骤看出，它是直接采用材料拉伸曲线进行保证值归一化处理后得出的 E_t 曲线，用于材料弹塑性阶段的物理非线性修正。联合应用图 9.1 曲线和图 9.2 曲线，就可以进行各种尺度圆柱壳屈曲压力的计算和外压容器设计。

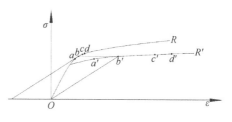

图 9.3　正切弹性模量曲线 R' 示意图

9.1.3　铝制和钢制规范压力计算值的比较分析

在铝制和钢制压力容器规范中，包括结构参数和安全系数在内的实际临界压力值的理论计算方法是完全相同的，只有材料不同，这可用最大许用工作压力 $[p]$ 与各参数的关系式来表达，即

$$[p] = f(E, K, E_t, R_{eH}, l, D, t, C_g) \quad (9.1.14)$$

式中　E、R_{eH}——材料参数；

　　　K——安全系数；

　　　l、D、t——结构参数；

　　　C_g、E_t——非线性修正参数。

在许用工作压力计算中的结构参数 l、D、t，安全系数 K，几何非线性修正系数 C_g 与 $[p]$ 的关系，两本规范都是完全一致的。只有材料参数 E、R_{eH} 及其非线性修正 E_t 不同，并体现在材料的外压力计算 B 图中，这也是铝制和钢制规范压力计算值比较的要点和差别所在。以下采用具体型材进行比较。

潜水器结构常用的铝合金 6061-T6 型材料是铝制焊接压力容器广泛应用的一种较高屈服强度的材料。在铝制焊接容器规范中，标明非比例延伸强度 $R_{p0.2}$ 或名义屈服强度 R_{eH} 标准值为 240MPa，抗拉强度 R_m 为 265MPa。

为便于比较，选择与铝合金 6061-T6 屈服强度十分接近的钢材 Q235 进行比较分析。在钢制压力容器规范中，标明 Q235 的名义屈服强度 R_{eH} 标准值为 235MPa，这样就消除了式（9.1.14）中材料屈服强度的差别，仅剩材料弹性模量

E 及其非线性修正 E_t 的差别。

对比两规范许用外压力（应力）的 B 曲线图，即由图 9.4 和图 9.5 可以看出：对于同一坐标 $A(\varepsilon)$ 所得出的纵坐标 B 值是不同的。由于潜水器使用环境温度为深海常温，因而可采用图中顶部曲线进行 B 值的比较；同时，由铝制外压容器模型破坏试验可知，当材料应力达到或稍大于屈服强度 R_{eH} 时，容器很快就接近破坏值，即大多数为弹塑性失稳破坏。因而以壳体受压材料达到弹塑性阶段所对应的 A 值作为比较点更符合实际结构破坏前的应力状态。

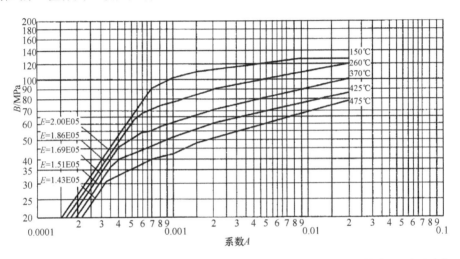

图 9.4　圆柱壳与球壳外压应力系数 B 曲线（用于 207MPa＜R_{eH}＜265MPa 的碳钢和低合金钢）

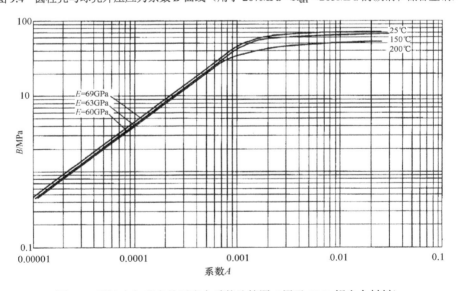

图 9.5　圆柱壳与球壳外压应力系数计算图（用于 6061 铝合金材料）

这样就可以材料屈服极限为比较点进行具体的 B 值数值比较，由两规范所得出的 Q235 和 6061-T6 材料外压应力系数 B 曲线图（图 9.4 和图 9.5）可以看出：两种材料的屈服强度十分接近，且它们所对应的应变值 ε（A 值）都为 0.002，但以此处作为横坐标所得出的许用应力 B 值相差较大，铝制规范比钢制小 55%。即在图 9.5 中，6061-T6 材料在 A 取 0.002 时的 B 值为 62；在图 9.4 中，Q235 材料在 A 为 0.002 时的 B 值为 137，两者相差约 2.20 倍。

对于同一结构参数，由公式 $[P] = \dfrac{B}{D_\text{o}/t}$ 可以得出许用外压力 $[P]$ 值也相差 2.20 倍。通过进一步的弹塑性应变区间的比较，即 $A(\varepsilon)$ 为 0.001~0.01，两者的 B 值和许用外压力 $[P]$ 值也都相差 2.22~2.28 倍。

通过两规范的 B 曲线计算图比较表明：对于相同圆柱壳或球壳结构参数，在同一外压力下的应变值 A 完全相同，但两者的许用外压力值却相差很大。因此，进一步认为，铝制和钢制外压容器虽然是在相同的安全系数、尺度参数、非线性修正方法及相近的名义屈服强度条件下进行最大许用工作压力比较的，但由于铝材弹性模量 E 值偏小（仅为钢材的 35%）、非线性修正系数 E_t 和铝材材质缺陷的影响，导致铝制结构在整个弹塑性范围内实际许用压力值下降了 2.2 倍。该下降系数体现了铝材性能因素对壳体承载能力影响的综合结果。

9.2 压力容器与潜水器规范稳定性计算方法对比分析

9.2.1 圆柱壳失稳理论临界压力计算公式比较

要获得适用于铝合金材料的潜水器强度设计计算方法，首先应对压力容器规范中的外压容器强度计算理论方法与潜水器规范方法进行比对分析。

在所有的压力容器规范中，外压计算理论方法都是采用美国海军水槽计算公式，即公式（9.1.9）。为便于和现行潜水器规范中圆柱壳失稳理论临界压力计算公式的比较，对式（9.1.9）进行进一步变换为结构参数 u 的表达式，即

$$p_\text{cr} = E\left(\dfrac{t}{R}\right)^2 \left(\dfrac{0.46}{0.779u - 0.318}\right) \quad (9.2.1)$$

式中　t——圆柱壳的计算厚度；

　　　R——圆柱壳半径；

　　　u——圆柱壳结构参数，$u = \dfrac{0.643l}{\sqrt{Rt}}$，$l$ 为圆柱壳的长度。

式（9.2.1）也是 Mises 基本公式的简化公式，与潜水器采用的式（6.2.7）在临界压力系数上有差别。现通过具体数值计算比较两种简化公式在相同无量纲结构参数条件下的计算精度，见表 9.1。

表 9.1 两种简化公式在各种结构参数 u 下的计算精度比较

圆柱壳结构几何参数			$\dfrac{0.46}{0.779u-0.318}$	$\dfrac{0.6}{u-0.37}$	计算值偏差/%
$\dfrac{l}{R}$	$\dfrac{R}{t}$	u			
1.412	50	12.82	0.04758	0.04819	1.26
1.0	100	6.42	0.09822	0.09917	0.96
0.467	100	3.0	0.2278	0.228	0.02
0.312	100	2.0	0.371	0.368	0.8
0.156	100	1.0	0.998	0.952	4.83
0.125	100	0.8	1.507	1.395	8.02

在表 9.1 中，当圆柱壳的结构参数 u 大于 1.0 后两式计算值偏差均在工程结构计算允许误差 5%以内，表明两种临界压力系数公式在中、长壳体的稳定性计算中是等效的。

9.2.2 正圆形圆柱壳实际临界压力计算比较

在两种理论临界压力计算方法比较的基础上，可以进行同一材料（高强度钢 $R_\mathrm{eH}=800\mathrm{MPa}$）在物理非线性修正情况下的实际临界压力的计算比较。

对于高强度钢的物理非线性修正，潜水器规范方法可采用第 2 章 C_S 拟合曲线公式：

$$C_\mathrm{S}=\dfrac{1}{\sqrt[4]{1+\left(\dfrac{\sigma_\mathrm{e}}{R_\mathrm{eH}}\right)^4}} \qquad (9.2.2)$$

压力容器规范方法，则根据该高强钢得出的拉伸曲线按 9.1 节正切弹性模量做图方法求出绝对正切模量曲线，并在稳定性安全系数 $K=1.0$ 的条件下画出外压容器压力系数计算图（B 曲线图），如图 9.6 所示。

这样就可以在安全系数 $K=1.0$ 和不考虑几何缺陷修正情况下，进行不同尺度参数圆柱壳实际失稳压力的计算比较，见表 9.2。

在表 9.2 中，当 $u>1.0$ 后，两种方法在同一结构参数 u 值下所计算的临界压力相差都在 6.5%以内。这说明对于中、长圆柱壳失稳临界压力的计算，虽然两种方法各自采用不同的 Mises 简化公式、不同的物理非线性修正方法，但两者的计算结果差值都在工程计算允许误差范围内。同时，由于两种规范壳体加工初挠度的允许标准都为 $0.2t$，并且几何非线性修正都有确定性的规定：潜水器规范取

$C_g = 0.85$，压力容器规范几何非线性修正体现在安全系数中。

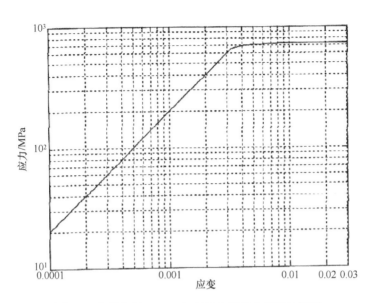

图 9.6　高强度钢（$K=1.0$）外压容器压力系数计算图

表 9.2　不同尺度参数圆柱壳实际临界压力计算结果比较

圆柱壳壳体尺寸			GB150 压力容器		潜水器规范					$100\dfrac{p'_{cr}-p''_{cr}}{p''_{cr}}$
$\dfrac{l}{R}$	u	ε	σ_{cr}	p'_{cr}	p_E	σ_e	$\dfrac{\sigma_e}{R_{eH}}$	C_S	p''_{cr}	
2.824	12.82	0.0008	190	3.8	3.82	191	0.239	1.0	3.82	−0.5
1.0	6.42	0.001	200	2.0	1.983	198	0.253	1.0	1.98	1.0
0.5	3.21	0.0021	420	4.2	4.23	423	0.54	0.98	4.145	2.0
0.467	3.00	0.0023	460	4.5	4.56	456	0.582	0.973	4.48	0.4
0.40	2.57	0.0026	520	5.2	5.45	545	0.695	0.949	5.172	0.5
0.312	2.00	0.0037	670	6.8	7.362	736	0.94	0.866	6.38	6.5
0.265	1.70	0.0047	691	6.9	9.02	902	1.15	0.777	7.0	−1.5
0.20	1.284	0.0065	710	7.1	13.13	1313	1.675	0.58	7.60	−6.5
0.156	1.0	0.01	730	7.15	19.05	1905	2.43	0.408	7.78	−8.0
0.125	0.8	0.014	732	7.16	27.91	2791	3.56	0.28	7.82	−8.4

因此，9.1 节两压力容器规范的比较结果可以直接应用于潜水器实际结构的设计计算，即在潜水器铝制材料的圆柱壳稳定性计算中，采用相同的物理和几何非线性修正就可建立与钢制计算体系相配套的实际失稳临界压力计算方法。

9.3 潜水器耐压结构采用铝合金材料的设计计算方法

9.3.1 铝材结构稳定性计算非线性修正系数的确定

根据第 2 章对铝材、表 2.3 数据及文献[1]的分析，可建立 6061-T6 铝合金相对切线模量的物理非线性修正曲线 C_S，见图 9.7。

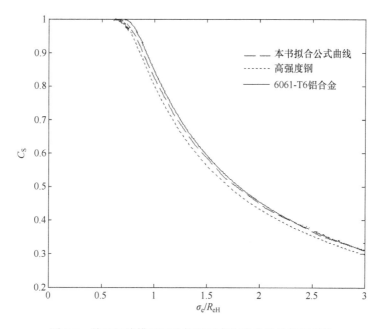

图 9.7 基于切线模量理论的耐压壳物理非线性修正系数

图 9.7 中的 6061-T6 铝合金修正曲线与高强度钢的 C_S 修正曲线十分接近，这表明没有明显的屈服平台、采用名义屈服极限 $R_{p0.2}$ 的材料，其 C_S 修正曲线是基本相近的，因此可以用一根平均或近似拟合曲线来描述，即和高强度钢一样采用同一拟合公式 $1/\sqrt[4]{1+(\sigma_e/R_{eH})^4}$ 来修正；拟合公式数值计算结果与图 9.7 中曲线比较也十分接近，其误差在 4% 以内（表 2.3）。

对于 C_g 的取值，由于铝制结构 t/R 都比较大，同时加工工艺水平较好，因此加工误差一般不会超过初挠度允许值。同时，参照钢制和铝制压力容器规范的安全系数和加工初始缺陷许用标准（见 5.4.4 节），潜水器铝制耐压结构设计时 C_g 取值可与铜制规范一致，即 $C_g = 0.85$。这也与切线模量拟合公式 C_S 相匹配。

9.3.2 潜水器铝合金耐压结构的稳定性计算方法

铝质和钢质材料都是连续、各向同性的均匀介质材料，符合由微分单元建立的各种线弹性基本方程的基本假定要求，并且都适用于由基本方程简化的强度和稳定性计算公式，这从两压力容器规范中相同的理论公式可得到证明。因此，基于 9.1 节的比较分析和考虑铝材结构实际许用压力值的下降系数后，就可建立与钢制稳定性计算方法相一致的铝制圆柱壳设计计算方法。

9.3.2.1 单跨圆柱壳和肋间壳板屈曲计算公式

根据以上分析，在结构系数 $u > 1.0$ 的条件下，铝制圆柱壳屈曲压力计算公式就可参照式（6.2.12）进行稳定性下降系数修正，得

$$p_{cr} = \frac{1}{K_a} C_g C_S p_E \quad (9.3.1)$$

式中：K_a 为铝制结构稳定性下降系数；C_S 和 C_g 取值与钢材一致，对理论临界压力 p_E 的计算也按圆柱壳长度 l 的不同分别计算中、长壳，即

当 $l \geqslant l_c = 3.309 R\sqrt{R/t}$ 时

$$p_E = 0.274 E \left(\frac{t}{R}\right)^3 \quad (9.3.2)$$

当 $l < l_c$ 时

$$p_E = E \left(\frac{t}{R}\right)^2 \left(\frac{0.6}{u - 0.37}\right) \quad (9.3.3)$$

式中：E 为铝材的弹性模量。

对于 K_a 系数的确定是基于前述压力容器规范中钢制和铝制壳体许用外压力的比对分析结果，即依据图 9.4 和图 9.5 中在整个弹塑性应变范围内（$A(\varepsilon)$ 为 0.002～0.01）的许用外压力相差均值，取 $K_a = 2.25$。

在 K_a 值比较中，钢制规范采用的 Q235 钢的外压曲线图不仅适用于碳钢，也适用于低合金钢。而 6061（T）铝材既是铝制压力容器和潜水器结构规范中常用的型材，又是实际潜水器和水下工程产品中应用范围最普遍的高强度铝合金，而且适用于圆柱壳和球壳结构。因而该系数应用于 6061（T）铝材的各种结构设计计算具有较广泛的适用价值。

9.3.2.2 总体稳定性的计算校验

由于铝制舱段结构一般都较为简单，总体稳定性理论临界压力计算也采用其简化形式，应用公式（6.1.8）可得

$$p'_E = \frac{3EI}{R^3 l} \chi \quad (9.3.4)$$

式中

$$\chi = \frac{1}{3(n^2-1+0.5\alpha^2)}\left[\frac{10^4\alpha^4\beta_e}{(n^2+\alpha^2)^2}+(n^2-1)^2\right]$$

其中

$$\alpha = \frac{\pi R}{L}$$

$$\beta_e = \frac{lt\left(\dfrac{R}{100}\right)^2}{I}$$

系数 χ 为 α、β_e 和 n 的函数，可以查图 6.2 得到。计算 p'_E 后，即可进行实际总体稳定性临界压力计算：

$$p'_{cr} = C_g C_S p'_E \tag{9.3.5}$$

式中　　$C_g = 0.9$；

$C_S = 1/\sqrt[4]{1+(\sigma_e/R_{eH})^4}$；

其中

$$\sigma_e = \frac{p'_E R}{t+\dfrac{F}{l}}$$

由式（9.3.4）看出，舱段结构总体稳定性计算主要是体现环肋肋骨的承载和支撑作用。在一般环肋圆柱壳的设计中，肋骨支持壳板达到临界刚度的截面积约为肋间壳板面积的 1/3 左右。为实现铝制与钢制壳体采用同一简化公式计算总体稳定性和强度的匹配，应对铝制肋骨及壳板因材质性能差异而引起的总体稳定性下降进行弥补。据此，按照结构安全性"外载储备"方法适当增加舱段结构的附加安全系数，参考铝制稳定性下降系数 K_a 的数值和肋骨与壳板截面积的比值，建议总体稳定性校验的控制条件为

$$p'_{cr} \geqslant 2.5 p_j \tag{9.3.6}$$

这样铝制的潜水器稳定性计算方法就与已有的钢制潜水器计算规范完全相配套，不仅采用相同的理论计算公式，而且稳定性计算中采用的 C_g、C_S 修正系数也相同。

9.3.3　壳体强度计算许用应力的匹配分析

铝制壳体强度计算许用应力也和钢制一样，都是通过确定性的"许用应力法"获得；但由于 6061（T）铝材和 Q235 钢材材料安全系数不同，两者的许用应力相差也很大。依据两规范所标明的 Q235 和 6061（T）材料机械性能标称值进行

铝材和钢材许用应力的比较，其结果见表 9.3。

表 9.3 铝制和钢制压力容器规范中的材料许用应力值比较　　单位：MPa

类别	铝合金 6061（T）		钢 Q235	
	屈服强度	抗拉强度	屈服强度	抗拉强度
材料机械性能	240	265	235	400
材料安全系数	1.5	4.0	1.5	2.7
材料许用应力	160	66.25	156.7	148.15
实际许用应力（取最小值）	66		148	

由表 9.3 看出，由于铝制压力容器规范中考虑了铝材缺陷的影响，增大了抗拉强度的安全系数，取 $\eta_b = 4.0$（钢材的 $\eta_b = 2.7$），致使钢材和铝材两者的许用应力值相差 2.24 倍。这个相差值不仅适用于内压容器的设计计算，也体现了与铝制外压结构安全系数的匹配。因此，在式（9.3.1）中铝制相对于钢制的稳定性下降系数 $K_a = 2.25$，不论对外压容器的稳定性计算还是对强度的计算校验都是适用的。

9.4　铝制圆柱壳结构的设计计算和模型试验验证

9.4.1　铝制结构的设计计算

根据 9.3 节建立的铝制耐压结构稳定性和强度计算公式就可进行实际潜水器和水下工程产品中采用高强度铝合金材料（$R_{eH} \geqslant 200\text{MPa}$）的圆柱壳结构设计计算。

（1）最小厚度 t_0 的估算。

$$t_0 = \frac{K_2^0 p_j R}{[\sigma]} \tag{9.4.1}$$

式中：$[\sigma]$ 为许用应力，可由钢制许用应力除以铝制结构稳定性下降系数获得，近似取 $[\sigma] = 0.4 R_{eH}$。

圆柱壳实际厚度为

$$t = t_0 + t_1$$

式中　t_1——附加厚度（包括腐蚀等）；

　　　t——计算厚度。

（2）稳定性计算与校验。

$$p_{cr} = 0.45 C_g C_S p_E \tag{9.4.2}$$

式中各参数定义参照式（9.3.1）。

校验准则：

$$p_{cr} \geqslant 1.0 p_j \tag{9.4.3}$$

（3）强度计算与校验。

① 跨中中面周向应力

$$\sigma_2^0 = K_2^0 \frac{pR}{t} \leqslant 0.40 R_{eH} \tag{9.4.4}$$

② 跨端或边界处内表面纵向应力

$$\sigma_1 = K_1 \frac{pR}{t} \leqslant 0.50 R_{eH} \tag{9.4.5}$$

③ 肋骨平均应力

$$\sigma_f = K_f \frac{pR}{t} \leqslant 0.30 R_{eH} \tag{9.4.6}$$

9.4.2 计算方法的模型试验验证和应用说明

为验证铝合金材料圆柱壳受外压承载能力计算公式及下降系数 K_a 的可靠性和合理性，分别进行了 3 只单跨铝制圆柱壳模型的外压破坏试验验证，模型失稳破坏状态如图 9.8 所示，模型的结构参数见表 9.4。

图 9.8　铝制圆柱壳结构模型失稳破坏状态图

按式（9.4.2）和压力容器规范方法的屈曲压力计算结果与模型试验破坏压力比较见表 9.4。

表 9.4　铝合金圆柱壳模型试验结果比较

圆柱壳		名称			
		模型Ⅰ	模型Ⅱ	模型Ⅲ	模型Ⅳ
结构参数	t/R	0.072	0.0625	0.048	0.267
	u	8.196	9.429	4.03	3.586
材料性能	R_{eH}/MPa	245	245	245	400
	E/MPa	68900	68900	68900	70000
按式（9.3.1）计算的屈曲压力 p_{cr}/MPa		6.28	5.37	4.34	40.6
模型试验破坏值 p_{ex}/MPa		6.21	6.05	4.5	>36.25①
模型的最大许用工作压力（K=1.5）/MPa		4.19	3.58	2.89	27.1
压力容器规范公式（式9.1.13）计算 $[p]$/MPa		2.30	2.125	1.714	—
（$p_{cr}/1.5[P]$）/MPa		1.82	1.69	1.69	—

注：① 外压 36.25MPa 未发生破坏。

从表 9.4 看出，式（9.4.3）的计算结果与三只 6061（T）铝材模型试验破坏压力相比，最大偏差不超过 11%，由于模型材料的 R_{eH} 一般都大于标准值，故计算预报值也是偏安全的。试验结果比较证明了本章所探讨的铝制单跨圆柱壳结构的设计计算方法及 K_a 值的应用是基本可行的，同时从表 9.4 中数据可得出以下结果。

（1）该设计计算方法与铝制压力容器规范相比，可以使铝制圆柱壳结构的设计工作深度提高 1.69～1.82 倍。这个比值也可以通过两种方法所取安全系数的具体分析得出：压力容器规范取圆柱壳稳定性安全系数 $m=3.0$，它包括了加工缺陷对承载能力的影响；潜水器规范方法中载荷安全系数取 $K=1.5$，初始缺陷非线性修正系数 $C_g=0.85$，两者相差为 $3.0\times 0.85/1.5=1.70$。因此，在铝制圆柱壳结构初步设计中采用上述的潜水器设计计算方法会比压力容器规范方法更为合理，结构自重大为减轻。

（2）通过铝制焊接容器规范和钢制压力容器规范比较得出的铝制结构局部稳定性下降系数 K_a 是以 6061-T6 材料为例得出的。对于潜水器和水下工程耐压结构采用更高屈服强度的材料，如 7050（R_{eH}=340MPa）、7055（$R_{eH}=400$MPa）等高强度材料是否适用？尚需进一步探讨。由于铝制焊接规范中尚无相应的 B 曲线图与钢制压力容器规范中 R_{eH} 相近的材料进行比较分析，只能通过试验验证说明，现通过某 7055 材料模型耐压试验结果初步验证（见表 9.4 模型Ⅳ），K_a 值的应用也基本适用于大深度耐压结构采用更高强度铝材的屈曲计算。

（3）模型Ⅱ进行了应力测试，在失稳破坏前测得跨中中面周向平均应力约为 $0.391R_{eH}$，接近 $0.40R_{eH}$ 的许用值。

另外，从钢制和铝制压力容器规范的比较范围表明：该计算方法不仅适用于各种尺度的圆柱壳和采用环肋加筋的长圆柱壳，而且还适用于球壳。但由于缺乏铝制环肋圆柱壳和球壳的模型试验数据验证，因此在长圆柱壳、球壳设计计算和制订相关标准中，K_a值的应用仅供参考。

9.4.3 铝合金长圆柱壳的环肋加强

为了提高长圆柱壳的稳定性，应采用环肋沿长度方向进行等距加强。因铝材焊接性能差等原因，环肋加强一般都采用便于机加工的矩形、锥台形或T形截面加强，加强圈可设置在容器的内部或外部，应整圈围绕在圆柱壳的圆周上。其加强圈惯性矩的确定有两种方法：一种是计入圆柱壳的附加作用，即加强圈的惯性矩是加强圈本身横截面和相应一段圆柱壳的横截面的组合惯性矩；另一种是经验近似计算，综合钢制结构大量的计算结果可知，加强圈与圆柱壳的组合惯性矩比加强圈单独惯性矩大30%~70%：

$$I_{组合} = (1.3 \sim 1.7) I_{单独} \tag{9.4.7}$$

显然后者方法精确度较差，不适用潜水器的结构的合理设计。在此选用前者的方法，按圆柱壳稳定性计算方法和柱壳结构参数进行加强圈组合惯性矩计算公式的推导。

设定圆柱壳结构参数为R_o、t、l_s和加强圈的尺寸，其中R_o为圆柱壳的外半径，长度l_s定义为加强圈中心线到相邻两侧加强圈中心线距离之和的一半，若与凸形封头相邻，在长度中还应计入封头深度的1/3。

确定圆柱壳加强圈组合惯性矩I的计算，可由孤立肋骨环临界压力公式推导得出，即将圆柱壳结构参数代入式（6.1.9），得

$$p_{cr} = \frac{EI(n^2-1)}{R_o^3 l_s} = \frac{3EI}{R_o^3 l_s} \tag{9.4.8}$$

式中：p_{cr}为圆柱壳的临界压力。

由式（9.4.8）移项得

$$I = \frac{p_{cr} R_o^3 l_s}{3E} \tag{9.4.9}$$

式（9.4.9）中的p_{cr}可用圆柱壳公式$p_{cr} = \frac{\sigma_{cr} t}{R_o} = \frac{E\varepsilon t}{R_o}$

代入，得

$$I = \frac{R_o^2 l_s}{3} t\varepsilon \tag{9.4.10}$$

式（9.4.10）中考虑载荷增量10%，且按铁木辛柯推荐之圆柱壳与加强圈的组合有效圆柱壳壁厚$t_e = (t + A_s / l_s)$代入，则有

$$I = \frac{4R_o^2 l_s}{10.9}(t + A_s / l_s)\varepsilon \tag{9.4.11}$$

式（9.4.11）中的应变ε是图9.1中的横坐标A，为圆柱壳理论临界压力所对

应的应变 ε，改写后即得

$$I = \frac{4R_o^2 l_s}{10.9}(t + A_s/l_s)A \qquad (9.4.12)$$

由式（9.1.6）和式（9.2.1），可得

$$A = \frac{\sigma_{cr}}{E} = \frac{t}{R_o}\left(\frac{0.46}{0.779u - 0.318}\right) \qquad (9.4.13)$$

代入式（9.4.12），即可求出设定圆柱壳所需的 I 值。

根据圆柱壳结构参数和加强圈的尺寸可计算实际的加强圈的横截面积 A_s 和加强圈与圆柱壳的组合段惯性矩 I_s。I_s 可按式（6.1.2）进行计算，也可在加强圈中心线两侧取有效宽度各为 $0.78\sqrt{R_o t}$ 的壳体进行组合段惯性矩的计算（若加强圈中心线两侧壳体有效宽度与相邻加强圈的壳体有效宽度相重叠，则该壳体的有效宽度中相重叠部分每次按一半计算）。

对于铝制壳体，计算得到的加强圈与圆柱壳的组合段惯性矩 I_s 应满足 $I_s > 2.0I$ 的条件（GB150 规范 I_s 范围见式（9.4.7）），使其总体稳定性满足式（9.3.6）的要求，否则须另选一具有较大惯性矩的加强圈。

参考文献

[1] 姜旭胤, 刘涛, 张美荣, 等. 基于材料数据的耐压壳结构极限承载力弹塑性物理修正[J]. 船舶力学, 2013, 17(11): 1278-1291.

第 10 章 潜水器内压容器强度设计计算

潜水器系统中大多为承受深水均匀外压的外压容器，其内部压力为常压；但也有少数的容器因使用要求内部压力不是常压（大于 0.01MPa），有些甚至是充满压缩气体的球形和圆柱形高压容器。例如，用于潜水器近水面吹除压载水箱内部水的高压气罐，其容器内压达 20MPa，介质为压缩空气。这种内压容器在水下由于同时受到海水外压力作用，因而具有较好的安全性；但当潜水器上浮到水面或母船吊放放置时，因没有海水外压力的反作用，而处于和陆上各种压力容器一样的受力状态，如果设计强度不足或密封不好都会造成重大的安全事故。因此，我国 CCS 规范明确规定：根据使用要求，既承受内压又承受外压的耐压壳体，应按承受内、外压力的不同要求分别对耐压结构进行计算和检验，并都需满足相应规定。

潜水器和深海装备内压容器是一种移动式压力容器，在恶劣的使用环境中其结构除承受内压力外，还经常受到一定的附加冲击外载。因而无法完全采用现行的钢制压力容器规范、钛制焊接容器规范和铝制焊接容器规范及相关安全技术监察规程进行设计，它们也都明确把船舶、移动式内压容器列入不适用范围。为此，应在进一步分析压力容器的基本理论方法和对相关压力容器规范进行适用性分析的基础上，改进和完善计算方法的相关内容，以适用潜水器内压容器的强度设计计算；同时，也有利于潜水器和深海装备外压结构极限强度失效模式的分析。

10.1 压力容器的设计准则和失效模式分析

10.1.1 压力容器失效的不同阶段及设计观点

按我国《压力容器安全技术监察规程》对压力容器压力的划分：设计压力在 $10\text{MPa} \leqslant p < 100\text{MPa}$ 范围内，为高压容器；设计压力 $p \geqslant 100\text{MPa}$ 者属于超高压容器。潜水器系统中许多内压容器最大工作压力都大于 10MPa，其范围已属高压容器。

在对高压容器失效观点和准则分析过程中，大量的中厚和厚壁容器破坏试验结果表明：承压容器从开始承受压力到发生爆破，大致经历了 3 个阶段，其变形与试验压力之间的关系曲线如图 10.1 所示。

第 10 章 潜水器内压容器强度设计计算

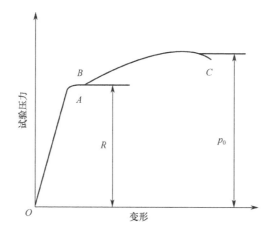

图 10.1 中厚壳压力容器破坏过程中压力与变形关系

图 10.1 中曲线 OA 部分为弹性阶段,即容器的应力和变形随着试验压力的增加而线性增加。

自 A 至 B 这一阶段中,首先由内壁开始屈服,然后随着试验压力的增加屈服区域由内壁逐渐向外壁扩展,直至整个截面全部屈服为止。这时试验压力虽然不再增加,但容器的塑性变形增加很快,此时的压力称为屈服压力,这一阶段称为屈服阶段。对不同材料屈服阶段长短不一,低碳钢制压力容器其屈服阶段比较显著;而对于大量高强度钢、钛合金及铝合金材料由于塑性较差、延伸率下降,其屈服阶段不明显。

图中 BC 部分为强化与爆破阶段。当压力增加到屈服压力后容器发生大量的塑性变形,但不会立即发生爆破,这是由于塑性材料屈服后会发生应变硬化,使容器仍可承受一定的压力,所以在材料屈服后压力还可以继续增加,直至最后发生爆破。这种强化与爆破阶段在中厚球壳的外压试验中也得到体现(图 4.17)。

根据上述 3 个阶段,高压容器的整体强度设计准则按照传统的弹塑性力学分析主要有以下 3 种观点。

(1) 以弹性失效为破坏准则的设计观点。

这种观点认为,器壁上最大点的应力强度达到材料的屈服强度后,容器便失去正常工作能力,亦即失效。这种失效称为弹性失效。

(2) 以塑性失效作为破坏准则的设计观点。

这种观点认为,器壁上应力最大点的材料进入屈服阶段,并不导致整个容器破坏,因为其他部分金属仍然处在弹性状态。这样,已经进入屈服阶段的材料,要进一步发生塑性变形便受到外层仍处在弹性阶段金属的限制。只有当塑性区不断扩展,直至整个截面发生屈服,容器才失去正常工作能力,这种失效称为塑性失效。

(3) 以爆破失效作为破坏准则的设计观点。

这种观点认为,中厚壁容器的器壁较厚而且都是用塑性较好的材料制成的,由于应变硬化材料屈服后进一步变形需要更大的力，而不是立即发生破坏；只有发生爆破，容器才是真正破坏。

对于如图 4.16 所示的外压球壳，即使采用高强度、低塑性材料也会发生极限强度失效和塑性失效，也有可能发生爆破失效（见 4.5.3 节），这从图 4.19 的应变曲线明显看出，外压球壳处于应变硬化后的塑性流动状态，压力不再上升，应变曲线平坦，塑性变形增加很快，临近爆破压坏状态。

一般认为：为充分发挥材料的作用，提高外壁材料的应力水平，只有在壁厚不大，即半径比 K_d<1.20 的薄壳或中厚壳，才采用弹性失效准则。对壁厚较大、半径比 K_d 值较大的厚壁壳体，由于厚壁壳体应力沿壁厚分布的不均匀性，内压壳体的内壁应力大于外壁应力，壁厚越大，应力分布越不均匀，则应采用弹塑性理论，按照塑性失效或爆破失效准则进行设计，这样所求得的壳体应力状态才比较符合实际。

应该指出：不论采用哪一种设计准则，在导出弹性失效应力（或压力）、塑性失效应力（或压力）、爆破压力，并引入和该失效准则相匹配的安全系数之后，总是将壳体内壁的最大应力限于材料的屈服强度之下，不允许在设计压力作用下壳体内壁处于屈服状态；在确定和失效准则相匹配的安全系数时，除计及设计经验和各个因素之外，其中最基本的一点就是保持壳体处于弹性状态。

10.1.2 各失效准则分析及其基本理论公式

10.1.2.1 弹性失效及其计算公式

弹性失效观点认为壳体内壁的金属纤维超过该材料的实际屈服点（即丧失弹性进入塑性）时，就认为该容器已经失效而不能使用。这是最早的也是常用的强度设计准则，主要考虑壳体内壁屈服后可能产生应变硬化、损失塑性、减少塑性储备，易产生微裂纹，并使材料的抗腐蚀性能下降等。

弹性失效准则涉及计算公式有薄壁公式、中径公式及强度理论公式。

(1) 薄壁公式。

$$\frac{p}{[\sigma]} = K_d - 1 \tag{10.1.1}$$

式（10.1.1）使用简便，若已知设计压力和材料许用应力，可以直接求得内压圆筒的壁厚。但该式假定应力沿壁厚均匀分布。当压力增高、壁厚增大时，该假定与实际不相符，必然会引起计算上的误差。例如，当 K_d=1.2 时，用式（10.1.1）算出的应力值比拉梅公式约低 10%。因此，式（10.1.1）只能在 K_d<1.2 的薄壳条件下使用。

(2) 中径公式。

中径公式是以圆柱壳平均直径为基准计算平均应力的，半径比 K_d 越大，内壁的实际薄膜应力与中径公式算得的平均应力的差异就越大。

以内径为基准的中径公式：$\dfrac{p}{[\sigma]} = \dfrac{t}{R_i}$。

以外径为基准的中径公式：$\dfrac{p}{[\sigma]} = \dfrac{t}{R_o}$。

以平均半径为基准的中径公式：$R = \dfrac{R_i + R_o}{2}$，$\dfrac{p}{[\sigma]} = \dfrac{t}{R}$，或写成

$$\dfrac{p}{[\sigma]} = 2\dfrac{K_d - 1}{K_d + 1} \quad (10.1.2)$$

式中 p——设计压力；

$[\sigma]$——壳体材料的许用应力；

t——圆柱壳或球壳的计算壁厚；

R_o——圆柱壳或球壳的外半径；

R_i——圆柱壳或球壳的内半径；

R——圆柱壳或球壳的平均半径；

K_d——圆柱壳或球壳的外、内直径比，$K_d = \dfrac{D_o}{D_i}$。

以上各中径公式较为简单方便，在 $K_d \leqslant 1.2$ 的计算结果和模型实测结果较为一致，因而在压力容器规范中普遍采用。

（3）强度理论公式。

第一强度理论的最大主应力公式，亦称拉梅公式，认为结构受力后，在三维应力状态中最大主应力（拉应力或压应力）是使材料达到危险状态的决定因素。最大正应力达到单向应力状态下所测定的危险应力值时，材料就开始破坏。20 世纪 30 年代拉梅对厚壁圆柱壳进行应力分析得出周向应力为最大主应力，其当量应力为

$$\sigma_e = p \dfrac{K_d^2 + 1}{K_d^2 - 1} \quad (10.1.3)$$

该拉梅公式主要用于 $1.2 \leqslant K_d \leqslant 1.5$ 的厚壁容器设计计算。

第三强度理论亦称最大剪应力理论，认为材料在复杂应力状态下，剪应力达到最大值发生破坏，其圆柱壳的当量应力为

$$\sigma_e = p \dfrac{2K_d^2}{K_d^2 - 1} \quad (10.1.4)$$

我国钢制压力容器分析设计标准就是以此理论为依据的。

从上述弹性失效观点出发还有第二强度理论（最大变形理论）和第四强度理论（剪切变形能理论）公式；由于第二与第一强度理论有相似之处，第四强度理

论公式较为复杂,因而在压力容器规范中应用较少。

10.1.2.2 塑性失效准则的屈服条件和计算公式

塑性失效观点认为,壳体内壁的金属纤维达到屈服并不会导致壳体发生破坏。因为此时壳体的外层金属仍处于弹性状态,它对壳体内壁已经屈服的材料的进一步塑性流动尚有约束作用。只有当压力继续升高,塑性区不断向外扩展至壳体外表面时,壳体整体屈服后才最终发生破坏,此时才达到壳体承载的最大极限。

实践表明塑性失效准则能较准确地反映壳体的实际承载能力,并按特雷斯卡和米西斯屈服条件确定计算公式。在推导设计公式时,做如下简化:①假设壳体材料属于理想塑性材料;②不考虑材料的强化效应。

(1) 特雷斯卡 (H.Tresca) 屈服条件公式。

按屈服条件确定强度计算公式时,首先应了解材料受力到何种程度才开始发生塑性变形。在壳体内一定点出现塑性变形时应力所应满足的条件,称为塑性条件或屈服条件。

特雷斯卡根据铅的挤压试验提出的塑性条件为:当最大剪应力达到一定数值时,材料开始进入塑性状态,即

$$\tau_{\max} = \frac{1}{2} R_{\mathrm{eH}} = \tau_{\mathrm{s}} \tag{10.1.5}$$

式中 $\tau_{\max}$ ——最大剪应力,取 $\frac{1}{2}|\sigma_1 - \sigma_2|$、$\frac{1}{2}|\sigma_2 - \sigma_3|$、$\frac{1}{2}|\sigma_3 - \sigma_1|$ 中最大值(σ_1、σ_2、σ_3 为主应力);

τ_{s} ——材料的剪切屈服极限;

R_{eH} ——单向拉伸材料的屈服极限。

令 p_{s} 表示壳体整体屈服压力,即壳体最大极限内压力。对于特雷斯卡屈服条件,壳体的微小单元平衡为 $\sigma_{\mathrm{t}} - \sigma_{\mathrm{r}} = r \frac{\mathrm{d}\sigma_{\mathrm{r}}}{\mathrm{d}r}$ (积分限 $r=R_{\mathrm{i}}$ 和 $r=R_{\mathrm{o}}$),p_{s} 计算式为

$$p_{\mathrm{s}} = R_{\mathrm{eH}} \ln K_{\mathrm{d}} \tag{10.1.6}$$

考虑壳体工作状态的安全性,取 $n_{\mathrm{s}} = \frac{p_{\mathrm{s}}}{p}$,则可得强度计算公式:

$$p = \frac{R_{\mathrm{eH}}}{n_{\mathrm{s}}} \ln K_{\mathrm{d}} = [\sigma] \ln K_{\mathrm{d}} \tag{10.1.7}$$

(2) 米西斯屈服条件公式。

米西斯屈服条件是以八面体剪应力的表达式来分析的。当材料进行简单拉伸试验时,$\sigma_2 = \sigma_3 = 0$,则八面体剪应力为

$$\tau_{\mathrm{r}} = \frac{\sqrt{2}}{3} \sigma_1 \tag{10.1.8}$$

以当量应力 σ_e 表示材料承载时的三维应力与材料简单拉伸试验时相应的应力，则

$$\sigma_e = \frac{1}{\sqrt{2}} \sqrt{(\sigma_1 - \sigma_2)^2 + (\sigma_2 - \sigma_3)^2 + (\sigma_3 - \sigma_1)^2} \qquad (10.1.9)$$

按米西斯屈服条件，当量应力在材料纯剪状态下，只有 τ_{xy}（相对于任意坐标轴 x、y、z 而言）不等于零；由此可得承载时材料的最大剪应力 $\tau_s = \dfrac{R_{eH}}{\sqrt{3}}$。此时，材料开始进入塑性状态，按照塑性失效准则，得到强度计算式：

$$p_s = \frac{2}{\sqrt{3}} R_{eH} \ln K_d \qquad (10.1.10a)$$

或

$$p = \frac{2}{\sqrt{3}} [\sigma] \ln K_d \qquad (10.1.10b)$$

在二向应力状态下，特雷斯卡条件是由 6 条直线组成的六边形，而米西斯条件是该六边形的外接椭圆，如图 10.2 所示。曾经做过大量的试验来验证这两个强度理论哪个更符合实际，大多数的试验点落在六边形和外接椭圆之间，有些落在椭圆之外，总体来看更符合米西斯条件。两个屈服条件的最大偏差为 15.5%，发生在纯剪切应力状态下，这从图 10.2 中两条曲线的相差也可以看出。

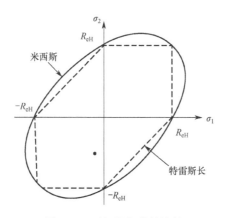

图 10.2 两屈服条件的比较

在大量的有限元数值计算中通常采用米西斯屈服条件，因为椭圆是一个统一的连续函数，适用于任何应力状态。

10.1.2.3 爆破失效准则及其计算公式

由于内压圆柱壳和球壳实际所用材料都不是理想塑性体，材料在达到塑性状态之后都会出现应变硬化现象。按爆破（破裂）失效观点解释壳体失效比较合理，有利于发挥钢材的实际承载能力。近年来，已广泛用此准则进行容器的设计计算。

按照弹性失效准则或塑性失效准则的计算公式，爆破压力可根据材料的抗拉强度和当量应力的关系近似求取，但之前这些计算公式均未考虑材料的应变硬化作用。近年来，对于材料应变硬化时的爆破压力研究得出的成果较多，其中比较重要的有史文森（Svenson）和福佩尔（Faupel）公式。

（1）史文森公式：

$$p_b = \left[\left(\frac{0.25}{n_e + 0.227}\right)\left(\frac{e}{n_e}\right)^{n_e}\right]\ln K_d \cdot R_m \quad (10.1.11)$$

式中　p_b——爆破压力；

R_m——壳体材料的抗拉强度；

e——自然对数底；

n_e——材料的应变硬化指数（对于低碳钢和低合金钢参考图10.3）。

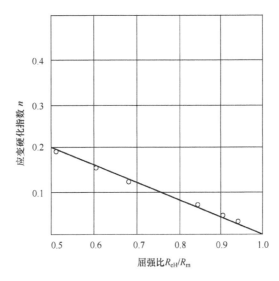

图 10.3　屈强比与应变硬化指数间的关系

式（10.1.11）等号右边中括号内的修正值与应变硬化指数 n_e 的关系，由钢质压力容器 GB-150 规范可得：n_e 分别为 0、0.10、0.20、0.30、0.40、0.50 时，对应的修正值为 1.10、1.06、0.99、0.92、0.86、0.80。

（2）福佩尔公式：

$$p_b = \frac{2}{\sqrt{3}} R_{eH} \cdot \left(2 - \frac{R_{eH}}{R_m}\right)\ln K_d \quad (10.1.12)$$

福佩尔公式实质上是一个经验公式，并无严密的理论依据。

福佩尔进行了 150 个碳钢、低合金钢、不锈钢和铝青铜的模拟容器爆破试验，材料的强度极限 R_m=457~1300MPa，纵向延伸率 δ=12%~83%，试验得出

壳体的爆破压力上限为

$$p_{\text{bmax}} = \frac{2}{\sqrt{3}} R_{\text{m}} \ln K_{\text{d}} \qquad (10.1.13)$$

爆破压力下限为

$$p_{\text{bmin}} = \frac{2}{\sqrt{3}} R_{\text{eH}} \ln K_{\text{d}} \qquad (10.1.14)$$

一般容器爆破压力介于二式之间,并随材料的屈强比 $\dfrac{R_{\text{eH}}}{R_{\text{m}}}$ 呈线性变化。所以

$$p_{\text{b}} = p_{\text{bmin}} + \frac{R_{\text{eH}}}{R_{\text{m}}} (p_{\text{bmax}} - p_{\text{bmin}})$$

即

$$p_{\text{b}} = \frac{2}{\sqrt{3}} R_{\text{eH}} \left(2 - \frac{R_{\text{eH}}}{R_{\text{m}}} \right) \ln K_{\text{d}} \qquad (10.1.15)$$

史文森公式和福佩尔公式考虑了材料应变硬化或屈强比对爆破压力的影响,其计算结果与试验数据比较吻合。

福佩尔公式从材料拉伸试验的抗拉强度 R_{m} 和屈服强度 R_{eH} 来考虑爆破过程中壳体所产生的应变硬化特征,避免了理论公式中复杂的塑性应力-应变关系,故表达式比较简单,便于设计和压力计算,其计算误差一般在15%范围内。

上述塑性和爆破失效压力计算公式也同样适用于球壳,但按应力关系应以 2 倍取之。通过以上 3 种失效准则及循环载荷的安定性分析就可以比较全面地了解压力容器结构强度的整个失效过程,并由框图 10.4 来概括描述。

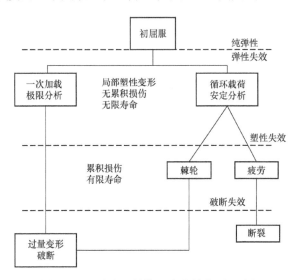

图 10.4 压力容器结构强度失效类别和过程

10.1.3 强度失效模式及应力分类控制

10.1.3.1 强度失效模式类别及判定理论

基于上述失效观点和准则的分析，参照图 10.4 和压力容器分析设计中的结构失效模式分类，强度失效模式类别主要有以下几种。

（1）过量的弹性变形，包括弹性失稳。
（2）过量的塑性变形。
（3）塑性垮塌——无限止的塑性流动（增量垮塌）。
（4）局部高应变下的低周疲劳。
（5）在有密封要求的部件还需考虑刚度失效。
（6）脆性断裂。

上述各种失效模式的判定是以不同的强度理论判据为依据的。所谓"强度理论"是指危险点处于复杂应力状态的构件在破坏时，首先要知道是什么因素（某一因素或某几个因素组合）使材料发生某一类型破坏的，这种认为材料的某一类型破坏是由哪些因素（包括最大正应力、最大剪应力、最大线应变、比能等）所引起的各种假设，称为"强度理论"或"强度失效理论"，它经受了长期生产实践和科学实验的检验。

在强度理论的应用中，应与结构破坏失效模式和危险点应力状态相对应。在三向受拉，特别是在二向拉应力状态下，按最大拉应力强度理论计算的结果与试验的结果相符合，如 10.1.2 节所述钢质压力容器 GB-150 规范就采用此强度理论，即第一强度理论，它是以弹性失效观点为依据的。

在压力容器分析设计中一般都采用碳钢、低合金钢、钛合金这一类的塑性材料，除三向拉伸应力状态外，在其他复杂应力状态的情况下都发生塑性流动破坏。在这种情况下，宜采用剪切变形能理论（第四强度理论），但也可采用最大剪应力强度理论。由于最大剪应力理论，即第三强度理论概念比较简单，而且按此理论计算结果也偏于安全，能充分体现结构安全性设计和完全保障原则，符合结构安全性设计要求，因此在大多数工程结构强度计算中都得到广泛的应用。

潜水器和深海装备耐压结构及其内压容器的设计计算，也和压力容器分析设计方法一样，所持的强度理论都是采用最大剪应力理论。

10.1.3.2 应力分类及控制

根据以上的失效过程和失效模式分析，对于大多数采用塑性材料的压力容器按塑性失效准则设计计算比较符合实际。但在实际的压力容器分析设计中，考虑结构塑性状态下的应力-应变本构关系、平衡方程、屈服条件及塑性力学的一些假设都十分复杂甚至是难以解决的问题（例如在第 2 章采用弹塑性理论求解材料非线性修正曲线中,塑性流动方程和物理本构关系十分复杂),即使采用极限分析、安定性分析也需要大量的实验数据和有效的计算方法,而这也是难以做到的。

为此,在实际的工程设计计算中采用线弹性应力分析与塑性失效准则和强度控制相结合的工程实用计算方法:按结构的不同失效模式用弹性应力分析替代塑性应力计算,并对处于复杂应力状态下的危险点进行应力分类;用判断材料的某一类型破坏的强度理论及判别准则进行评定和分类进行应力(名义应力)控制。例如,上述的最大剪应力理论,即采用"应力强度为最大剪应力的二倍"作为控制应力,将其限制在允许的应力极限以下,则有

$$应力强度 S = 2\tau_{\max} = \max \begin{cases} |\sigma_1 - \sigma_2| \\ |\sigma_2 - \sigma_3| \\ |\sigma_3 - \sigma_1| \end{cases} \tag{10.1.16}$$

式中 σ_1、σ_2、σ_3——3个主应力;

S_m——应力强度许用极限(设计应力强度),它由第 2 章材料的安全系数 n_s、n_b 决定,并取其小者。

在结构基本膜应力许用极限 S_m 确定后就可以按线弹性分析设计的原则进行应力分类和建立各分类应力的强度控制要求。按结构安全性设计要求,首先应满足抵抗外载的一次应力强度控制,其次各种应力极限及其组合应力也应同时得到满足。如下。

(1)总体一次薄膜应力 P_m。由外载引起的结构正应力(剪应力),如柱、球壳的中面力,它具有平衡外载的作用和非自限性的特点,其强度控制要求:$S_I \leqslant 1.0 S_m$。

(2)局部一次薄膜应力 P_L。在局部范围内,由外载荷和总体结构不连续而引起薄膜应力,如图 5.14 壳体的连接边缘内力 N_x、N_θ 构成的应力与薄膜解的总和(参见式(5.3.4))。它具有二次应力性质,由于它也沿厚度均布,在同样条件下比弯曲应力危险,从偏安全考虑仍按一次应力处理,其强度控制要求:$S_d \leqslant 1.5 S_m$。

(3)一次弯曲应力 P_b。它与总体一次薄膜应力一样分布范围广,但它沿厚度线性分布,内外表面大小相等、方向相反。如平盖在内压作用下中央部分产生的弯曲应力。其强度控制要求为一次薄膜加一次弯曲应力强度:$S_H \leqslant 1.5 S_m$。

(4)二次应力 Q。由于结构的自身约束或相邻部件的约束作用而引起的正应力或剪应力,它必须满足变形协调条件,具有自限性特点。如图 5.14 边缘问题中由弯矩 M_x、M_θ 构成的弯曲应力,总体热应力等。其强度控制要求为一次加二次应力强度:$S_N \leqslant 3.0 S_m$。

(5)峰值应力 F。由于局部结构不连续引起的应力集中而加到一次和二次应

力上的增量及局部热应力等为峰值应力。如壳体和接管连接处的应力集中区的最大应力中，扣除 P_L 和 Q 的剩余部分。

峰值应力强度 S_V 的许用极限取决于导出它的应力差的幅值及其作用次数。应力强度按疲劳曲线得到的许用值进行评定；对于不大于 552MPa 的低合金钢材料，参照压力容器分析设计中的设计疲劳曲线进行评定；对于高强度钢和钛合金则有待于进一步的试验研究。

考虑控制上述各种应力及其组合的目的和限制条件如下。

（1）着重控制一次应力极限是为了防止过分弹性变形，包括稳定、蠕变在内。

（2）重点控制一次弯曲应力是为了防止过分弹性和塑性变形。

（3）控制二次应力也是为了防止过分弹塑性变形和蠕变变形。

（4）控制一次应力与二次应力叠加的极限，是为了防止过分弹性变形和塑性不安定。

（5）控制峰值应力极限的目的是防止由周期性载荷引起的疲劳破坏。

（6）关于脆性断裂的防止，除应力分类控制外，最基本的要求是满足材料的夏比 V 型缺口冲击值。

预防脆性破坏有两种分析方法：一是经验的转变温度方法；二是以线弹性断裂力学为理论依据，计算各种缺陷的应力强度因子，以缺陷的应力强度因子之和小于该温度下材料的断裂韧性作为防止脆断的准则（裂纹张开位移法）。两种方法都以材料的韧性为基础，大多数容器规范多采用前者——经验的转变温度方法。

经验的转变温度方法，是把材料的夏比 V 型缺口冲击功 A_{kv} 定在 15 磅/英尺（2.1kgf/m）左右（依据抗拉强度值确定），在此能量水平下的温度作为材料的无延性转变温度（NDT），认为材料在 NDT 以上使用就可以避免产生脆性破坏。它是一种按大量经验积累起来的统计方法。由于其试验方法简单方便，并且断裂力学中的平面应变断裂韧度 K_{Ic} 与冲击功有定量的关系（见下式），所以目前在许多规范中仍在继续使用。

$$K_{Ic} = 22\left[R_{eH}(C_v - R_{eH}/20)\right]^{\frac{1}{2}} \tag{10.1.17}$$

式中　C_v ——夏比 V 型缺口冲击功；

　　　R_{eH} ——材料的屈服极限。

上述采用应力分类计算和相应的强度控制是解决结构受内压的弹塑性强度问题的工程实用方法，它与结构受外压采用线弹性稳定性理论加非线性修正方法解决弹塑性屈曲问题是相配套的，两者都体现了解决结构弹塑性计算的工程实用解析方法的基本思路。它不仅是压力容器设计计算的基本理论方法，而且也基本适用于潜水器和深海装备耐压结构及其内压容器的强度设计计算。

10.1.4 应用准则公式分析外压壳体极限强度和压力估算

壳体结构失效准则及其公式已广泛应用于内压容器的强度计算。为有利于外压壳体的极限强度分析和结构安全评估，在此也可尝试塑性经典公式对其进行分析和破坏压力的估算。

基于强度分析，外压壳体和内压容器虽然在结构应力状态、失效机理等有所不同，但与上述的强度理论和结构失效过程也有相近之处。例如，在4.5.2节中，图4.17～图4.19失效过程的应变曲线表明，外压壳体变形与压力之间的关系也与图10.1基本一致，类似于材料的拉伸和压缩过程，仅屈服极限R_{eH}标准值稍有差别。

另外，从应力强度分析表明：外压壳体采用的强度理论和当量应力与内压容器是相近的；对于中厚圆柱壳（半径比$K_d \leqslant 1.20$），在忽略σ_3的影响下，其中面应力（应力强度）是相同的。

因此，前述的经典公式可以探讨应用于外压壳体破坏压力的估算，特别是塑性失效准则及其公式，因不考虑材料的强化作用，比较符合各种实际外压结构极限强度的破坏过程和破坏压力的计算。但对于超高压环境下的完整中厚整球壳，壳体在材料达到材料的强化阶段后仍未发生破坏，则应采用爆破失效准则及其公式进行分析和爆破压力的估算。

下面以球壳模型试验结果进行具体分析和比较。高强度钛合金球壳模型参数和试验结果见4.4.2节。文献[1]的球壳模型开有多个小孔，上、下两个半球通过螺栓连接，材料采用超高强度的马氏体镍钢，其参数如下。

结构参数：
内半径 R=400mm
壳厚 t=13.5mm
真球度 0.3%

材料参数：
屈服极限 1650MPa
拉伸极限 1730MPa
弹性模量 186GPa
泊松比 0.3

两只球壳模型在计算压力下的应力计算值见表10.1。

表10.1 球壳应力计算比较　　　　　单位：MPa

模型编号	t/R	R_{eH}	计算压力	应力计算值 内表面	应力计算值 中面	应力计算值 外表面	试验值 外表面
1	0.0894	930	170	1035	950	872	894
2[1]	0.0332	1650	110	1740（1780）	1712（1712）	1684	—

注：括号内数值为文献[1]结果。

由表10.1看出，在计算压力下两只球壳内、外表面应力都大于或接近屈服

极限 R_{eH}，基本上处于全屈服状态。由于塑性扩展尚未完全及材料的强化和实际球壳模型材料的屈服极限可能稍大于名义值等因素，球壳仍继续承压。这种全屈服状态的极限强度破坏，可分别应用塑性和爆破失效公式进行破坏压力的估算，计算结果见表 10.2。

表 10.2 模型破坏压力与各公式预报值比较　　单位：MPa

模型号	模型破坏压力	特雷斯卡公式	米西斯公式	史文森公式	福佩尔公式	公式（4.3.10）	公式（4.3.3）
1	200①	166.5	192.2	195.5	205.6	193.9	186.5
2[1]	117	109.5	126.4	120.3②	126.4②	109.8	113.3

① 尚未破坏；

② 未考虑材料强化

在此首次应用各经典准则公式进行外压极限强度破坏压力的估算。对于模型 1 而言，从表 10.2 中看出：只有用考虑材料强化的福佩尔公式和史文森公式进行预报，两者才比较接近；对于模型 2，因球壳结构不连续，失效破坏时未达到材料的强化阶段，故采用塑性准则公式和不考虑材料强化的爆破公式预报，比较符合。另外，对于柱壳结构也进行了模型破坏试验结果与不考虑材料强化的失效公式预报值的比较。

通过超高压外压模型试验与各失效公式比较，其结果也和内压容器一样，误差都在 15%范围内，且柱壳相对球壳更接近些。这表明外压极限强度破坏模式仍具有明显的强度失效特征，也说明应用经典的强度理论公式对外压壳体塑性破坏压力的估算是可行的。

不过从模型 2 的各公式计算结果对比看出，相对于各准则公式估算值，除特雷斯卡公式外，试验值大都稍偏小，其他超高外压模型试验结果也类似，这表明除了壳体实际的压缩屈服强度往往都大于材料的标准值 R_{eH} 的因素外，还存在外压屈曲的影响因素！

这也说明大深度外压载荷下的极限强度问题是复杂的，壳体在全屈服压应力状态下对壳体各类缺陷，包括局部结构不连续、开孔、材料蠕变和不均匀性、初始几何缺陷等的敏感性增加，而且球壳更明显些，使得结构有可能在全塑性扩展不充分的条件下发生屈曲破坏；同时，也存在屈曲和极限强度失效联合作用和相互影响，而这个过程不仅与壳体各类缺陷有关，也与结构的形式、状态、尺度、材料及下潜深度（载荷）等因素有关，这都会影响实际结构的破坏值。

为探讨大深度外压壳体的极限强度失效，本书各章节根据不同结构形式和各自应力状态对其极限强度失效的机理进行了分析；建立了从球壳、柱壳到锥壳及锥柱结合壳的计算方法及其简化公式，例如球壳公式（4.3.10）和式（4.3.3）；为外压壳体极限强度失效机理分析和结构安全性设计计算提供了初步依据。但基于上述分析和问题的复杂性，书中所涉及的计算方法尚难以全面反映其相互关系和影响，同时还未涉及深海多次循环载荷下耐压结构疲劳和蠕变对长期使用安全性及极限强度失效的影响，如此等等。这都有待于今后不断地进行试验研究和计算分析，这也是探讨和研究深渊海结构力学的重要课题。

10.2 潜水器内压容器载荷系数分析

潜水器内压容器是安装在整个潜水器装置上的一个附属容器，需要随潜水器系统经常进行陆上车载搬运、海上装卸母船和母船吊放深海潜航及回收，在整个使用过程中内压容器也和潜水器本体一样承受各级海浪和风载及吊放水面、装卸母船等动载的作用。因此，它和陆地上放置在厂房内的固定式压力容器的载荷系数应有所不同。

10.2.1 潜水器海上吊放环境中内压容器的载荷系数

潜水器及内压容器经常在海上吊放和放置在船舶上所受到的载荷，按照潜水器吊放系统[2]的设计要求有以下几种。

（1）船舶运动载荷。

安置在船舶上的潜水器吊放系统，在处于放置状态下，因船舶运动，其放置设施和该处的结构在设计中应考虑承受下列两种情况的组合力。

① 垂直于甲板的加速度为±1.0g；

前后方平行于甲板的加速度为±0.5g；

静纵倾 30°；

风速 55m/s，作用于前后方向。

② 垂直于甲板的加速度为±1.0g；

横向平行于甲板的加速度为±0.5g；

静横倾 30°；

风速 55m/s，作用于横向。

（2）起吊的作业系数和动载系数。

作业系数是考虑吊放系统作业频次和作业状态的余度系数。对潜水器或潜水器吊放系统，比系数一般可取为 1.2。

动载系数是在吊放系统工作时，考虑所有动载效应的一个系数。该系数乘以起吊载荷后，代表包括所有动载效应作用于系统上的载荷。考虑被起吊的潜水器和内压容器需穿过空气/水面这一特殊工况，动载系数一般不应小于 1.7；另外必须考虑吊放中风载荷的影响。

由设计要求看出，内压容器在潜水器放置到母船上和吊放过程中，经常受到的附加动载荷主要有两种：一是垂向的冲击载荷，最大加速度值为±1g；二是横向（前后）载荷，主要是风载荷，吊放系统作业时风速取 20m/s，放置状态时最大风速为 55m/s。

为了确定动载的等效静载系数，参考分析设计中考虑陆上露天放置的压力容器受地震载荷和风载荷的载荷组合系数，见表 10.3。

表 10.3 载荷组合系数 K_B

条件		载荷组合	K_B 值	计算应力的基准
设计载荷	A	设计压力、容器自重、内装物料、附属设备及外部配件的重力载荷	1.0	设计温度下，不计腐蚀裕量的厚度
	B	A+风载荷①②	1.2③	
	C	A+地震载荷①②	1.2③	

① 不需要同时考虑风载荷与地震载荷；

② 风载荷与地震载荷的计算方法按压力容器规范有关规定；

③ 一次总体薄膜应力在屈服点以下。

表中载荷组合系数 K_B 最大值为 1.2。地震载荷允许加速值见表 10.4。

表 10.4 抗震设防烈度和设计基本地震加速度的对应关系

抗震设防烈度	7	8	9
设计基本地震加速度	0.10g～0.15g	0.20g～0.30g	0.40g

地震载荷加速度最大值为 0.4g，比潜水器放置在船舶上受冲击载荷（最大值为 1g）要小些，但由于地震冲击能量大，同时内压容器安装在潜水器吊放系统中间，安装架有一定缓冲作用。因此，可以认为两者的载荷水平是相当的，故按照表 10.3 中参数值确定载荷系数，取 1.20。对于风载，由于内压容器迎风面积小，吊放系统构件和导流罩有遮挡作用，对内压容器影响相对较小，故最大值也不会超过 1.15。按表 10.3 中注①：不需要同时考虑风及地震载荷的最大值原则，可取海上吊放环境中一般内压容器（工作压力<10MPa）的载荷系数为 1.15 作为参考值。

10.2.2 盛装压缩气体的内压容器的载荷系数

由于潜水器和深海装备的特殊使用需要，一些内压容器为盛装压缩空气介质的储气罐，它与一般的压力容器设计要求和计算压力的取值应有所不同，为此，参考相类似可移动钢瓶焊接气瓶国家标准（GB5100—2011）和气瓶安全技术监察规程（TSGR0006—2014）进行对比分析。

钢质焊接气瓶是由气瓶安全技术监察规程（简称"规程"）规定其适用范围：适合正常环境温度（-40~60℃）下使用，公称容积为0.4~3000L，公称工作压力为0.2~35MPa，并且压力与容积的乘积大于或者等于1.0MPa·L，盛装压缩气体、液化气体等的无缝气瓶、焊接气瓶、焊接绝热气瓶以及气瓶附件。

规程适用范围表明，其技术状态和技术参数要求是与潜水器焊接加工的储气罐相接近的，在此引用对其设计、加工及材料的相关要求如下。

（1）设计一般规定。

① 钢瓶主体壁厚计算所依据的内压力为水压试验压力。

② 气瓶水压试验压力一般为公称工作压力的1.5倍，当相应标准对试验压力有特殊规定时，按其规定执行。

（2）公称工作压力。

对于盛装压缩气体的钢瓶，其公称工作压力指温度为60℃时瓶内气体压力的上限值。

设计气瓶时，公称工作压力的选取一般要优先考虑整数系列。盛装常用气体气瓶的公称工作压力如表10.5规定。

表10.5 盛装常用气体气瓶的公称工作压力

气体类别	公称工作压力/MPa	常用气体
压缩气体 $T_c \leqslant -50°C$	35	空气、氢、氮、氩、氖、氦等
	30	空气、氢、氮、氩、氖、氦、甲烷、天然气等
	20	空气、氧、氢、氮、氩、氖、氦、甲烷、天然气等
	15	空气、氧、氢、氮、氩、氖、氦、甲烷、一氧化碳、一氧化氮、氟、氘（重氢）、氟、二氟化氧等

（3）气瓶实际爆破安全系数。

气瓶实际爆破安全系数n_p为实际水压爆破试验压力与公称工作压力的比值，其值应当大于或者等于表10.6的规定。

表10.6 气瓶实际爆破安全系数

主要品种	实际爆破安全系数
钢质无缝气瓶（包括车用压缩天然气钢瓶、消防灭火器用钢质无缝气瓶）	2.4
铝合金无缝气瓶（包括消防灭火器用铝合金无缝气瓶）	2.4
工业用非重复充装焊接钢瓶	2.0
钢质焊接气瓶（包消防灭火器用钢质焊接气瓶，不含焊接绝热气瓶）	3.0

（4）结构。

钢瓶主体的组成最多不超过三部分，即纵焊缝不得多于一条、环焊缝不得多于两条。

钢瓶封头的形状应为椭圆形或半球形，椭圆形和碟形封头的直边高度 h 规定如下。

① 当名义壁厚 $S_n \leqslant 8mm$ 时，直边高度 $h \geqslant 25mm$。

② 当名义壁厚 $S_n > 8mm$ 时，直边高度 $h \geqslant 40mm$。

（5）材料和力学性能。

① 用于制造钢瓶主体的材料，必须采用电炉或转炉冶炼的镇静钢，并具有良好的成形和焊接性能。

② 钢瓶主体材料的屈强比（R_{eH}/R_m）不应大于 0.8。

③ 与钢瓶主体焊接的所有零部件，必须采用与钢瓶主体材料的焊接性能相适应的材料。

④ 所采用的焊接材料焊成的焊接接头，其抗拉强度不得低于母材抗拉强度规定值的下限。

（6）化学成分和冲击吸收功 A_{kw}。

钢瓶主体材料的化学成分（熔炼分析），包括对含有添加微量合金元素的钢材，其含量符合表 10.7 的规定。

表 10.7　钢材微量合金元素占比　　　　　单位：%

元素	C	Si	Mn	P	S	P+S	Nb	Ti	V	Nb+V
不大于	0.20	0.45（0.60）	1.60	0.025	0.020	0.04	0.08	0.20	0.20	0.20

注：括号内化学成分的材料适用于制造 $V>150L$ 的钢瓶。

当钢瓶主体名义壁厚 $S_n \geqslant 6mm$ 时，其主体材料的常温冲击吸收功 A_{kw} 应符合表 10.8 的规定。

表 10.8　主体材料的常温冲击吸收功 A_{kw}

钢瓶主体名义壁厚	试样规格/mm	试验温度/℃	冲击吸收功 A_{kw}/J
6~10	5×10×55	常温	≥15
		-40	≥14
>10	10×10×55	常温	≥27
		-40	≥20

当钢瓶主体名义壁厚 $S_n \geqslant 6mm$，且在等于或低于-20℃的环境温度下使用时，若按-20℃时钢瓶内压力计算的瓶体周向应力大于常温下材料标准屈服点的 1/6，则钢瓶主体材料应做-40℃低温冲击试验，其冲击吸收功 A_{kw} 应符合表 10.8 的规定。

由以上看出，陆上移动式压力容器（气瓶）的安全监察规程和制造要求，相对于一般固定式压力容器规范，不论材料或是设计、加工、检验都要严格。如果单个、少量的潜水器内压容器（储气罐）完全参照此要求设计和加工，不仅自重会增加较多，而且对材料选择和制造加工都带来较大的困难。

为此，结合潜水器实际的使用情况，即考虑到潜水器储气罐安放在母船上和吊放水中已采取一定的安全措施，而且在潜水器的上浮过程中由于使用需要已释放了部分气体，压力有所下降，为此建议潜水器中盛装压缩气体的内压容器的载荷系数取移动式钢瓶的载荷系数 1.5 倍（公称工作压力的 1.5 倍）的 83.3%，即取 1.25 倍工作压力作为设计计算压力；同时建议在潜水器内压容器强度计算、设计、加工及材料选用中，适当参考规程所规定的相关要求。

10.3 潜水器内压容器强度设计计算公式及设计说明

潜水器内压容器涉及的受压元件有球壳、柱壳及各类封头、开口、接管等。在载荷系数确定后，它们就可以直接应用压力容器设计公式和强度控制标准及相关说明进行设计计算。

10.3.1 球、柱壳结构强度计算公式分析

压力容器规范中内压柱壳和球壳的强度设计都是选用弹性失效准则和中径公式进行设计计算。

这些公式主要以壳体无矩理论为基础而推导得出，其基本假设条件如下。
（1）薄壳在轴对称条件下，壳壁截面内只产生内力，内力矩接近零。
（2）应力沿壁厚均匀分布。

按无力矩理论分析圆柱壳的结果是：周向应力是径向应力的 2 倍、周向应变约为径向应变的 4 倍（$\mu=0.3$），所以圆柱壳筒壁周向较弱，按爆破情况看，壳体明显胀大，爆破结果都是沿经向（母线）开裂。

对于圆柱壳，若取第一强度理论的应力强度（当 $\sigma_3=0$ 时，第三强度理论的结果与其相同）：

$$\sigma(\mathrm{I})=\sigma_1=\frac{pD}{2t}\leqslant [\sigma] \tag{10.3.1}$$

$$t=\frac{pD}{2[\sigma]} \tag{10.3.2}$$

将圆柱壳中径换算为内径 $D=D_\mathrm{i}+t$，考虑焊接制造因素 ϕ，即得设计厚度公式：

$$t = \frac{pD_i}{2[\sigma]\phi - p} \tag{10.3.3}$$

同理，可得球壳计算公式为

$$t = \frac{pD_i}{4[\sigma]\phi - p} \tag{10.3.4}$$

两个中径公式的计算精度和适用范围为：对于壳体半径比 $K_d \leqslant 1.20$，适用于 $p \leqslant 0.182[\sigma]\phi$，其误差不大于 3%；对于半径比 $K_d >1.20$，适用于 $p \leqslant 0.4[\sigma]\phi$，计算误差随 K_d 的增大而增加，当 $K_d =1.5$，中径公式算得的平均应为第四强度理论应力的 80%左右。当 $K_d >1.5$ 为厚壳时，即 $p > 0.4[\sigma]\phi$，薄壳和中厚壳公式（10.3.3）已不适用，这时计算厚度公式为

$$t = \frac{D_i}{2}\left(e^{p_e / K_d S_m} - 1\right) \tag{10.3.5}$$

在多层高压容器规范中也推荐第四强度理论中径公式进行设计计算，对于圆柱壳：

$$t = \frac{pD_i}{2.3[\sigma]\phi - p} \tag{10.3.6}$$

由式（10.3.6）和第三强度理论算出的设计厚度是有差别的，其相差值在 10%~15%范围。因此，在它们应用到各类容器规范和实际产品设计中应采用相配套的许用应力进行设计计算。

10.3.2 各类封头强度计算公式分析及开孔补强

对于受内压凸形封头，包括椭圆形封头、碟形封头、半球形封头及球冠形封头的设计计算，主要是考虑到薄膜应力的变化和边缘局部应力的影响，并按壳体的应力状态，在公式中引进应力增强系数 Y。由于它与凸形封头的形状有关，又称形状系数。

（1）椭圆形封头。

对于非标准椭圆形封头计算厚度为

$$t = \frac{YpD_i}{2[\sigma]^t \phi - 0.5p} \tag{10.3.7}$$

$$Y = \frac{1}{6}\left[2 + (D_i / 2h)^2\right] \tag{10.3.8}$$

式中　Y——形状系数；

D_i——封头内径；

h——凸形封头内曲面深度。

当封头的 $D_i/2h=2.0$ 时，$Y=1.0$，这时为标准椭圆形封头。公式（10.3.7）是在胡金伯基（Huggenberger）按最大主应力理论导出的椭圆形理论公式的基础上，计入了封头折边处的弯曲应力，并用应力增强系数予以调整。增强系数是以柯弟氏（Coates）的计算且经试验修正后提出的建议性曲线经圆整而得。

为防止封头转角区域的周向应力造成失稳，定出封头最小壁厚不应小于封头内径 0.3%（标准封头为 0.15%）的要求。

对椭圆形封头形状的限制、椭圆形封头的深度均控制在 $D_i/2h \leqslant 2.5 \sim 3.0$，即限制椭圆形封头造型不至过浅。长短径之比 a/b 越大，应力增强系数 K_c 也越大，即封头厚度增加越多。在 $a/b=2.5$ 处附近存在拐点，$a/b>2.5$，应力增强系数增加越快，以此设计封头，则不甚合理且不够安全，为此将封头最小深度限制在 $a/b=2.6$ 较为合理。

（2）碟形封头。

碟形封头与椭圆形封头不同，是有折边的球面封头，由球面体和过渡区两个曲率部分组成。从几何形状看为一不连续曲面，在曲率半径不同的两个曲面连接处由于曲率的较大变化而存在着较大的弯曲应力。为此碟形封头不像椭圆形封头那样，应力分布比较均匀、缓和，因而在工程使用中并不多。一般只有当椭圆形封头的模具加工困难时才以碟形封头代替。

受内压（凹面受压）碟形封头计算厚度为

$$t = \frac{Y p_c p_i}{2[\sigma]^t \phi - 0.5 p_c} \tag{10.3.9}$$

$$Y = \frac{1}{4}\left(3 + \sqrt{\frac{R}{r}}\right) \tag{10.3.10}$$

式中：Y 为碟形封头形状系数。

对于碟形封头的球面曲率半径，压力容器规范规定为 $R \leqslant D_o$，对碟形封头过渡区转角半径限制在 $r \geqslant (6\% \sim 10\%) D_i$ 的范围内。

（3）球封头。

球封头包括半球形封头和无折边球面封头。半球形封头的设计方法可参照内压整球形壳体设计。对于无折边球冠形球面封头，即为碟形封头去掉折边部分，其与圆柱壳的连接形成球冠与圆柱壳的组合结构。由图 5.13（b）看出，不论外压或是内压容器，连接处的应力状态复杂，而且弯曲峰值应力很大。在潜水器内压容器设计中一般不采用无折边球冠形封头。

（4）平盖。

基本公式为

$$t = D_c \sqrt{\frac{p K_d}{[\sigma]^t \phi}} \tag{10.3.11}$$

该式是按圆平板受均布载荷、周边简支或刚性连接的力学模型推导而得出的经典平板公式。式中 D_c 为平盖计算直径，K_d 为结构特征系数，它也表征边缘不同的支承情况。

对于周边铰接简支的，最大应力为弯曲应力，且位于板的中心，$K_d=0.309$；周边刚性固接者，最大应力在板边缘，$K_d=0.188$。由于实际结构难以明确划分出边缘固定的情况，且考虑平盖与筒体焊接结构形式以及密封的需要，不允许有较大的变形，因而系数 K_d 大都采用经验数据。对于不可拆平盖，根据平盖与筒体焊接结构形式和部位，K_d 值在 0.16～0.44 范围；对于可拆平盖，如采用螺栓与圆形壳体法兰相连接的 K_d 系数，取值 0.25 较为合适。

（5）开孔补强。

潜水器内压容器壳体和封头，由于使用和工艺结构上的要求需要开孔及安装接管和密封插头等，因此必须进行开孔加强设计。我国 CCS 规范[2]仍参照钢制压力容器规范方法，采用等面积法补强，以达到降低局部高应力的目的。

等面积法的原则是在邻近开孔处加补强材料的截面积应与壳体由于开孔而失去的截面积相等，这是基于维持容器整体强度概念的方法。

内压容器等面积补强法，从其计算意义上讲，仅就开孔截面积的平均应力——整个截面的一次应力强度进行考虑，未计及开孔边缘的应力集中问题，对开孔区局部高应力部位的安定问题未予校核[3]。对在圆柱形壳体上开椭圆孔的情况下，仅适用于长短轴之比小于或等于 1.50 的开孔情况。

由于等面积法有着长期的实践经验，简单易行，并且是建立在无限大平板开小孔的理论基础上，对小直径开孔安全可靠，因此在现行压力容器规范和潜水器内压容器设计中仍采用此方法进行补强。

① 开孔补强形式。

补强形式可分为如下 4 种。

（i）内加强平齐围壁，补强金属加在围壁或壳体内侧。

（ii）外加强平齐围壁，补强金属加在围壁或壳体外侧。

（iii）对称加强凸出围壁，围壁的内伸与外伸部分对称加强。

（iv）密集补强，补强金属集中地加在围壁与壳体的连接处。

从理论和实验研究表明，从强度角度看密集补强最好，对称凸出围壁次之，内加强第三，外加强效果最差。在同样的补强面积下，凸出围壁比平齐围壁的应力集中系数下降 40%左右，而内加强比外加强的应力集中系数大约下降 27%。

总之，开孔加强结构具体采用什么样的补强形式，不但要从强度上考虑，还需从工艺要求、制造简便、方便施工等综合因素进行选择。

② 适用范围。等面积法适用于壳体和封头上的圆形、椭圆形或长圆形开孔。其适用范围如下。

（ⅰ）当圆柱壳内径 $D_i \leqslant 1500\text{mm}$ 时，开孔最大直径 $d \leqslant D_i/2$，且 $d \leqslant 520\text{mm}$；当圆柱壳内径 $D_i > 1500\text{mm}$ 时，开孔最大直径 $d \leqslant D_i/3$，且 $d \leqslant 1000\text{mm}$。

（ⅱ）凸形封头或球壳开孔的最大允许直径 $d \leqslant D_i/2$。

（ⅲ）锥形封头开孔的最大直径 $d \leqslant D_i/3$。

当开孔直径 d 满足 $d \leqslant 0.14\sqrt{(2R_i+t)t}$ 时，可不做特殊加强。

③ 开孔补强的计算截面选取。壳体开孔所需补强面积为

$$A = dt + 2t\delta_{et}(1-f_r) \tag{10.3.12}$$

式中　δ_{et}——围壁有效厚度；

　　　f_r——强度削弱系数。

当加强围壁与壳体材料不同，且围壁材料的许用应力大于壳体材料的许用应力时，$f_r=1.0$。圆柱壳和球壳开孔补强的详细设计可参照潜水器或压力容器规范。

10.3.3　潜水器内压容器强度设计计算说明和建议

潜水器和深海装备内压容器除少数放置在耐压结构内部不受外压外，大部分为既承受内压又承受外压的耐压壳体。对于这种内压容器强度设计计算适用范围不仅要符合 1.3 节对外压耐压结构强度计算的一般要求，也应符合以下内压容器的设计计算建议和说明。

（1）设计计算要求及适用范围说明。

潜水器内压容器设计计算是依据设计输入条件，包括设计工作压力、内径及材料许用应力等按公式（10.3.3）或式（10.3.4）进行壳体厚度的计算。

内压容器其他受压元件的初步设计是根据所采用的材料可按各压力容器规范或书中有关公式进行设计计算；涉及材料的许用应力应与相应的强度理论公式和材料的安全系数相对应。

对于复杂和特殊的受压元件，也可应用有限元方法直接设计计算，但应符合基本的力学原理和采用相适应的强度校验标准。

潜水器内压容器大都属于中厚壳，K_d 一般小于 1.20，采用中径公式设计有足够的精度，即满足 $p \leqslant 0.182[\sigma]\phi$ 精度范围要求；对于大深度潜水器内压容器也有可能 $K_d>1.20$，但只要所采用的壳体材料屈强比恰当、材料许用应力值由相应安全系数确定，其设计结构的安全可靠性也是有保障的。

对于采用高强度材料的大深度潜水器内压容器，其设计压力适用范围仍可参考各压力容器规范范围。

① 钢制容器设计压力范围不大于 35MPa。

② 钛制焊接容器只适用于常压容器和设计压力不大于 35MPa 的压力容器。

③ 铝制焊接容器一般只适用于常压容器和设计压力不大于 8.0MPa 的压力容器。

（2）高强度材料的许用应力。

对于采用不同材料，特别是高强度材料进行大深度潜水器内压容器设计计算时，设计公式（10.3.3）、式（10.3.4）中的许用应力可在第 2 章材料安全系数分析的基础上得出。其参考值为

$$\begin{cases} \text{对}600\sim800\text{MPa高强度钢}: [\sigma] = \min\left\{\dfrac{R_\text{m}}{3.0}, \dfrac{R_\text{eH}}{1.5}\right\} \\ \text{对}600\sim800\text{MPa钛合金}: [\sigma] = \min\left\{\dfrac{R_\text{m}}{4.0}, \dfrac{R_\text{eH}}{1.5}\right\} \\ \text{对}200\sim400\text{MPa铝合金}: [\sigma] = \min\left\{\dfrac{R_\text{m}}{4.0}, \dfrac{R_\text{eH}}{1.5}\right\} \end{cases} \quad (10.3.13)$$

（3）设计计算压力的确定。

对于潜水器移动式内压容器，特别对盛装压缩气体的容器应适当提高设计计算压力，这也与《钢质海船入级规范》[4]中压力容器强度计算要求一致。该规范明确规定：储有液态气体的压力容器的钢材的屈服强度安全系数 n_s 从 1.50 增大到 2.0，材料抗拉强度安全系数 n_b 从 2.7 增大到 3.0；这样相对于容器材料的许用应力下降了 11%～25%，即相对提高了设计计算载荷。

为此建议：对于潜水器和深海装备的一般内压容器，基于 10.2 节分析，计算压力取 p_j=1.15P；对于盛装压缩气体内压容器计算压力取 p_j=1.25P。其中 p 为最大工作压力或设计公称压力。

（4）高强度材料的焊缝强度系数。

设计公式中的焊缝系数大小取决于材料性能、焊缝形式、焊接工艺以及焊缝探伤检验的严格程度等多种因素。通过对高强度材料的焊接接头试件性能检测统计和参照钢制、钛制、铝制压力容器规范的中、低强度材料的要求，推荐双面焊和单面焊焊缝系数的参考值，见表 10.9 和表 10.10。

表 10.9　双面焊对接接头和相对于双面焊的全焊透对接接头焊缝系数

无损检测	焊缝系数 ϕ		
	钢	钛合金	铝合金
100%无损检测	0.95	0.92	0.95
局部无损检测	0.85	0.82	0.85
无法无损检测	0.65	0.65	—

表 10.10　单面焊对接接头焊缝系数

无损检测	焊缝系数 ϕ		
	钢	钛合金	铝合金
100%无损检测	0.85	0.82	0.85
局部无损检测	0.75	0.72	0.75

（5）储气罐爆破失效安全系数的计算校验。

参照移动式钢瓶需进行爆破失效安全系数的校验要求，对于盛装压缩气体的储气罐，除进行静强度的计算校验外，还应进行爆破失效安全系数的计算校验，即按公式（10.1.11）或式（10.1.12）进行计算。其校核要求如下。

① 对于移动式储气罐，参照表 10.6 取 $n_\mathrm{p} = \dfrac{p_\mathrm{b}}{P} \geqslant 2.2$ 。

② 对于一般内压容器，如需校验，可取 $n_\mathrm{p} \geqslant 2.0$ 。

（6）防止脆性断裂的控制措施。

潜水器的使用环境条件恶劣、温度变化范围大，应对材料的选用、设计、加工提出严格要求，特别是选用压力容器规范中的尚未使用的高强度材料，即对 $R_\mathrm{eH} > 600\mathrm{MPa}$ 的材料，应采取以下严格的控制措施。

① 根据 10.1.3 节失效模式和强度控制分析，防止脆性断裂的主要控制措施就是要求满足材料的夏比 V 型缺口冲击值要求。在结构设计中，应根据潜水器使用温度，保证材料夏比 V 型缺口冲击功大于设计所要求的值，例如高强度钛合金常温下应大于 27J。

② 材料屈强比设计要求 $R_\mathrm{eH}/R_\mathrm{m} \leqslant 0.85$ ，对高强度材料也应使 $R_\mathrm{eH}/R_\mathrm{m} \leqslant 0.88$ 。

③ 储气罐容器结构设计尽量简单，柱壳体仅允许一道纵缝和两道环焊缝，球壳要求由两半球形焊接而成，并不允许有附件与罐体焊接连接，防止表面微小裂纹的产生。

④ 参照表 10.8 的说明，当钢瓶主体名义壁厚 $t \geqslant 6\mathrm{mm}$ ，且在等于或低于 $-20\mathrm{℃}$ 的环境温度下使用时，对钢瓶的周向应力应有所控制。虽然潜水器和深海装备海上使用环境温度没有那么低，但也应对周向应力进行适当控制。建议对高强度钢的储气罐的周向平均应力控制在 $\dfrac{1}{3}R_\mathrm{eH}$ 以内。

（7）压力试验及试验压力的确定。

① 液压试验内容和加载程序可在产品试验大纲中具体明确。

② 液压试验压力的确定：潜水器和深海装备内压容器压力一般在 35MPa 以下，采用的材料多为压力容器规范中所标明的材料，包括钢材、钛合金、铝合金，因屈服强度 R_eH 一般都小于 400MPa，故试验压力仍按潜水器规范标准取 $p_\mathrm{T} = 1.25P$ 。

③ 如因使用上的要求及采用高强度材料等原因，需适当提高试验压力，即大于上述试验压力最低值进行压力试验时，应在试验前进行相应的试验压力 p_T 下的应力强度校验，并且试验压力不应大于载荷系数的增加值，即

$$p_\text{T} \leqslant (1.25p + 0.15p) = 1.4p \tag{10.3.14}$$

应力校验要求建议如下：

对于球壳

$$\sigma_\text{T} = \frac{p_\text{T}(D_\text{i} + t)}{4t} \leqslant 0.85 R_\text{eH} \phi \tag{10.3.15}$$

对于柱壳

$$\sigma_\text{T} = \frac{p_\text{T}(D_\text{i} + t)}{2t} \leqslant 0.9 R_\text{eH} \phi \tag{10.3.16}$$

式中　t——壳体有效厚度。

　　　D_i——壳体内直径。

　　　ϕ——焊缝系数，按表10.9和表10.10中选取。

　　　R_eH——材料屈服极限。

（8）符合各压力容器规范的要求。

除上述说明外，各受压元件的详细设计计算还应符合压力容器规范中的相关要求。例如，潜水器尺度较长的内压容器大都卧式安放在机架上或与耐压结构本体相连接，安装时应符合《钢制卧式容器》（JB/T 4731—2005）的要求，如此等等。

参考文献

[1] 于爽, 胡勇, 王芳, 等. 全海深载人潜水器超高强度钢制载人球壳的极限强度分析与模型试验[J]. 船舶力学, 2019, 23(1): 51-57.

[2] 中国船级社. 潜水系统和潜水器入级规范[S]. 北京: 人民交通出版社, 2018.

[3] 余国琮. 化工容器及设备[M]. 北京: 化学工业出版社. 1980.

[4] 中国船级社. 钢质海船入级规范第3分册[S]. 北京: 人民交通出版社, 2015.

附录 A 潜水器壳体加工容差检测参考值

1. 潜水器球壳和单跨圆柱壳整体与局部容差检测及容差参考值

（1）整体圆度容差。

载人潜水器载人舱的整体圆度容差是指壳体的名义半径与实际半径之间的最大容许偏差。球型及圆柱形载人舱的整体圆度容差不得大于名义半径的 0.4%。

（2）局部圆度容差。

载人潜水器载人舱的局部圆度容差是指壳体半径等于壳体内或外半径的扇形样板与壳体之间的最大容许间隙。

载人舱的局部圆度容差不超过以下值：

$$e = \frac{0.01 L_a}{1 + \frac{L_a}{R_i}} \tag{A.1}$$

式中　e——局部圆度容差（mm）；

R_i——壳体名义内半径（mm）；

L_a——扇形样板弧长（mm）。对于球形及圆柱形的壳体，其扇形样板弧长分别取以下值：

$$L_a = 2.44\sqrt{R_i t} \quad （球形壳体） \tag{A.2}$$

式中：系数 2.44 与第 4 章球壳计算方法的临界弧长一致。

$$L_a = 1.15\sqrt{l\sqrt{R_i t}} \text{ 或 } L_a = 0.5\pi R_i \quad 取小值（圆柱壳体） \tag{A.3}$$

式中　t——壳板实际厚度（mm）；

L_a——肋骨间距（mm）。

当圆柱壳体 $l/R_i < 1.40\sqrt{t/R_i}$ 时，应检查壳体母线的局部直度。载人舱局部直度容差是指肋骨间壳板与壳体母线之间的径向最大差值。载人舱局部直度容差最大值不应超过上述规定的 e 值。

2. 环肋圆柱壳、锥壳壳板和肋骨尺寸检测及偏差参考值

针对潜水器及深海装备的环肋圆柱壳、球封头结构，提出如下容差参考标准。

(1) T 型肋骨腹板和面板的尺度参考值

① 腹板厚度 $t_f > 0.5t$（t 为壳板厚度），腹板高度 $l_f < 20 t_f$（外肋骨）或 $l_f < 25 t_f$（内肋骨）。

② 面板厚度 $t_m \geqslant 0.7t$，面板宽度 $l_m \geqslant \frac{1}{3} l_f$，肋骨腹板偏离垂直面不应超过腹板高度的 3%，对满足这些条件肋骨不需检验其腹板的侧向稳定性。

(2) 形状测量参考值

① 壳板凹凸度不大于 $0.5t$（t 为壳板厚度），也不得大于 4mm。

② 壳板对接缝板壁差异不大于 $0.5t$，也不得大于 4mm。

③ 模型柱段长度偏差不大于±2.5mm，壳体内径偏差不大于±2.0mm，其余未注尺寸偏差不大于 2.0mm。

④ 球封头圆度容差不大于 $0.5\%R$（R 为封头内径）。

⑤ 壳板径向初挠度偏差不大于 $0.15t$，也不得大于 4mm。

⑥ 肋骨径向初挠度偏差不大于 $0.25\%R$（R 为壳体半径）。

⑦ 肋骨间距偏差不大于±1.0mm，检查位置：周向取 16 点。

⑧ 肋骨高度偏差不大于±1.0mm，检查位置：周向取 16 点。

⑨ 肋骨腹板垂直度偏差不大于±0.03 t_f，检查位置：周向取 16 点。

⑩ 肋骨波纹度偏差不大于±0.03h，检查位置：周向取 16 点。

附录 B　结构可靠性计算方法简介

目前结构可靠性分析方法大致有三种：第一水平法（又称局部安全因子法），第二水平法（又称近似概率法），第三水平法（全概率法）。

第二水平法通常要求对失效域进行理想化处理，并对各变量的联合概率密度函数做简化表达，其中有代表性的是一次二阶矩（Advanced First-Order Second Moment，AFOSM）法。由于该法计算结构可靠性指标只需要随机变量的前二阶矩，而极限状态函数的泰勒级数展开式也只取常数项和一次项，因而被称为一次二阶矩法。改进 AFOSM 法克服了早期该类方法存在的可靠性指标依赖于极限状态函数表达的问题，同时也解决了分布随机变量的可靠性计算问题，因而被广泛地采用。尽管多数 AFOSM 法需用到变量的当量正态化法（如 JC 法，即第一水平法）和失效函数（即极限状态函数），在设计点处的线性化等近似计算在多数情况下会影响 AFOSM 法的计算精度，但由于 AFOSM 法计算简单快速、适应性好，仍被广泛地应用于工程界。下面将以书中潜水器舱段结构的可靠性计算为例对 AFOSM 法做适当的概述。

设多个相互独立的正态随机变量 X_1, X_2, $\cdots$, X_n，其满足的极限状态方程为

$$Z = G(X_1, X_2, \cdots, X_n) = 0 \tag{B.1}$$

上述方程可以是线性的，也可以是非线性的。它表示 X 空间的一个曲面，这个曲面把 n 维空间分成安全域和失效域，故该曲面又被称为失效面。其结构的失效概率可表示为

$$p_f = \int \cdots \int_{Z=G(X<0)} f(X_1, X_2, \cdots, X_n) \, dX_1 \cdots dX_n \tag{B.2}$$

式中：$f(X_1, X_2, \cdots, X_n)$ 为在 X 空间的联合概率密度函数。

引进标准化正态随机变量：

$$\bar{X} = \frac{X_i - \mu_{X_i}}{\sigma_{X_i}} \quad i = 1, 2, \cdots, n \tag{B.3}$$

则极限状态方程在 $\bar{X}$ 空间中可表示为

$$Z = G(\bar{X}_1 \sigma_{X_1} + \mu_{X_1}, \bar{X}_2 \sigma_{X_2} + \mu_{X_2}, \cdots, \bar{X}_n \sigma_{X_n} + \mu_{X_n}) = 0$$

定义可靠性指标 β_o，它是标准正态 $\bar{X}$ 空间中原点 O 到极限状态曲面的最短距离，如图 B.1 中的 OA，O 点为"设计验算点"，简称"设计点"。

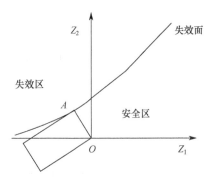

图 B.1 可靠性指标 β_o 示意图

极限状态曲面在 A 点的法线的方向余弦（也即 OA 的方向余弦）为

$$\cos\theta_{\bar{X}_i} = \cos\theta_{X_i} = \frac{-\frac{\partial G}{\partial X_i}\Big|_A \cdot \sigma_{X_i}}{\left[\sum_{i=1}^n \left(\frac{\partial G}{\partial X_i}\Big|_A \cdot \sigma_{X_i}\right)^2\right]^{1/2}} \tag{B.4}$$

式中：$\frac{\partial G}{\partial X_i}\Big|_A$ ——函数 $G(X_1, X_2, \cdots, X_n)$ 对 X_i 的偏导数在 A 点的值。在 $\bar{X}$ 空间中设计点 A 的坐标表示为 $\bar{X}_i^* = \frac{X_i^* - \mu_{X_i}}{\sigma_{X_i}} = \beta_o \cos\theta_{X_i}$，即

$$\bar{X}_i^* = \mu_{X_i} + \beta_o \sigma_{X_i} \cos\theta_{X_i} \quad i=1,2,\cdots,n \tag{B.5}$$

式中：μ_{X_i}、σ_{X_i} ——随机变量 X_i 的平均值和方差。A 在极限状态曲面上需满足极限状态方程：

$$G(X_1^*, X_2^*, \cdots, X_n^*) = 0 \tag{B.6}$$

由式（B.4）、式（B.5）、式（B.6）联立，可求解可靠性指标 β_o 及设计点 X_i^*，并按照下式计算失效概率。

$$P_f = 1 - \Phi(\beta_o) \tag{B.7}$$

式中：$\Phi(\cdot)$ ——标准正态分布函数。

对于非正态相关随机变量的情况，需通过当量正态化及相关变量的独立交换将其转化成相互独立的标准正态随机变量。对于当量正态化过程的"当量"条件如下：

（1）在计点 X^* 处，正态变量 X_i' 的分布函数 $F_{X_i'}(X_i^*)$ 与非正态变量 X_i 的分布函数 $F_{X_i}(X_i^*)$ 相等，即 $F_{X_i'}(X_i^*) = F_{X_i}(X_i^*)$，或 $\Phi\left(\frac{X_i^* - \mu_{X_i'}}{\sigma_{X_i'}}\right) = F_{X_i}(X_i^*)$。于

是当量正态分布的平均值为

$$\mu_{X_i'}=X_i^* - \Phi^{-1}\left[F_{X_i}(X_i^*)\right]\cdot\sigma_{X_i'} \tag{B.8}$$

（2）概率密度函数 $f_{X_i'}=(X_i^*)=f_{X_i}=(X_i^*)$，或 $\dfrac{\varphi\{\Phi^{-1}[F_{X_i}(X_i^*)]\}}{\sigma_{X_i'}}=f_{X_i}(X_i^*)$。于是当量正态分布的标准差为

$$\sigma_{X_i'}=\dfrac{\varphi\{\Phi^{-1}[F_{X_i}(X_i^*)]\}}{f_{X_i}(X_i^*)} \tag{B.9}$$

式中　$\Phi^{-1}(\cdot)$——标准正态分布函数 $\Phi(\cdot)$ 的反函数；

$\varphi(\cdot)$——标准正态分布的概率密度函数。

根据状态方程中正态随机变量的当量 μ_{X_i}、σ_{X_i}，即可由式（B.5）、式（B.6）、式（B.7）计算 β_o，但是 μ_{X_i} 及 σ_{X_i} 是按设计验算点 X_i^* 计算的，而设计验算点 X_i^* 值是待求值，所以式（B.5）、式（B.6）、式（B.7）是相互制约的，一般采用迭代法计算 β_o，迭代数次即可收敛。

附录 C 环肋圆柱壳采用钛合金、铝合金的强度简化计算比较算例

（1）钛合金材料模型 1，设定参数如下。

泊松比 $\mu = 0.3$；

半径 $R = 630\text{mm}$；

圆柱壳厚 $t = 18\text{mm}$；

肋骨间距 $l = 240\text{mm}$；

计算剖面积 $F = 1800\text{mm}^2$；

计算压力 $p = 21\text{MPa}$；

弹性模量 $E = 110000\text{MPa}$；

屈服强度 $R_{\text{eH}} = 770\text{MPa}$。

计算参数如下。

$$u = 0.643\frac{l}{\sqrt{Rt}} = 1.44916, \qquad \gamma = 0.8261\frac{R^2 p}{t^2 E} = 0.19319$$

$$\beta = \frac{lt}{F} = 2.4, \qquad \eta = 2u\gamma = 0.56$$

钛合金材料模型 1 辅助函数的精确解和近似解对比如表 C.1 所示。

表 C.1 辅助函数的精确解和近似解对比（钛合金材料模型 1）

辅助函数	精确解	近似解	
	$\eta = 0.56$	$\eta = 0$	$\eta = 1$
$F_1(u_1 u_2)$	0.7222	0.7494	0.6958
$F_2(u_1 u_2)$	1.5507	1.4615	1.6353
$F_3(u_1 u_2)$	0.7569	0.6599	0.8531
$F_4(u_1 u_2)$	0.4085	0.4547	0.3634
e_1	0.3659	0.3573	0.3745
e_2	0.5674	0.5222	0.6126
e_3	0.2769	0.2358	0.3195
e_4	0.1494	0.1625	0.1361

附录 C　环肋圆柱壳采用钛合金、铝合金的强度简化计算比较算例

计算壳板和肋骨的应力与挠度，并与精确解对比计算两种近似解的误差。计算结果如表 C.2 所列。

表 C.2　应力与挠度的精确解和近似解对比（钛合金材料模型 1）

应力与挠度（最大绝对值）	单位	精确解 $\eta=0.56$	近似解 $\eta=0$	误差	近似解 $\eta=1$	误差
跨中 $\omega_{max}=\dfrac{pR^2}{Et}(0.85-e_4)$	mm	2.949	2.8942	−1.858%	3.0051	1.902%
跨端 $\omega_1=0.85\dfrac{pR^2}{Et}(1-e_1)$	mm	2.269	2.2995	1.344%	2.2379	−1.37%
$\sigma_1'=\dfrac{pR}{t}(0.5+e_2)$	MPa	784.5047	751.3395	−4.23%	817.6783	4.23%
$\sigma_1''=\dfrac{pR}{t}(0.5+e_3)$	MPa	571.0426	540.825	−5.29%	602.343	5.48%
$\sigma_f=0.85\dfrac{pR}{t}(1-e_1)$	MPa	396.1758	401.5076	1.35%	390.7524	−1.37%
$\sigma_2'=\sigma_f+\mu\sigma_1'$	MPa	631.5272	626.9095	−0.73%	636.0559	0.717%
$\sigma_2''=\dfrac{pR}{t}(1-e_4+\mu e_3)$	MPa	686.2191	667.5872	−2.72%	705.4009	2.8%
$\sigma_2^0=\dfrac{pR}{t}(1-e_4)$	MPa	625.1563	615.5897	−1.53%	634.948	1.57%

（2）钛合金材料模型 2，设定参数如下。
泊松比 $\mu=0.3$；
半径 $R=112\text{mm}$；
圆柱壳厚 $t=25\text{mm}$；
肋骨间距 $l=500\text{mm}$；
计算压力 $p=173\text{MPa}$；
弹性模量 $E=115000\text{MPa}$；
屈服强度 $R_{eH}=950\text{MPa}$；
计算参数如下。

$$u=0.643\dfrac{l}{\sqrt{Rt}}=6.1,\quad \gamma=0.8261\dfrac{R^2p}{t^2E}=0.0256$$

$$\beta=\dfrac{lt}{F}=4.0,\quad \eta=2u\gamma=0.31232$$

钛合金材料模型 2 辅助函数的精确解和近似解对比如表 C.3 所示。

表 C.3　辅助函数的精确解和近似解对比（钛合金材料模型 2）

辅助函数	精确解 $\eta=0.31232$	近似解 $\eta=0$	近似解 $\eta=1$
$F_1(u_1u_2)$	0.162	0.1641	0.1572
$F_2(u_1u_2)$	1.5433	1.5433	1.5433

（续）

辅助函数	精确解	近似解	
	$\eta = 0.31232$	$\eta = 0$	$\eta = 1$
$F_3(u_1u_2)$	−0.0083	−0.0082	−0.0085
$F_4(u_1u_2)$	0.0037	0.003	0.0052
e_1	0.6068	0.6037	0.6139
e_2	0.9365	0.9317	0.9475
e_3	−0.005	−0.0049	−0.0052
e_4	0.0022	0.0018	0.0032

计算壳板和肋骨的应力与挠度，并与精确解对比计算两种近似解的误差。计算结果如表 C.4 所列。

表 C.4 应力与挠度的精确解和近似解对比（钛合金材料模型 2）

应力与挠度（最大绝对值）	单位	精确解	近似解			
		$\eta = 0.31232$	$\eta = 0$	误差	$\eta = 1$	误差
跨中 $\omega_{max} = \dfrac{pR^2}{Et}(0.85 - e_4)$	mm	0.6501	0.6504	0.0461%	0.6494	−0.1078%
跨端 $\omega_1 = 0.85\dfrac{pR^2}{Et}(1 - e_1)$	mm	0.2563	0.2583	0.7743%	0.2517	−1.8276%
$\sigma_1' = \dfrac{pR}{t}(0.5 + e_2)$	MPa	1127.6	1123.8	−0.3381%	1136.2	0.7569%
$\sigma_1'' = \dfrac{pR}{t}(0.5 + e_3)$	MPa	388.5154	388.6093	0.0242%	388.3679	−0.038%
$\sigma_f = 0.85\dfrac{pR}{t}(1 - e_1)$	MPa	262.3368	264.4083	0.7834%	257.6042	−1.8372%
$\sigma_2' = \sigma_f + \mu\sigma_1'$	MPa	600.6148	601.5585	0.1569%	598.4582	−0.3604%
$\sigma_2'' = \dfrac{pR}{t}(1 - e_4 + \mu e_3)$	MPa	782.0116	782.3463	0.0428%	781.2116	−0.1024%
$\sigma_2^0 = \dfrac{pR}{t}(1 - e_4)$	MPa	783.1993	783.5058	0.0391%	782.4436	−0.0966%

（3）铝合金材料 6061-T6 模型，设定参数如下。

泊松比 $\mu = 0.3$；

半径 $R = 83\text{mm}$；

圆柱壳厚 $t = 6\text{ mm}$；

肋骨间距 $l = 145\text{ mm}$；

计算剖面积 $F = 120\text{ mm}^2$；

计算压力 $p = 9\text{MPa}$；

弹性模量 $E = 69000\text{MPa}$；

屈服强度 $R_{eH} = 245\text{MPa}$。

计算参数如下。

$$u = 0.643 \frac{l}{\sqrt{Rt}} = 4.1715, \quad \gamma = 0.8261 \frac{R^2 p}{t^2 E} = 0.0206$$

$$\beta = \frac{lt}{F} = 7.25, \quad \eta = 2u\gamma = 0.172$$

铝合金材料辅助函数精确解和近似解对比如表 C.5 所示。

表 C.5 辅助函数的精确解和近似解对比（铝合金材料）

辅助函数	精确解	近似解	
	$\eta = 0.172$	$\eta = 0$	$\eta = 1$
$F_1(u_1 u_2)$	0.2372	0.2397	0.225
$F_2(u_1 u_2)$	1.542	1.542	1.5421
$F_3(u_1 u_2)$	−0.019	−0.0163	−0.0342
$F_4(u_1 u_2)$	−0.0366	−0.036	−0.0387
e_1	0.3677	0.3653	0.3801
e_2	0.567	0.5633	0.5861
e_3	−0.007	−0.006	−0.013
e_4	−0.0135	−0.0131	−0.0147

计算壳板和肋骨的应力与挠度，并与精确解对比计算两种近似解的误差。计算结果如表 C.6 所列。

表 C.6 应力与挠度的精确解和近似解对比（铝合金材料）

应力与挠度（最大绝对值）	单位	精确解	近似解			
		$\eta = 0.172$	$\eta = 0$	误差	$\eta = 1$	误差
跨中 $\omega_{max} = \frac{pR^2}{Et}(0.85 - e_4)$	mm	0.1293	0.1293	0%	0.1295	0.1544%
跨端 $\omega_1 = 0.85 \frac{pR^2}{Et}(1 - e_1)$	mm	0.0805	0.0808	0.3713%	0.0789	−2.0279%
$\sigma_1' = \frac{pR}{t}(0.5 + e_2)$	MPa	132.8379	132.3768	−0.3483%	135.2246	1.765%
$\sigma_1'' = \frac{pR}{t}(0.5 + e_3)$	MPa	61.3783	61.5082	0.2112%	60.6337	−1.228%
$\sigma_f = 0.85 \frac{pR}{t}(1 - e_1)$	MPa	66.915	67.1697	0.3792%	65.6018	−2.0018%
$\sigma_2' = \sigma_f + \mu\sigma_1'$	MPa	106.7664	106.8827	0.1088%	106.1692	−0.5625%
$\sigma_2'' = \frac{pR}{t}(1 - e_4 + \mu e_3)$	MPa	125.9159	125.9137	−0.0017%	125.848	−0.054%
$\sigma_2^0 = \frac{pR}{t}(1 - e_4)$	MPa	126.1774	126.1362	−0.0327%	126.3328	0.123%

附录 D 考虑初挠度影响的环肋圆柱壳应力和极限承载能力计算分析

1. 考虑初挠度影响的圆柱壳壳板应力

1.1 环肋圆柱壳的原始方程

对于圆柱坐标沿壳体母线坐标 ζ、壳体周向角坐标 θ 下的闭合圆柱壳,其主曲率半径 $R_1=\infty$、$R_2=R$,在横向水压力 p 和中面外力 T_1^*、T_2^* 和 T_{12}^*、T_{21}^* 作用下,其单位面积上的内力 q_n 为

$$q_n = p + T_1^*\mathscr{æ}_1 + T_2^*\mathscr{æ}_2 + T_{12}^*\mathscr{æ}_{12}$$

由一般薄壳理论方程可得到圆柱壳的原始方程如下。
圆柱壳平衡方程

$$\begin{cases} \dfrac{\partial T_1}{R\partial\zeta} + \dfrac{\partial T_{21}}{R\partial\theta} = 0 \\ \dfrac{\partial T_{12}}{R\partial\zeta} + \dfrac{\partial T_2}{R\partial\theta} + \dfrac{N_2}{R} = 0 \\ \dfrac{\partial N_1}{R\partial\zeta} + \dfrac{\partial N_2}{R\partial\theta} - \dfrac{T_2}{R} + q_n = 0 \\ \dfrac{\partial M_1}{R\partial\zeta} + \dfrac{\partial M_{12}}{R\partial\theta} - N_1 = 0 \\ \dfrac{\partial M_{12}}{R\partial\zeta} + \dfrac{\partial M_2}{R\partial\theta} - N_2 = 0 \end{cases} \quad (D.1)$$

圆柱壳几何方程

$$\begin{cases} \varepsilon_1 = \dfrac{\partial u}{R\partial \zeta} \\ \varepsilon_2 = \dfrac{\partial v}{R\partial \theta} + \dfrac{W}{R} \\ \varepsilon_{12} = \dfrac{1}{R}\left(\dfrac{\partial v}{\partial \zeta} + \dfrac{\partial u}{\partial \theta}\right) \\ æ_1 = -\dfrac{1}{R^2}\dfrac{\partial^2 w}{\partial \zeta^2} \\ æ_2 = -\dfrac{1}{R^2}\left(\dfrac{\partial^2 w}{\partial \theta^2} + w\right) \\ æ_{12} = -\dfrac{1}{R^2}\left(\dfrac{\partial^2 w}{\partial \zeta \partial \theta} - \dfrac{\partial v}{\partial \zeta}\right) \end{cases} \quad (D.2)$$

1.2 初挠度引起的附加力和力矩

假定环肋圆柱壳壳板的初挠度相对壳板厚度为小值，其分布与壳板失稳波形一致，初挠度引起的附加力和附加力矩是一个局部范围的自身平衡体系；壳体弯曲时初挠度不引起壳体中面环向的延伸，即 $\varepsilon_2 = 0$，由式（D.2）可知 $\dfrac{\partial v}{\partial \theta} = -w$，$v$ 为 θ 的函数，故 $\dfrac{\partial v}{\partial \zeta} = 0$，中面边界力 $T_1^* = \dfrac{pR}{2}$、$T_2^* = pR$，忽略 T_{12}^*，由式（D.1）可以获得初挠度引起的附加力和附加力矩的平衡方程，即

$$\begin{cases} \dfrac{\partial \bar{T}_1}{\partial \zeta} + \dfrac{\partial \bar{T}_{12}}{\partial \theta} = 0 \\ \dfrac{\partial \bar{T}_{12}}{\partial \zeta} + \dfrac{\partial \bar{T}_2}{\partial \theta} + \dfrac{1}{R}\left(\dfrac{\partial \bar{M}_2}{\partial \theta} + \dfrac{\partial \bar{M}_{12}}{\partial \zeta}\right) = 0 \\ \dfrac{1}{R^2}\left(\dfrac{\partial^2 \bar{M}_1}{\partial \zeta^2} + \dfrac{\partial^2 \bar{M}_2}{\partial \theta^2} + 2\dfrac{\partial^2 \bar{M}_{12}}{\partial \zeta \partial \theta}\right) - \dfrac{\bar{T}_2}{R} + \dfrac{pR}{2}(æ_1 + 2æ_2) = 0 \end{cases} \quad (D.3)$$

式中　$\bar{T}_1$、$\bar{T}_2$ 和 $\bar{T}_{12}$——作用在壳体横截面、纵截面上的附加力和附加剪力；

$\bar{M}_1$、$\bar{M}_2$ 和 $\bar{M}_{12}$——作用在壳体横截面、纵截面上的附加弯矩和扭矩；

$æ_1$、$æ_2$——壳体横向和纵向截面中的曲率变化，$æ_1 = -\dfrac{1}{R^2}\dfrac{\partial^2 w}{\partial \zeta^2}$，

$æ_2 = -\dfrac{1}{R^2}\left(\dfrac{\partial^2 w}{\partial \theta^2} + w\right)$；

w 为径向位移总和（初挠度与壳体径向附加挠度之和）。

这样，由圆柱壳原始方程中的物理方程简化得出附加力、附加力矩与位移的关系式，即

$$\begin{cases} \bar{T}_1 = \dfrac{Et}{1-\mu^2}\left[\dfrac{\partial u}{R\partial \zeta}+\mu\left(\dfrac{\partial v}{R\partial \theta}+\dfrac{w}{R}\right)\right]=\dfrac{Et}{1-\mu^2}\dfrac{\partial u}{R\partial \zeta} \\ \bar{T}_2 = \dfrac{Et}{1-\mu^2}\left[\mu\dfrac{\partial u}{R\partial \zeta}+\left(\dfrac{\partial v}{R\partial \theta}+\dfrac{w}{R}\right)\right]=\dfrac{Et}{1-\mu^2}\cdot\mu\dfrac{\partial u}{R\partial \zeta} \\ \bar{T}_{12} = \dfrac{Et}{2(1+\mu)}\left(\dfrac{\partial u}{R\partial \theta}+\dfrac{\partial v}{R\partial \zeta}\right)=\dfrac{Et}{2(1+\mu)}\dfrac{\partial u}{R\partial \theta} \\ \bar{M}_1 = -\dfrac{Et^3}{12(1-\mu^2)}\left[\dfrac{1}{R^2}\dfrac{\partial^2 w}{\partial \zeta^2}+\mu\dfrac{1}{R^2}\left(\dfrac{\partial^2 w}{\partial \theta^2}+w\right)\right] \\ \bar{M}_2 = -\dfrac{Et^3}{12(1-\mu^2)}\left[\dfrac{1}{R^2}\left(\dfrac{\partial^2 w}{\partial \theta^2}+w\right)+\mu\dfrac{1}{R^2}\dfrac{\partial^2 w}{\partial \zeta^2}\right] \\ \bar{M}_{12} = -\dfrac{Et^3}{12(1+\mu)}\left[\dfrac{1}{R^2}\left(\dfrac{\partial^2 w}{\partial \zeta\partial \theta}-\dfrac{\partial v}{\partial \zeta}\right)\right]=-\dfrac{Et^3}{12(1+\mu)}\dfrac{\partial^2 w}{R^2\partial \zeta\partial \theta} \end{cases} \quad (D.4)$$

设壳体的纵向、切向、径向位移采用失稳时的位移形式：

$$\begin{cases} u=\bar{u}\cos\alpha\zeta\cos n\theta \\ v=\bar{v}\sin\alpha\zeta\sin n\theta \\ w=\bar{w}\sin\alpha\zeta\cos n\theta \end{cases} \quad (D.5)$$

式中　n——圆周方向的半波数；

$\alpha=\dfrac{\pi R}{l}$；

$\bar{u}$、$\bar{v}$、$\bar{w}$——壳体纵向、切向和径向的附加位移。

将式（D.5）代入式（D.4），$\bar{T}_1$、$\bar{T}_2$ 和 $\bar{T}_{12}$ 均为 u 的函数，见式（D.4），考虑到附加位移均为小量，近似地以附加挠度 $\bar{w}$ 乘以待定系数的形式来表示，由式（D.4）可得

$$\begin{cases} \bar{T}_1=a\bar{w}\sin\alpha\zeta\cos n\theta, & \bar{M}_1=d\bar{w}\sin\alpha\zeta\cos n\theta \\ \bar{T}_2=b\bar{w}\sin\alpha\zeta\cos n\theta, & \bar{M}_1=e\bar{w}\sin\alpha\zeta\cos n\theta \\ \bar{T}_{12}=c\bar{w}\cos\alpha\zeta\sin n\theta, & \bar{M}_{12}=f\bar{w}\cos\alpha\zeta\sin n\theta \end{cases} \quad (D.6)$$

式中：a、b、c 待定系数的确定是在引用巴泼柯维奇复杂弯曲理论求解圆环由初挠度引起的附加弯曲弹性位移（见 5.4.3.1 节）的基础上由平衡方程（D.3）确定，d、e、f 待定系数可由式（D.4）中后 3 式的相应关系式直接确定。

求出 a、b、c、d、e、f 系数后,并考虑到 $\dfrac{\alpha^2 t}{R}=\dfrac{\pi^2 Rt}{l^2}=\dfrac{4.07}{u^2}$、$\lambda=\dfrac{n}{\alpha}$、$u=\dfrac{0.643l}{\sqrt{Rt}}$、$\mu=0.3$,则附加力和附加力矩得到以下的表达式:

$$\begin{cases}\overline{T}_1=\dfrac{Et^2}{R}\lambda^2\left[\dfrac{1}{(\lambda^2+1)^2}+0.373\dfrac{t}{R}\dfrac{(\lambda^2+1)}{u^2}\right]\eta\dfrac{p}{p_E}\overline{f}\sin\alpha\zeta\cos n\theta\\[6pt]\overline{T}_2=\dfrac{Et^2}{R}\dfrac{1}{(\lambda^2+1)^2}\eta\dfrac{p}{p_E}\overline{f}\sin\alpha\zeta\cos n\theta\\[6pt]\overline{T}_{12}=\dfrac{Et^2}{R}\lambda\left[\dfrac{1}{(\lambda^2+1)^2}+0.373\dfrac{t}{R}\dfrac{(\lambda^2+1)}{u^2}\right]\eta\dfrac{p}{p_E}\overline{f}\cos\alpha\zeta\sin n\theta\\[6pt]\overline{M}_1=0.373\dfrac{Et^2}{R^2}\dfrac{(\mu\lambda^2+1)}{u^2}\eta\dfrac{pRt}{p_E}\overline{f}\sin\alpha\zeta\cos n\theta\\[6pt]\overline{M}_2=0.373\dfrac{Et^2}{R^2}\dfrac{(\lambda^2+\mu)}{u^2}\eta\dfrac{pRt}{p_E}\overline{f}\sin\alpha\zeta\cos n\theta\\[6pt]\overline{M}_{12}=0.261\dfrac{Et^2}{R^2}\dfrac{\lambda}{u^2}\eta\dfrac{pRt}{p_E}\overline{f}\cos\alpha\zeta\sin n\theta\end{cases}\quad(\text{D.7})$$

式中

$$p_E=\varphi(u,\beta)E\left(\dfrac{t}{R}\right)^2\qquad \eta=1/\left(1-\dfrac{p}{p_E}\right)$$

应用以上附加力和力矩的表达式可求出书中轴对称和多波失稳状态下的跨中附加应力和表面总应力。

2. 考虑初挠度的环肋圆柱壳承载能力的近似计算

2.1 弹性力学中的应力-应变关系式

应力-应变关系式为

$$\begin{cases} e_1 = \dfrac{1}{E}[\sigma_1 - \mu(\sigma_2 + \sigma_3)] \\ e_2 = \dfrac{1}{E}[\sigma_2 - \mu(\sigma_1 + \sigma_3)] \\ e_3 = \dfrac{1}{E}[\sigma_3 - \mu(\sigma_2 + \sigma_1)] \\ e_{12} = \dfrac{1}{G}\sigma_{12} \\ e_{23} = \dfrac{1}{G}\sigma_{23} \\ e_{13} = \dfrac{1}{G}\sigma_{13} \end{cases} \qquad (D.8)$$

式中

$$G = \dfrac{E}{2(1+\mu)}$$

应变强度 e_i 表达式为

$$e_i = \dfrac{\sqrt{2}}{3}\sqrt{(e_1-e_2)^2 + (e_2-e_3)^2 + (e_3-e_1)^2 + \dfrac{3}{2}(e_{12}^2 + e_{23}^2 + e_{31}^2)} \qquad (D.9)$$

考虑塑性状态 $\mu = 0.5$，$e_3 = -(e_1 + e_2)$，忽略剪切影响，则

$$e_i = \dfrac{2}{\sqrt{3}}\sqrt{e_1^2 + e_2^2 + e_1 e_2} \qquad (D.10)$$

环肋圆柱壳壳板应力为平面应力状态，由弹性力学薄壳理论可知

$$\begin{cases} \sigma_1 = \sigma_1^0 - \dfrac{Ez}{1-\mu^2}(\mathscr{æ}_1 + \mu\mathscr{æ}_2) = \dfrac{E}{1-\mu^2}(e_1 + \mu e_2) \\ \sigma_2 = \sigma_2^0 - \dfrac{Ez}{1-\mu^2}(\mathscr{æ}_2 + \mu\mathscr{æ}_1) = \dfrac{E}{1-\mu^2}(e_2 + \mu e_1) \end{cases} \qquad (D.11)$$

式中

$$\begin{cases} e_1 = \varepsilon_1 - \mathscr{æ}_1 z \\ e_2 = \varepsilon_2 - \mathscr{æ}_2 z \end{cases} \qquad (D.12)$$

σ_1^0、σ_2^0——中面应力；

ε_1、ε_2——中面应变；

$\mathscr{æ}_1$、$\mathscr{æ}_2$——曲率增量；

z——壳板中面法向坐标。

将式（D.12）代入式（D.10）得

$$e_i = \dfrac{2}{\sqrt{3}}\sqrt{\varepsilon_1^2 + \varepsilon_2^2 + \varepsilon_1\varepsilon_2 - 2P_{\text{ek}}z + P_k z^2} \qquad (D.13)$$

式中

$$\begin{cases} P_{\varepsilon k} = \varepsilon_1 æ_1 + \varepsilon_2 æ_2 + \dfrac{1}{2}\varepsilon_1 æ_2 + \dfrac{1}{2}\varepsilon_2 æ_1 \\ P_k = æ_1^2 + æ_1 æ_2 + æ_2^2 \end{cases}$$

2.2 塑性力学中力的表达式

在塑性形变理论中取 $\mu = 0.5$，E 取割线模量 $E_s = \dfrac{\sigma_i}{e_i}$，由式（D.11）积分可得力的表达式：

$$\begin{cases} T_1 = \int_{-t/2}^{t/2} \sigma_1 \mathrm{d}z = \dfrac{4}{3}[(\varepsilon_1 + 0.5\varepsilon_2)I_1 - (æ_1 + 0.5æ_2)I_2] \\ T_2 = \int_{-t/2}^{t/2} \sigma_2 \mathrm{d}z = \dfrac{4}{3}[(\varepsilon_2 + 0.5\varepsilon_1)I_1 - (æ_2 + 0.5æ_1)I_2] \end{cases} \quad (\text{D.14})$$

式中

$$\begin{cases} I_1 = \int_{-t/2}^{t/2} E_s \mathrm{d}z = \int_{-t/2}^{t/2} \dfrac{\sigma_i}{e_i} \mathrm{d}z \\ I_2 = \int_{-t/2}^{t/2} E_s z \mathrm{d}z = \int_{-t/2}^{t/2} \dfrac{\sigma_i}{e_i} z \mathrm{d}z \end{cases} \quad (\text{D.15})$$

式（D.15）积分时取 $\sigma_i = R_{eH}$，并将 e_i 写成 $e_i = \dfrac{2}{\sqrt{3}}\sqrt{a + bz + cz^2}$，积分得

$$\begin{cases} I_1 = \dfrac{\sqrt{3}}{2}\dfrac{B}{P_k^{1/2}} \\ I_2 = \dfrac{3}{4}\dfrac{(e_i^{BH} - e_i^{Hap})R_{eH}}{P_k} + \dfrac{\sqrt{3}}{2}\dfrac{P_{\varepsilon k}}{P_k^{3/2}}B \end{cases} \quad (\text{D.16})$$

式中 $B = R_{eH} \cdot \ln\left(2cz + b + 2\sqrt{c}\sqrt{a + bz + cz^2}\right)\Big|_{-\frac{t}{2}}^{\frac{t}{2}}$；

e_i^{Hap}——外表面应变强度；

e_i^{BH}——内表面应变强度。

将 T_1 和 $æ_1$、T_2 和 $æ_2$ 相乘，然后两部分相加：

$$T_1 æ_1 + T_2 æ_2 = \dfrac{4}{3}(I_1 P_{\varepsilon k} - I_2 P_k) = R_{eH}(e_i^{Hap} - e_i^{BH}) \quad (\text{D.17})$$

这是截面整个厚度满足屈服条件时力与应变之间的关系式，考虑到力 T_1 的静定性和简单加载时力与应变的不变关系，当所有力与应变依赖于静水压力一个参数时，关系式（D.17）可以用近似估算壳体丧失承载能力的临界压力。

2.3 考虑初挠度的跨中壳板极限承载能力

位于跨中壳板凹陷（或凸起）的多波初挠度情况下的极限承载能力的关系式可以引用式（D.17），并写为：T_1、T_2、$æ_1$、$æ_2$ 为没有初挠度的壳板的力和曲率增量，其中 $æ_2 = 0$；$\overline{T}_1$、$\overline{T}_2$、$\overline{æ}_1$、$\overline{æ}_2$ 为附加力和附加曲率增量。在 $\mu = 0.5$ 且 $\dfrac{t}{R}$ 与 "1" 相比可以忽略的条件下，由式（D.7）可得

$$\begin{cases} \overline{T}_1 = pR\dfrac{\lambda^2}{(\lambda^2+1)^2}\dfrac{\overline{f}\eta}{\varphi} \\[4pt] \overline{T}_2 = pR\dfrac{1}{(\lambda^2+1)^2}\dfrac{\overline{f}\eta}{\varphi} \\[4pt] \overline{T}_{12} = pR\dfrac{\lambda}{(\lambda^2+1)^2}\dfrac{\overline{f}\eta}{\varphi} \\[4pt] \overline{M}_1 = 0.453\dfrac{pRt}{u^2}(1+0.5\lambda^2)\dfrac{\overline{f}\eta}{\varphi} \\[4pt] \overline{M}_2 = 0.453\dfrac{pRt}{u^2}(0.5+\lambda^2)\dfrac{\overline{f}\eta}{\varphi} \\[4pt] \overline{M}_{12} = 0.226\dfrac{pRt}{u^2}\lambda\dfrac{\overline{f}\eta}{\varphi} \end{cases} \quad (D.18)$$

并由式（D.13）可以确定应变强度为

$$\begin{cases} e_i^{Hap} = e_i\big|_{z=t/2} = \dfrac{2}{\sqrt{3}}\sqrt{\left(\varepsilon_{1a}+\dfrac{1}{2}\varepsilon_{2a}-\dfrac{æ_{1a}t}{2}-\dfrac{æ_{2a}t}{4}\right)^2 + \dfrac{3}{4}\left(æ_{2a}-\dfrac{æ_{2a}t}{2}\right)^2} \\[6pt] e_i^{BH} = e_i\big|_{z=-t/2} = \dfrac{2}{\sqrt{3}}\sqrt{\left(\varepsilon_{2a}+\dfrac{1}{2}\varepsilon_{2a}+\dfrac{æ_{2a}t}{2}+\dfrac{æ_{2a}t}{4}\right)^2 + \dfrac{3}{4}\left(æ_{2a}+\dfrac{æ_{2a}t}{2}\right)^2} \end{cases} \quad (D.19)$$

由上相关各式联立求解，可得式（D.19）中的各参数为

$$\begin{cases} \varepsilon_{1a} + \dfrac{1}{2}\varepsilon_{2a} = \dfrac{3}{4}\dfrac{pR}{Et}\left[0.5 + \dfrac{\lambda^2}{(1+\lambda^2)^2}\dfrac{\overline{f}\eta}{\varphi}\right] \\[6pt] \varepsilon_{2a} = \dfrac{pR}{Et}\left[K_2^0 - 0.25 + \dfrac{1-0.5\lambda^2}{(1+\lambda^2)^2}\dfrac{\overline{f}\eta}{\varphi}\right] \end{cases} \quad (D.20)$$

式中：下标 "a" 表示应变、曲率增量的总和，即 $\varepsilon_{1a} = \varepsilon_1 + \overline{\varepsilon}_1$、$\varepsilon_{2a} = \varepsilon_2 + \overline{\varepsilon}_2$、$æ_{1a} = æ_1 + \overline{æ}_1$、$æ_{2a} = æ_2 + \overline{æ}_2 = \overline{æ}_2$。

附录 D 考虑初挠度影响的环肋圆柱壳应力和极限承载能力计算分析

$$\begin{cases} T_{1a} = pR\left[0.5 + \dfrac{\lambda^2}{(1+\lambda^2)^2}\dfrac{\overline{f}\eta}{\varphi}\right] \\ æ_{1a} = \dfrac{pR}{Et^2}\left(\dfrac{3}{2}K_M^0 + 4.08\dfrac{\overline{f}\eta}{\varphi}\dfrac{1}{u^2}\right) \\ T_{2a} = pR\left[K_2^0 + \dfrac{1}{(1+\lambda^2)^2}\dfrac{\overline{f}\eta}{\varphi}\right] \\ æ_{2a} = \dfrac{pR}{Et^2}\left(4.08\dfrac{\overline{f}\eta}{\varphi}\dfrac{\lambda^2}{u^2}\right) \end{cases} \qquad (\text{D.21})$$

对于初挠度与失稳波形（壳体变形）一致时，丧失承载能力的环肋圆柱壳极限压力的近似计算可根据跨中壳板凹陷中心和肋骨处形成全塑性条件得到。即用式（D.20）、式（D.21）得出的跨中壳板凹陷中和环肋处的力、应变及曲率增量总和代入式（6.4.1），经变换就可以求出式（6.4.2）。